Evelyne Keller

Nachhaltigkeit in Beratung und Training

Konzept und Methoden

managerSeminare Verlags GmbH – Edition Training aktuell

Evelyne Keller
Nachhaltigkeit in Beratung und Training
Konzept und Methoden

Endenicher Str. 41, D-53115 Bonn
Tel: 0228-977910, Fax: 0228-9779199
info@managerseminare.de
www.managerseminare.de/shop

Printed in Germany

ISBN: 978-3-941965-60-7

Herausgeber der Edition Training aktuell:
Ralf Muskatewitz, Jürgen Graf, Nicole Bußmann

Lektorat: Ralf Muskatewitz, Michael Busch
Cover: ©Antrey – Fotolia
Druck: Kösel GmbH und Co. KG, Krugzell

Inhalt

Für einen schnellen Überblick

Worum es in diesem Buch geht

In diesem Buch findet der Leser eine Auseinandersetzung mit den Schlüsselfaktoren nachhaltiger Trainings und Beratungen sowie eine große Sammlung von Methoden und Interventionen, mit denen sich Workshops und Beratungen nachhaltiger gestalten lassen. Das Buch ist direkt aus der Praxis entstanden, sodass sich alle Anregungen auch eins zu eins anwenden lassen. Das Buch spiegelt nicht nur meine Erfahrungen und die Erfahrungen von Kollegen wider, mit denen ich zusammenarbeite, sondern integriert auch den Erfahrungsschatz meiner Interviewpartner, die ihre individuellen und persönlichen Gedanken zur Nachhaltigkeit in ihrem jeweiligen Berufsumfeld mit mir teilten.

An wen sich dieses Buch richtet

Dieses Buch richtet sich an alle, die ihre Beratungen und Trainings nachhaltiger gestalten wollen. Dies gilt sowohl für diejenigen, die selbst Weiterbildungs- und Beratungsleistungen anbieten als auch für diejenigen, die diese beauftragen. Das Thema der Nachhaltigkeit sollte bei allen im Fokus stehen, die sich mit Lern- und Veränderungsprozessen auseinandersetzen und diese so umsetzen möchten, dass sie damit tatsächlich eine langfristige Wirkung bei Menschen und Organisationen erzeugen.

Wie und warum dieses Buch entstanden ist

Ein Buch entsteht selten aufgrund einer einzelnen Idee; ein Buch muss wie ein guter Wein reifen. Und doch sind mir im Rückblick drei persönliche Schlüsselereignisse im Gedächtnis geblieben, die mich motiviert haben, mich mit dem Thema der Nachhaltigkeit intensiver auseinanderzusetzen. Das erste Schlüsselerlebnis war für mich sehr frustrierend. Ich hospitierte bei einem Kollegen, der ein mehrtägiges Führungskräftetraining hielt. So war ich an einem Tag als stiller Besucher mit im Seminarraum und ging abends mit den Teilnehmern und dem Kollegen zum Essen. Die Teilnehmer waren restlos begeistert und hingen nahezu entzückt an den Lippen des Trainers, der seine Mannschaft wie ein Jünger um sich geschart hatte. Das Seminar lebte ausschließlich von dem Unterhaltungswert und den persönlichen Anekdoten und Späßchen des Kollegen. Die kritische Auseinandersetzung mit Inhalten und die persönliche Weiterentwicklung der Teilnehmer spielten keinerlei Rolle. Der Kollege war zugegebenermaßen wirklich unterhaltsam, die Teilnehmer begeistert und somit sicher auch die Unternehmen, die dafür bezahlten – ich jedoch war entsetzt. Das Erlebnis führte mir noch einmal deutlich vor Augen, wie leicht Menschen oberflächlich zu begeistern sind und wie wenig das mit Inhalten zu tun hat. Da ich mir vorstellen konnte, dass die Wirkung dieser Weiterbildung exakt mit der Verabschiedung verpuffte, ging ich recht frustriert nach Hause. Die Fragen, die ich mir seitdem stelle, sind: Kann es tatsächlich sein, dass so viel Geld für Beratungen und Weiterbildungen ausgegeben wird, jedoch nur in den wenigsten Fällen nachgefragt wird, was die jeweiligen Maßnahmen tatsächlich langfristig bewirken? Und gibt es wirklich niemanden, der solchen „Heiße-Luft-Verbreitern", die viel Geld für eine gute Show mit wenig Inhalt verdienen, Einhalt gebietet?

Das zweite Schlüsselerlebnis war weitaus angenehmer und ist schnell erzählt: Ich begegnete nach über einem Jahr einer Teilnehmerin, die bei mir ein viertägiges Teamtraining absolviert hatte. Die Dame strahlte über das ganze Gesicht und erzählte mir, dass sie nach dem Workshop endlich den Mut hatte, sich von einer schwierigen Mitarbeiterin zu trennen und ihr Team seitdem nicht wiederzuerkennen sei. Alle würden motiviert mitarbeiten, Stimmung und Leistung wären exzellent und sie könnte sich kaum mehr daran erinnern, wie viel Ärger und Kraft sie die Zeit davor gekostet hatte. Die Teilnehmerin dankte mir von Herzen für den notwendigen Impuls, die Veränderung anzugehen – und ich dachte mir, genau das möchte ich mit meiner Arbeit auch erreichen.

Das dritte Schlüsselerlebnis bot sich mir, als ich den Entschluss für das Buch längst gefasst hatte und das dritte Interview mit einem von mir sehr geschätzten Trainerkollegen führte. Seine Lebensgefährtin, die selbst in der Weiterbildungsbranche aktiv war, lauschte unserem Gespräch im Hintergrund und setzte sich am Schluss des Interviews zu uns. Und da fiel ihr Satz, der mir bis heute im Gedächtnis ist: „Es gibt Momente in Trainings, die können Dein ganzes Leben verändern!"

Natürlich wäre es vermessen, sich vorzunehmen, jede Beratung und Weiterbildung so gestalten zu können, dass eine Veränderung für das ganze Leben eintritt – und doch dachte ich bei mir, es wäre zumindest schön, wenn jeder Berater und Trainer sich wenigstens darüber Gedanken machen würde, welche Wirkung seine Dienstleistung langfristig erzielen soll. So fing ich an, Anregungen und Ideen zu sammeln, wie sich dies bewerkstelligen lässt – und das Ergebnis meiner Recherche halten Sie nun in Ihren Händen.

Was sich in diesem Buch nicht finden lässt

Sie werden in diesem Buch keine theoretische Fundierung zu den Aspekten der Nachhaltigkeit finden. Ich setze mich nicht wissenschaftlich-theoretisch mit der Nachhaltigkeit in Beratung und Training auseinander. Im Vordergrund steht klar die Praxisorientierung. Um jedoch dem unterschiedlichen Erfahrungsschatz und theoretischem Wissen der Leser gerecht zu werden, habe ich mich bemüht, sowohl bei den Schlüsselfaktoren als auch den praktischen Methoden an notwendiger Stelle kurze Hinweise zum theoretischen Hintergrund sowie Literaturtipps zu geben, sodass jeder Leser die Möglichkeit hat, sich ergänzend zu informieren. Und was Sie in diesem Buch auch nicht finden werden, ist eine Auseinandersetzung mit den Möglichkeiten der Messung von Lerneffekten. In Baustein 2 verrate ich Ihnen aber gerne, warum ich davon wenig halte.

Wie dieses Buch aufgebaut ist

Das Buch gliedert sich in vier Bausteine. In *Baustein 1* wird untersucht, was sich hinter dem Begriff der Nachhaltigkeit verbirgt und warum der Faktor Nachhaltigkeit für alle in der Weiterbildung und Beratung Tätigen eine hohe Relevanz aufweist.

Baustein 2 beschäftigt sich mit den Schlüsselfaktoren nachhaltiger Trainings und Beratungen. Hierzu erläutere ich zunächst, warum Nachhaltigkeit in der Praxis bislang selten erreicht wird. Nach einem kritischen Blick auf das aktuelle Beratungs- und Trainingsgeschäft in Bezug auf die Nachhaltigkeit zeigen fünfzehn Thesen, wie sich Wissen tatsächlich nachhaltiger vermitteln lässt. Auf Seite 54 ff. wird die Quintessenz in den Schlüsselfaktoren und einem Modell für mehr Nachhaltigkeit komprimiert. Dazu stelle ich eine Checkliste für einen nachhaltigen Lern- und Beratungsprozess von der Auftragsklärung bis zur Umsetzung in der Praxis vor.

Baustein 3 beinhaltet den Methodenkoffer mit rund 80 Methoden und Interventionen für mehr Nachhaltigkeit. Seine Aufteilung folgt dem Ablauf des Lernprozesses: So werden nachhaltige Ideen für den Zeitpunkt vor, während und nach Weiterbildungs- und Beratungsmaßnahmen beschrieben. Für die gezielte Suche nach einer Methode ist die Methodenübersicht zu Beginn von Baustein 3 geeignet, in der jede Methode kurz beschrieben ist.

Die Methoden selbst werden für einen schnellen Überblick mithilfe eines passenden Zitats, einer Kurzbeschreibung, Ziele der Methode, der benötigten Zeit und notwendigem Material bzw. Vorbereitung sowie der geeigneten Gruppengröße und der überblicksartigen Anwendung vorgestellt.

Anschließend wird für jede Intervention ausführlich beschrieben,
- wie die Methode anzuwenden ist (inklusive beispielhafter Anmoderationen und ggf. Variationen in der Durchführung),
- worauf bei der Durchführung zu achten ist,
- welche Praxistipps weiterhelfen,
- warum diese Methode die Nachhaltigkeit fördert
- und je nach Methode
  - theoretischer Hintergrund und Literaturtipps genannt sowie auf
  - Querverweise innerhalb des Buchs eingegangen.

Baustein 4 enthält einige abschließende Gedanken im Nachgang von Theorie und Methodenkoffer und erläutert dabei zugleich, was es mit dem Cover-Bild der starken Ameise auf sich hat.

Wie Sie sich am besten zurechtfinden

Die einzelnen Bausteine stehen für sich, sodass sich jeder Leser die Stellen des Buches heraussuchen kann, die ihn besonders interessieren. Um sich schnell orientieren zu können, ist vor jedem Baustein eine kurze Übersicht vorgeschaltet.

Der Methodenteil berücksichtigt unterschiedliche Wissensstände: Profis und erfahrene Didaktiker finden im Methodenteil alle Methoden und Interventionen in der „Orientierung" kurz und knackig dargestellt. Für Neueinsteiger und weniger Erfahrene werden die Methoden im „Vorgehen" zusätzlich ausführlich beschrieben, sodass jeder abgestimmt auf seine Vorkenntnisse mit dem Methodenteil arbeiten kann.

Die vorgestellten Methoden und Interventionen für mehr Nachhaltigkeit beziehen sich größtenteils auf Sozial- und Persönlichkeitstrainings, doch auch für Fachtrainings finden sich sicherlich viele Anregungen, wie das Wissen nachhaltiger vermittelt werden kann. Zudem lassen sich die meisten der Methoden und Interventionen nutzen, um auch Beratungen nachhaltiger zu gestalten. Ich hatte zunächst überlegt, bei jeder Methode festzuhalten, wie sich diese für Beratungen einsetzen lässt, dann aber festgestellt, dass sich die Hinweise wiederholen und deshalb darauf verzichtet. Erfahrene Berater sollten keinerlei Probleme haben, die nachhaltigen Interventionen abgestimmt auf ihre speziellen Beratungssituationen einzusetzen.

Ein großes Dankeschön ...

Ein großes Dankeschön geht an dieser Stelle an meine Interview- und Gesprächspartner, ohne die dieses Buch nicht in dieser Form hätte erscheinen können. Vielen Dank für Ihre Unterstützung, die Zeit und die interessanten Diskussionen und Anregungen!

- Floriane Kappler, bwgv-Akademie, Stuttgart
- Cornelia Kottmann, Parker Hannifin Manufacturing Germany, Kaarst
- Christine Kreutz, Neuzeit Beratung & Training, Kaiseresch
- Martin Praeger, Volksbank Reutlingen
- Klaus Repple, Baden-Württembergischer Genossenschaftsverband e.V., Karlsruhe
- Dr. Jutta Schmidt, Beratung & Mediation, Strullendorf
- Emine Handan Toktas, Institut für Schönheit & Coaching, Herrsching
- Prof. Dr. Jörg Wendorff, Hochschule Ravensburg-Weingarten

... und ein kleiner Hinweis

Ich verwende in diesem Buch meistens die herkömmliche, männlich geprägte Sprachform, um den Text leichter lesbar zu gestalten. Selbstverständlich sind grundsätzlich beide Geschlechter angesprochen!

Und nun: Viel Spaß beim Lesen, Eintauchen und Ausprobieren!
Ich freue mich jederzeit über Ihre Rückmeldungen und Anregungen,

Ihre Evelyne Keller
Kontakt: evelyne.keller@i-em.net

Nachhaltigkeit – und seine Bedeutung für Beratung und Training

Nachhaltigkeit und seine Bedeutung für Beratung und Training

Nachhaltigkeit – Bedeutung und Wirkung

Nachhaltigkeit? Nachhaltigkeit! Nachdem sich der Begriff in den letzten Jahren in vielen Branchen und Bereichen zu einem Modewort entwickelt hat, scheint es fast schon gewagt, dies als Thema für ein Buch zu wählen. Der Begriff der Nachhaltigkeit ist auf dem Weg, sich als reine Worthülse zu etablieren. „Nachhaltigkeit – mein erster Gedanke? Ehrlich? Oh Gott, wie abgedroschen!", reagierte einer meiner Interviewpartner auf den Begriff.

Bedeutet das nun, dass es überflüssig ist, sich mit der Nachhaltigkeit in Beratung und Training zu befassen? Ganz im Gegenteil, denn wie mir der Austausch mit zahlreichen Experten für dieses Buch gezeigt hat, macht sich die Branche viel zu wenig Gedanken zu einem Thema, das eigentlich im Fokus von Beratung und Training stehen sollte: nämlich die Frage, was bringt das Ganze tatsächlich? Wie erreiche ich für Lern- und Veränderungsprozesse einen langfristigen Wirkungseffekt? Kann ich den überhaupt erreichen – und wenn ja, wie?

Vor ein paar Jahren sorgte das Buch „Die Weiterbildungslüge" von Richard Gris für Aufregung. Der Autor stellte das Geschäft mit der Weiterbildung als eine „große Abzocke" dar und erklärte, dass „Trainings nichts bringen, Coachings Zeit verschwenden und Weiterbildung rausgeschmissenes Geld ist" (Gris: Die Weiterbildungslüge, 2008). Aussagen solchen Kalibers sorgen in der Regel für große Aufmerksamkeit und bergen die Gefahr in sich, sich schnell pro oder contra zu positionieren anstatt sich mit den inhaltlichen Punkten auseinanderzusetzen. Denn unabhängig davon, wie man zu solchen Thesen stehen mag, haben mir meine Recherchen deutlich gemacht: Wer sich ernsthaft mit dem Sinn von Beratung und Training auseinandersetzen und auch seinen eigenen Beitrag im Rad der Weiterbildungsmaschinerie kritisch überdenken möchte, der kommt um eine konstruktiv-sachliche Beschäftigung mit dem Thema der Nachhaltigkeit nicht herum. Und genau für diese Leser ist dieses Buch gedacht.

Der Begriff der Nachhaltigkeit

Der Begriff der Nachhaltigkeit ist aus den aktuellen Diskussionen nicht mehr wegzudenken, wie ein kleiner Blick in die Medien offenbart:

„Vor dem UN-Nachhaltigkeitsgipfel in Rio de Janeiro ...“ (sueddeutsche.de)

„Der Markt für nachhaltige Geldanlagen ist im vergangenen Jahr deutlich gewachsen.“ (Spiegel online)

„Nachhaltig, das klingt gut. Gut zur Umwelt, gut zu den Menschen. Muss man also machen ...“ (manager magazin online)

„Fette Renditen allein reichen nicht. Marke, Nachhaltigkeit und der Umgang mit Mitarbeitern sind wichtigere Faktoren bei der Beurteilung eines Unternehmens ...“ (sueddeutsche.de)

Nachhaltige Investments, nachhaltiges Engagement, nachhaltige Umweltpolitik – in Politik, Gesellschaft, Umwelt, Wirtschaft und Sport hat sich der Begriff der Nachhaltigkeit zu Beginn des 21. Jahrhunderts zu einem beliebten und häufig verwendeten Wort entwickelt.

Forscht man nach den Ursprüngen des heutigen Modewortes, so taucht der Begriff der Nachhaltigkeit erstmals im 18. Jahrhundert in Verbindung mit der Forstwirtschaft auf. Hans Carl von Carlowitz schreibt im Jahre 1713 von einer „nachhaltenden Nutzung“ der Wälder (von Carlowitz: Sylvicultura oeconomica). Dies meint eine Bewirtschaftungsweise des Waldes, bei der immer nur so viel Holz entnommen wird, wie nachwachsen kann. Der Wald wird somit nie ganz abgeholzt, sondern kann sich immer wieder selbst regenerieren. Entsprechend steht die Nachhaltigkeit in der Betriebs- und Volkswirtschaft für eine Form des Wirtschaftens, bei der man von den Erträgen des Kapitals lebt, dieses jedoch selbst nicht antastet.

Der Duden definiert den Begriff „Nachhaltigkeit“ als ...

1. längere Zeit anhaltende Wirkung
2. a) forstwirtschaftliches Prinzip, nach dem nicht mehr Holz gefällt werden darf, als jeweils nachwachsen kann
2. b) Prinzip, nach dem nicht mehr verbraucht werden darf, als jeweils nachwachsen, sich regenerieren, künftig wieder bereitgestellt werden kann

Viele Unternehmen schreiben sich den Begriff des nachhaltigen Wirtschaftens mittlerweile auf die Fahnen ihrer PR-Strategie. So verleiht beispielsweise die Stiftung Deutscher Nachhaltigkeitspreis seit 2008 jährlich den Deutschen Nachhaltigkeitspreis an Unternehmen, die wirtschaftlichen Erfolg mit sozialer Verantwortung und Schonung der Umwelt verbinden. In der Politik und Sozialethik wird Nachhaltigkeit als Maxime für globales Handeln verstanden, nach der jede Generation ihre Bedürfnisse befriedigt, ohne die Fähigkeit der zukünftigen Generationen zu gefährden, ihre eigenen Bedürfnisse befriedigen zu können. Der Club of Rome nutzte den Begriff „sustainable" erstmals im Jahr 1972 in seinem Bericht „Die Grenzen des Wachstums" im erweiterten Sinne als Zustand eines globalen Gleichgewichts. 1992 fand der Begriff „Sustainable Development" Eingang in die Agenda 21 der Vereinten Nationen.

Betrachtet man den ursprünglichen Wortsinn, so steht die Nachhaltigkeit für eine „längere Zeit anhaltende Wirkung". Etwas „hält nach", dauert also längere Zeit an bzw. bleibt nach.

So lässt sich der Begriff allgemein als eine mit einer gewissen Dauerhaftigkeit verbundene Wirkung über den Moment hinaus verstehen.

Was bedeutet Nachhaltigkeit in Beratung und Training?

Spannend ist die Frage, was Nachhaltigkeit konkret in Beratung und Training bedeutet. Interessante Einblicke hierzu lieferten meine Interviewpartner, die den Begriff jeweils für sich wie folgt definierten:

„Nachhaltigkeit entsteht, wenn die Teilnehmer etwas lernen, was sie nach der Weiterbildung in einer konkreten Alltagssituation anwenden können."

„Nachhaltigkeit setzt sich ja zusammen aus ‚nach', also zeitlich nach der eigentlichen Maßnahme und ‚haltig' für das Halten einer entsprechenden Wirkung."

„Nachhaltigkeit steht für mich synonym für eine dauerhafte Kompetenzerweiterung."

„Nachhaltig bin ich als Berater, wenn ich im Unternehmen Spuren hinterlasse."

„In einer Gesellschaft wie der unseren kann Nachhaltigkeit auch bedeuten, wieder zu ruhigeren Flügelschlägen, zu einer gewissen Leichtigkeit und zu einer neuen Bescheidenheit zu kommen."

Um ein gemeinsames Verständnis für den Begriff „Nachhaltigkeit" herzustellen, so sei diese im Bereich Beratung und Training wie folgt definiert:

Nachhaltig ist eine Weiterbildungsmaßnahme dann, wenn sie auf längere Zeit eine ernsthafte Wirkung über den Moment hinaus erzielt. Dies erfordert, dass langfristig und tief greifend Kenntnisse und Fähigkeiten erworben werden, die die Teilnehmer nach der Weiterbildung in konkreten Praxissituationen eigenständig anwenden können.

Der wesentliche Zeitraum, der über den Erfolg einer Weiterbildungsmaßnahme entscheidet, ist somit die Zeit **nach** der Maßnahme. Hierzu müssen die Teilnehmer während der Weiterbildungsmaßnahme in die Lage versetzt werden, eigenes Handeln und eigene Einstellungen zu reflektieren und gegebenenfalls zu verändern.

Dies bedingt, dass es in Beratungen und Trainings nicht ausschließlich um die Vermittlung von Faktenwissen geht. Nachhaltigkeit und Faktenwissen lassen sich in Beziehung setzen zu Fahrschultheorie und -unterricht. Die Theorie, also das Faktenwissen allein, bewirkt noch nicht, dass der Lernwillige tatsächlich Auto fahren kann – hier gehört die nachhaltige Kompetenzvermittlung unbedingt dazu. Erst wenn es dem Berater und Trainer gelingt, die Teilnehmer während der Weiterbildungsmaßnahme zur Selbstreflexion und Veränderung zu befähigen, kann eine dauerhafte Wirkung in der Praxis gewährleistet werden.

Warum ist Nachhaltigkeit wichtig?

Nachhaltigkeit kann als ein wesentlicher Qualitätsfaktor gesehen werden, der darüber entscheidet, ob Beratungen, Trainings und Coachings etwas bringen. Auf dem Weiterbildungsmarkt gibt es unzählige Angebote. Nach außen wirkt fast alles sehr professionell, der entscheidende Unterschied in Bezug auf die Qualität liegt darin, ob ein nachhaltiger Effekt erzielt werden kann.

Relevanz der Nachhaltigkeit aus Sicht des Teilnehmers

Betrachten wir zunächst die Relevanz der Nachhaltigkeit aus der Sicht der direkt Betroffenen, also den Teilnehmern. Welchen Nutzen ziehen sie aus Maßnahmen, die tatsächlich langfristig eine positive Wirkung erzielen? Der Nutzen lässt sich in der Regel mit den Erwartungen gleichsetzen, die Teilnehmer an Seminare und Workshops haben. Nachhaltig ist für Teilnehmer ein Seminar dann, wenn ein tatsächlicher Lerngewinn gegeben ist, d.h., Teilnehmer besitzen nach der Maßnahme mehr relevantes Wissen als vorher. Entscheidend ist dabei die individuelle Einschätzung des Einzelnen, was für ihn relevantes Wissen ist. Des Weiteren müssen Teilnehmer für einen nachhaltigen Effekt eine Stärkung ihrer persönlichen Kompetenzen dergestalt feststellen können, dass sie sich in ihrem privaten und beruflichen Alltag in bestimmten Situationen sicherer fühlen. Eine Maßnahme kann nur dann nachhaltig sein, wenn der Teilnehmer tatsächlich einen Souveränitätsgewinn daraus zieht, der nicht spätestens drei Tage nach dem Seminar verpufft. Bestimmte Dinge sollen im Anschluss an das Training tatsächlich leichter fallen.

Relevanz der Nachhaltigkeit aus Sicht des Auftraggebers

Wie sieht es nun mit der Relevanz des Faktors „Nachhaltigkeit" aus Sicht der Auftraggeber aus? Erstaunlicherweise beschäftigen sich Auftraggeber von Weiterbildungsmaßnahmen wie Personalverantwortliche oder Weiterbildungsakademien bislang eher am Rande mit dem Thema. Im Fokus steht eher das „Bildungscontrolling", also der Versuch, die Wirkung von Weiterbildungsmaßnahmen zu messen. Für die Weiterbildung wird in Deutschland viel Geld ausgegeben. Investitionen in Weiterbildung sollen sich lohnen und jedes Unternehmen hat den berechtigten Anspruch, dass aus den Ausgaben für Weiterbildung auch ein tatsächlicher konkreter Nutzen zu ziehen ist.

Relevanz der Nachhaltigkeit aus Sicht des Trainers

Ein Trainer zieht aus der Sicherung eines nachhaltigen Effekts nicht weniger als seine eigene Legitimität. Was sonst sollte ihn berechtigen, Geld für Maßnahmen zu erhalten, wenn im Nachgang keine langfristige Wirkung erkennbar ist? Nachhaltigkeit ist somit ein Thema, das eng mit der Glaubwürdigkeit von Trainern und Beratern zu tun hat – auch wenn es einige gibt, die keine Hemmungen haben, horrende Summen für ihr „Unterhaltungsprogramm" zu fordern, ohne sich Gedanken darüber zu machen, ob ihr Tun über den reinen Unterhaltungswert hinaus einen nachhaltigen Effekt erzielt.

Letztlich ist die Frage nach der Nachhaltigkeit auch eng mit der eigenen Zufriedenheit von Trainern und Beratern verknüpft - zumindest bei denen, die ihren Beruf mit Leidenschaft, und nicht nur zum Zwecke des Geldverdienens, ausüben. Für intrinsisch motivierte Trainer muss es frustrierend sein zu erkennen, dass ihr Tun ohne Wirkung bleibt. Zufrieden können sie nur dann mit sich und ihrer Leistung sein, wenn sie selbst sicherstellen können, bei den Teilnehmern tatsächlich etwas zu bewirken - zumindest soweit dies die Rahmenbedingungen erlauben.

Also ist Nachhaltigkeit nicht nur ein Modewort, sondern spielt eine überaus wichtige Rolle für die die Qualität von Lern- und Veränderungsprozessen sowie für die Legitimität aller in der Branche Beteiligten.

Nachhaltigkeit sichern – so gelingt es

Nachhaltigkeit sichern – so gelingt es

Zehn Thesen: Warum Nachhaltigkeit in der Praxis bislang selten erreicht wird

„Nachhaltigkeit bedingt erstens die Bereitschaft zu Veränderung, zweitens die Möglichkeit, in seinem Umfeld auch tatsächlich etwas verändern zu können und drittens die Fähigkeit, etwas anders machen zu können."

Nachhaltigkeit ist kein Effekt, der ohne Zutun eintritt. Weiterbildungen erreichen keine nachhaltige Wirkung, wenn sie nicht nachhaltig angelegt werden. Das Wissen und der gute Wille der Teilnehmer reichen in der Regel nicht aus, um im Praxisalltag langfristig eine gewünschte Veränderung zu erzielen. Die folgenden zehn Thesen geben erste Anhaltspunkte, warum Nachhaltigkeit bei Beratungen und Trainings in der Praxis bislang eher selten erreicht wird.

1. Nachhaltigkeit wird nicht thematisiert – sie spielt in Planung und Auftragsklärung zu selten eine Rolle.

Wird nicht bereits im Vorfeld der Auftragsklärung thematisiert, wie ein nachhaltiger Effekt erzielt werden kann, tritt dieser in der Regel nicht ein. Hierzu bedarf es sowohl der Aufmerksamkeit des Trainers, des Auftraggebers, der Teilnehmer als auch häufig des Umfeldes. Wird im Vorfeld bei den Beteiligten kein Bewusstsein erzeugt, dass Nachhaltigkeit festes Ziel der Weiterbildungsmaßnahme ist, halten positive Effekte der Weiterbildung meist nur wenige Tage nach der Maßnahme an. Die Botschaft ist deshalb einfach: Wer Nachhaltigkeit will, muss sich diese zum Ziel setzen! Noch ist eine langfristige Wirkung viel zu selten im Fokus der Beteiligten.

2. Es wird in Einzelmaßnahmen, nicht in Prozessen gedacht.

Bislang richtet sich der Blick aller meist ausschließlich auf die Beratungs- und Weiterbildungsmaßnahme selbst, geht aber nicht darüber hinaus. Der Auftraggeber möchte gerne, dass eine bestimmte Maßnahme durchgeführt wird, der Trainer hält das entsprechende Seminar und die Teilnehmer besuchen es. In der Regel richtet keiner der Beteiligten den Blick auf die für die Nachhaltigkeit entscheidende Zeit nach der eigentlichen Maßnahme. Mit Evaluation der Veranstaltung gilt die Weiterbildung als abgeschlossen. Für eine nachhaltige Wirkung muss sich hingegen die Perspektive aller auf den Zeitraum nach der Weiterbildungsmaßnahme erweitern: Die Auftraggeber müssen bei der Planung, die Trainer bei der Auftragsklärung und die Teilnehmer während des Seminars ihren Fokus auf die Zeit nach der eigentlichen Weiterbildungsmaßnahme richten.

3. Es wird übersehen, dass die Aufgabe alten und die Einübung neuen Verhaltens Wiederholung und Zeit benötigt.

„Ich gehe auf ein Seminar und ab morgen ist die Welt anders. Das gibt es leider nicht", kommentierte einer meiner Interviewpartner realistisch die Wirkung von Trainings und Workshops. Häufig beschränkt sich die Weiterbildung auf die Durchführung bzw. den Besuch einer Maßnahme. Tatsächliche Veränderung benötigt Zeit. Gewohntes Verhalten wird nicht so leicht aufgegeben, hierzu braucht es zahlreiche Übungsmöglichkeiten und die entsprechende Zeit, das Gelernte nach dem Seminar im Alltag auszuprobieren, einzuüben und zu verfestigen.

4. Es fehlt an der tatsächlichen Bereitschaft zur Veränderung.

Es gibt keine tiefer gehende Veränderung ohne das Verlassen der eigenen Komfortzone. Neues macht uns in der Regel erst einmal Angst und führt in einer ersten Reaktion meist zu Widerstand. Nachhaltigkeit erfordert aber das Verlassen der eigenen Komfortzone – und dazu muss häufig erst mal ein innerer Widerstand der Teilnehmer überwunden werden. Für einen nachhaltigen Effekt muss es demnach gelingen, eine Lern- und Veränderungsbereitschaft bei den Teilnehmern herzustellen. Die Teilnehmer müssen bereit sein, sich auf Neues einzulassen und Altgewohntes zu überdenken.

5. Das erforderliche Engagement für langfristigen Wissenserwerb und Veränderung wird unterschätzt.

Für langfristige Veränderungen braucht es neben der inneren Bereitschaft auch viel Engagement und Energie vonseiten der Teilnehmer, auch und gerade für die Zeit nach dem Workshop. Trainings und Seminare werden häufig als durchaus berechtigte Ablenkung vom anstrengenden Berufsalltag betrachtet. Sie sollen Spaß bringen und möglichst praxisnah sein. Praxisnähe bedeutet aber auch, dass die Teilnehmer auch nach der Weiterbildungsmaßnahme Zeit und Energie investieren müssen, das Gelernte in der Praxis umzusetzen und kontinuierlich an sich zu arbeiten. Das Bewusstsein und die Bereitschaft hierzu fehlen häufig.

6. Die vermittelten Inhalte sind für die Teilnehmer nicht relevant.

Viele der bislang genannten Punkte setzen zunächst einmal voraus, dass in der Weiterbildungsmaßnahme etwas gelehrt wird, was die Teilnehmer tatsächlich in der Praxis anwenden können. Dies ist keine Selbstverständlichkeit. Immer wieder geben Lehrende und Beratende Antworten auf Fragen, die die Teilnehmer nicht bzw. nicht in dieser Form haben. Wenn jedoch Teilnehmer nicht erkennen können, welchen Nutzen sie aus den vermittelten Inhalten für sich persönlich ziehen können, verpufft jegliche Wirkung.

7. Die vermittelten Inhalte passen nicht zum System und Praxisumfeld der Teilnehmer.

Die in Weiterbildungsmaßnahmen vermittelten Inhalte können für sich genommen inhaltlich perfekt und didaktisch hervorragend aufbereitet sein. Sie entfalten jedoch keine Wirkung, wenn sie nicht abgestimmt auf das System und Praxisumfeld der Teilnehmer sind. Ohne adäquate Passung können Inhalte aus dem Training vom einzelnen Teilnehmer nicht in seine Lebenswelt umgesetzt werden. Ein nachhaltiger Lerneffekt kann nur eintreten, wenn die vermittelten Inhalte zum jeweiligen System und Praxisumfeld der Teilnehmer passen.

8. Es wird nicht gezeigt, wie die Teilnehmer das Gelernte eigenständig in der Praxis umsetzen können.

Von der bloßen Wissensvermittlung und der theoretischen Betrachtung von Inhalten, und seien diese noch so gut aufbereitet und vermittelt, erfolgt nicht automatisch die Umsetzung des Gelernten in die Praxis. Etwas zu verstehen heißt noch lange nicht, es auch umsetzen zu können. Um dies zu erreichen, muss dem Aspekt des „Wie", also der tatsächlichen Anwendung des Gelernten im gewohnten Umfeld viel mehr Aufmerksamkeit geschenkt werden. Die Teilnehmer werden bislang zu wenig in die Lage versetzt, losgelöst von Trainingssituation und Trainer ihr eigenes Handeln permanent zu reflektieren und eigenständig zu ändern, sodass sie Gelerntes in bestimmten Situationen selbstständig abrufen und umsetzen können.

9. Die Teilnehmer erhalten keine Unterstützung bei der Umsetzung.

Weiterbildungs- und Trainingsmaßnahmen fokussieren in der Regel auf den einzelnen Teilnehmer – und das Ganze unter „Laborbedingungen", also abseits des alltäglichen Umfeldes. Wir Menschen stehen allerdings mit unseren Denk- und Verhaltensweisen nicht im luftleeren Raum und handeln isoliert von den anderen. In der Regel agieren wir in zahlreichen Systemen und die Reaktionen des jeweiligen Systems auf neue Denk- und Verhaltensweisen beeinflussen wiederum unser Handeln. Neues stößt dort häufig auf Ablehnung und Widerstand. Das Umfeld reagiert anders als erwartet auf Änderungen, die der Teilnehmer im Nachgang zu seiner Weiterbildung gerne umsetzen würde. Manch auftretende Herausforderung in der Praxis stellt für den Teilnehmer ein unüberbrückbares Hindernis dar, bei dem er häufig noch keinerlei Unterstützung erhält, sodass geplante Veränderungen und neue Verhaltensweisen schnell wieder ad acta gelegt werden.

10. Der Alltag verdrängt schnell Gelerntes.

Auch wenn die Begeisterung für neue Inhalte und Verhaltensweisen im Training vermittelt werden konnte: Es ist schwer, altbekannte Denk- und Verhaltensweisen tatsächlich durch neue zu ersetzen. Dies funktioniert nicht allein über die Erkenntnis bzw. über einen Aha-Effekt in der Weiterbildung: *„Ach, so kann man das auch machen."* In gewohntes Verhalten rutschen wir automatisch wieder hinein. Daher werden bewusste Anreize benötigt, die diesen Automatismus unterbinden bzw. neues Verhalten belohnen. Der Alltag verdrängt schnell Gelerntes. Ohne eine gewisse Verbindlichkeit, die neues Verhalten tatsächlich einfordert, wird es immer dringendere bzw. vermeintlich wichtigere Dinge im Berufsalltag geben, die einer bewussten Auseinandersetzung mit dem Neuen entgegenstehen. Für einen nachhaltigen Effekt müssen bereits während der Maßnahme verbindliche Umsetzungsvorhaben mit den Teilnehmern erarbeitet werden.

Zusammenfassung der zehn Thesen

1. Nachhaltigkeit wird nicht thematisiert – sie spielt in Planung und Auftragsklärung zu selten eine Rolle.
2. Es wird in Einzelmaßnahmen, nicht in Prozessen gedacht.
3. Es wird übersehen, dass die Aufgabe alten und die Einübung neuen Verhaltens Wiederholung und Zeit benötigt.
4. Es fehlt an der tatsächlichen Bereitschaft zur Veränderung.
5. Das erforderliche Engagement für langfristigen Wissenserwerb und Veränderung wird unterschätzt.
6. Die vermittelten Inhalte sind für die Teilnehmer nicht relevant.
7. Die vermittelten Inhalte passen nicht zum System und Praxisumfeld der Teilnehmer.
8. Es wird nicht gezeigt, wie die Teilnehmer das Gelernte eigenständig in der Praxis umsetzen können.
9. Die Teilnehmer erhalten keine Unterstützung bei der Umsetzung.
10. Der Alltag verdrängt schnell Gelerntes.

Status quo: Ein kritischer Blick auf Beratung und Training

In deutschen Unternehmen werden jährlich rund 28 Mrd. Euro für Weiterbildungsmaßnahmen investiert. Über 80 Prozent aller Unternehmen bieten Weiterbildungen an. In den letzten Jahren lässt sich ein Anstieg des Weiterbildungsengagements von Mitarbeitern und Unternehmen verzeichnen, sodass der Weiterbildung speziell in Zeiten eines drohenden Fachkräftemangels eine enorme Bedeutung zukommt (Quelle: Institut der deutschen Wirtschaft Köln). Gerade weil deutsche Firmen kräftig in das Know-how ihrer Mitarbeiter investieren, lohnt sich ein kritischer Blick auf das aktuelle Geschehen.

Erster kritischer Blick für alle in der Branche Beteiligten

„Es sind realistische Erwartungen aller erforderlich, was ein Training bewirken kann.“

In der Regel bringt jedes Seminar einen gewissen Nutzen – und das unabhängig von der Qualität des Seminars oder des Trainers an sich. Warum das so ist? Seminare erfüllen nicht ausschließlich den Zweck, die Seminarziele zu erreichen, wie etwa: „Die Teilnehmer beherrschen die Regeln des wertschätzenden Feedbacks.“ Seminare erfüllen über ihren ursprünglichen Seminarinhalt hinaus eine Vielzahl von Zwecken, sozusagen die „Drumherum-und-dennoch-wichtig-Zwecke“. Es ist für Auftraggeber, Trainer und Teilnehmer wichtig, sich das auch bewusst zu machen.

- Jedes Seminar bringt frischen Wind in den Berufsalltag, sorgt für neue Impulse abseits der Routine und ermöglicht es, eine gewisse Distanz zum üblichen Tagesgeschehen zu bekommen.
- Seminare motivieren Teilnehmer. Man freut sich, was Neues zu erleben.
- Seminare bringen Austausch und neue Kontakte.

- Seminare geben Sicherheit. Gerade das Erkennen, dass jeder nur mit Wasser kocht und auch andere ähnliche herausfordernde Situationen erleben, hilft in der Regel weiter.
- Seminare zwingen einen dazu, sich mit den Sichtweisen anderer auseinanderzusetzen und verhindern so ein Erstarren im Alltagstrott.
- Seminare bringen neue Energie ...

Zweiter kritischer Blick für alle in der Branche Beteiligten

„Einzelseminare und Workshops bringen wenig."

Die Kritik an der Weiterbildungsbranche ist im Hinblick auf den langfristigen Nutzen teilweise gerechtfertigt, resultiert allerdings auch aus dem Nachfrageverhalten mancher Auftraggeber: Wer nur punktuelle Einzelmaßnahmen in Auftrag gibt, kann auch nur punktuelle Erfolge mit begrenztem Wirkungskreis erwarten. Insofern sollten sich Auftraggeber selbstkritisch fragen, welche Erwartungen sie an die jeweilige Maßnahme haben und Trainer sollten ihrerseits auch auf die Grenzen der Wirkung von Einzelmaßnahmen hinweisen.

Dritter kritischer Blick für alle in der Branche Beteiligten

„Es gibt Alternativen zur Defizitorientierung."

Häufig erfolgen Weiterbildungsaufträge aufgrund eines vorherrschenden Mangels. Beispielsweise stellt ein Vertriebsleiter fest, dass einige Vertriebsmitarbeiter in seinem Team zu wenige Abschlüsse erreichen oder dass die Zusammenarbeit in seinem Team nicht funktioniert. Die Weiterbildung hat dann das Ziel, ein Problem zu beseitigen. Sie erfolgt aus einer Defizitorientierung heraus. Für die Teilnehmer bedeutet dies, dass sie die Teilnahme mit dem Gedanken verbinden, sie müssten etwas ändern nach dem Motto „So wie es jetzt ist, ist es nicht okay und es bestehen die Erwartungen, dass es zukünftig anders läuft."

Eine solche Einstellung erhöht in der Regel den Widerstand der Teilnehmer, sich auf die Weiterbildung einzulassen und diese als Chance zu sehen. Zudem kann die Beseitigung eines Mangels von etwas lediglich zu einem „normalen" Funktionieren führen. Fokussiert Weiterbildung hingegen auf vorhandene Stärken mit dem Ziel, diese noch weiter auszubauen, so können überdurchschnittliche Ergebnisse erreicht werden. Stärken stärken ist ein weitaus schlagkräftigeres Vorgehen als Schwächen zu schwächen, wie die Abbildung auf der folgenden Seite verdeutlichen soll.

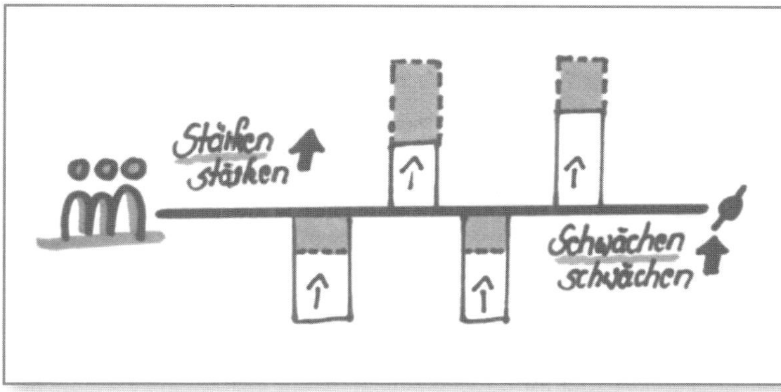

Abb.: Stärken stärken

Das Ausmerzen vorhandener Schwächen erfordert nicht nur viel Aufwand, sondern führt in der Regel nur zu durchschnittlichen Leistungen. Das gezielte Ausbauen vorhandener Stärken hingegen erfordert viel weniger Aufwand und führt in der Regel zu herausragenden Ergebnissen.

Vierter kritischer Blick für alle in der Branche Beteiligten

„Es gibt kein ‚Return on Weiterbildung' – Menschen funktionieren nicht linear."

Dem Versuch, den Nutzen von Weiterbildung zu evaluieren, sind Grenzen gesetzt. Diese sollten akzeptiert werden. Es ist nicht nur das wertvoll, was gezählt und gemessen werden kann. Zuweilen nimmt das Controlling von Bildungsmaßnahmen groteske Züge an. Dies reicht sowohl von Millionen standardisierter liebloser Evaluationsbögen, die nach dem Training keinerlei Aufmerksamkeit mehr bekommen bis hin zu wissenschaftlich anspruchsvollen Formeln und Konzepten, die den „Return on Weiterbildung" messen (zum Beispiel das Maßnahmen-Erfolgs-Inventar oder das Adaptive Evaluation System for Training, vgl. hierzu näher Kauffeld, S.: Nachhaltige Weiterbildung. Springer 2010). Menschen funktionieren jedoch nicht linear. Gerade bei Workshops und Beratungen, die Teilnehmer in ihrer ganzen Persönlichkeit erfassen und Tiefgang besitzen, sind nachhaltige Effekte nicht eins zu eins zu messen, da die Vorgänge viel zu komplex sind. Zwar mögen Konzepte, die dies versuchen, durchaus ihre Berechtigung haben – anstatt der exakten Quantifizierung des Nutzens wäre es jedoch zunächst einmal sinnvoll, alle Weiterbildungsmaßnahmen kritisch in Bezug auf Nachhaltigkeit zu hinterfragen.

Fünfter kritischer Blick für alle in der Branche Beteiligten

„Nachhaltigkeit erfordert ein Umdenken und eine Abkehr von der bunten Trainerunterhaltungsindustrie."

Nur die Zufriedenheit der Teilnehmer am Ende eines Seminars allein ist noch keine Garantie für einen langfristigen Lern- und Veränderungsprozess. Nachhaltigkeit erfordert ein Umdenken und eine Abkehr von reinen Spaß- bzw. „Mir-hat-der-Trainer-gefallen"-Seminaren. Die Trainerunterhaltungsindustrie produziert immer etwas Neues, immer etwas noch Bunteres, immer etwas noch Ausgefalleneres. „Erst der Prospekt, dann der Inhalt", beschrieb einer meiner Interviewpartner dieses Gehabe. Die Frage „Und was bringt uns das konkret und langfristig?" bleibt dabei oft auf der Strecke.

Sechster kritischer Blick für alle in der Branche Beteiligten

„Personalentwicklung kann auf Dauer nur erfolgreich sein mit einer entsprechenden Organisationsentwicklung."

Eine Einzelmaßnahme kann nur begrenzt Wirkung entfalten, wenn sie nur auf einzelne Personen fokussiert. Der Teilnehmer einer Weiterbildung agiert nicht im luftleeren Raum, sondern ist eingebunden in bestimmte Systeme. Weiterbildungen, die die vorherrschende Kultur der Organisation des Teilnehmers nicht berücksichtigen, können nur schwer langfristig Wirkung erzielen. Der Trainer sollte deshalb die Möglichkeit haben, sich vorab mit der jeweiligen Kultur und den Organisationsstrukturen vertraut zu machen, um die Inhalte und die Art der Vermittlung darauf auszurichten. Über eine Personalentwicklungsmaßnahme alleine kann nur begrenzt ein nachhaltiger Effekt erzielt werden. Die Nachhaltigkeit kann deutlich gesteigert werden, wenn auch auf Strukturen Einfluss genommen werden kann und die Personalentwicklung mit einer entsprechenden Organisationsentwicklung kombiniert wird.

Fünfzehn Thesen: Wie Wissen nachhaltiger vermittelt werden kann

Aufbauend auf den Erkenntnissen, warum Nachhaltigkeit in der Praxis bislang eher selten erreicht wird, werden fünfzehn Thesen vorgestellt, wie Wissen nachhaltiger vermittelt werden kann. Ohne Anspruch auf Vollständigkeit fokussieren sie auf die im Kern prägnanten Aspekte.

Die Thesen im Überblick

1. Wer Nachhaltigkeit will, muss sich diese zum Ziel setzen!
2. Die Perspektive aller muss sich auf den Zeitraum nach der Weiterbildungsmaßnahme erweitern!
3. Neue Rollen sind notwendig – die Eigenverantwortung der Teilnehmer wird gestärkt, Vorgesetzte einbezogen und der Trainer wird zum Prozessbegleiter!
4. Der Trainer muss bei den Teilnehmern und der Organisation eine grundsätzliche Lern- und Veränderungsbereitschaft wecken!
5. Der Trainer muss authentisch und professionell auftreten, um als Person akzeptiert zu werden!
6. Lernen soll Spaß machen – das erfordert eine wertschätzende Haltung und eine Atmosphäre, in der sich alle wohlfühlen!
7. Die vermittelten Inhalte müssen für die Teilnehmer relevant sein; jeder muss für sich einen persönlichen Nutzen daraus ziehen können!
8. Keine Standardabläufe – jeder Lern- und Beratungsprozess muss den Teilnehmer in seiner gesamten Persönlichkeit erfassen!
9. Die vermittelten Inhalte müssen auf das System und Umfeld der Teilnehmer abgestimmt sein – Praxisalltag und Training werden miteinander verzahnt!
10. Methodik und Didaktik de luxe 1: Fokussieren auf das Wesentliche!
11. Methodik und Didaktik de luxe 2: Lernen ist keine passive Kopfsache!
12. Methodik und Didaktik de luxe 3: Die Teilnehmer müssen in die Lage versetzt werden, ihr eigenes Verhalten selbstständig zu reflektieren und zu ändern. Die Frage des eigenständigen „Wie“ der vermittelten Inhalte wird fester Bestandteil des Trainings!
13. Ohne Energie, Engagement und viel Zeit zum Ausprobieren, auch nach der Weiterbildung, funktioniert es nicht!
14. Verbindliche Umsetzungsvorhaben und Anreize für die Zeit nach der Maßnahme sind notwendig!
15. Die Teilnehmer müssen bei der Umsetzung in der Praxis umfassend unterstützt werden!

Hinweis

Die folgenden Thesen kombinieren Erkenntnisse aus der Praxis mit aktuellen lerntheoretischen Aspekten. Die Hintergründe zu den Lernprozessen selbst werden in diesem Buch nicht noch mal ausführlich erläutert. Sie finden jedoch an einigen Stellen kurze Hintergrundinformationen und Literaturtipps. Baustein 3 enthält zudem eine „Checkliste zur Vorbereitung", in der die wichtigsten neurodidaktischen Erkenntnisse kurz zusammengefasst sind (Methode 3 Checkliste „Trainer-Vorbereitung für ein nachhaltiges Seminar").

Wer sich näher damit beschäftigen möchte, wie unser Gehirn arbeitet und Lernen erfolgt, dem seien folgende Bücher empfohlen:

Literaturtipp

- Herrmann, Ulrich (Hrsg.): Neurodidaktik. Grundlagen und Vorschläge für ein gehirngerechtes Lehren und Lernen. Beltz, 2. Aufl. 2009.
- Markowitsch, Hans: Dem Gedächtnis auf der Spur. Vom Erinnern und Vergessen. Wissenschaftliche Buchgesellschaft, 3. Aufl. 2009.
- Spitzer, Manfred: Geist im Netz. Modelle für Lernen, Denken und Handeln. Spektrum Verlag, 2008.

1. Wer Nachhaltigkeit will, muss sich diese zum Ziel setzen!

Allein, dass man über Nachhaltigkeit redet, verändert etwas – Nachhaltigkeit sollte deshalb zum Thema aller Beteiligten werden.

Ein Sprichwort lautet: „Reden allein hilft nicht". Bei Nachhaltigkeit ist aber das Darüberreden bereits der erste Schritt hin zu einer qualitativ hochwertigeren Weiterbildung. Setzt sich jeder der Beteiligten mit dem Thema der Nachhaltigkeit und seiner eigenen Rolle in einem nachhaltigen Lernprozess auseinander, so bewirkt die Fokussierung auf das Thema ein notwendiges Umdenken.

▶ *Das Rad muss nicht neu erfunden werden, aber alle Aspekte von Beratung und Training sollten mit der Brille der Nachhaltigkeit betrachtet werden.*
Genauso wie es eine Illusion ist, zu glauben, dass Lernen ohne Zutun der Teilnehmer erfolgen kann, so ist es auch eine Illusion zu glauben, dass es einen radikal neuen Weg der Weiterbildung geben wird. Manch ein Trainer oder Berater verdient viel Geld damit, etwas „noch nie Dagewesenes" anzubieten. In der Realität zeigt sich jedoch, dass für einen nachhaltigen Lern- und Veränderungseffekt das Rad der Weiterbildung nicht neu erfunden werden muss, es müssen allerdings einige Schrauben neu justiert werden. Erforderlich ist, dass bei allen Aspekten, von der Auftragsklärung bis zur Nachbetreuung, alle Beteiligten die Brille der Nachhaltigkeit aufsetzen und den Weiterbildungsprozess entsprechend anpassen.

▶ *Nachhaltigkeit sollte als generelles Ziel der Weiterbildung verankert werden.*
Wer Nachhaltigkeit will, muss sich diese auch zum Ziel setzen. Und dies kann nur gelingen, wenn alle Beteiligten an einem Strang ziehen. Sowohl Auftraggeber als auch Trainer und Teilnehmer müssen den Vorsatz haben, nachhaltig aktiv zu werden – und die nachhaltigen Ziele auch konkret und verbindlich vereinbaren.

Jeder Teilnehmer sollte sich nachhaltige individuelle Lernziele setzen. Dabei darf es nicht versäumt werden, das generelle Ziel der Nachhaltigkeit individuell auf die einzelnen Teilnehmer herunterzubrechen. Befragt man die Teilnehmer nach ihren Wünschen für das Seminar oder ihren Erwartungen, so taucht der Begriff der Nachhaltigkeit selten auf. Teilnehmer wünschen sich in erster Linie Praxisbezug, direkte Anwendbarkeit und eine angenehme Seminaratmosphäre. Fragt man als Trainer nach, ob das Seminar auch langfristig etwas bewirken soll, trifft man häufig auf erstaunte Gesichter. „Ja, natürlich, gerne!", heißt es dann. Der nachhaltige Lerneffekt wird bislang aber eher selten thematisiert.

Für einen langfristigen Effekt ist es jedoch erforderlich, dass sich jeder Teilnehmer überlegt, welches Ziel er mit der Weiterbildung verfolgt und wie er dieses auch nach der Zeit der eigentlichen Weiterbildungsmaßnahme langfristig umsetzen möchte.

Eine Auswahl hilfreicher Methoden und Interventionen:

1. Checkliste „Weiterbildungsziele" (siehe S. 72)
2. Checkliste „Nachhaltige Auftragsklärung" (siehe S. 73)
11. Zielorientierter Seminarfahrplan (siehe S. 96)
26. Bogenschießen (siehe S. 158)
64. Mein persönliches Umsetzungsprojekt (siehe S. 289)

Hintergrund

Ziele/Lernziele

Ein Ziel ist ein in der Zukunft liegender, von uns angestrebter Zustand, nach dem wir unser Verhalten ausrichten. Erst das Setzen von Zielen motiviert uns, bestimmte Handlungen auszuüben. Deshalb ist auch das Setzen von Lernzielen entscheidend für die Lernmotivation. Durch Lernziele werden in der Weiterbildung zu vermittelnde Inhalte so formuliert, dass sie die Lernmotivation steigern: Dank der Lernziele wissen die Teilnehmer, was sie lernen sollen, welche Änderungen ihr Verhalten erfahren soll und wie sie das Gelernte in ihrem Praxisalltag unterstützt.

Bei der Formulierung von Lernzielen kann man sich an dem bekannten SMART-Schema orientieren. Demnach sollen Ziele specific (präzise und eindeutig formuliert), measurable (messbar bzw. überprüfbar), attractive (positiv formuliert, motivierend), relevant (realistisch, Ziel muss erreichbar sein) und timely (terminiert) sein. Im Methodenkoffer finden Sie bei den verschiedenen Methoden mit individueller Zielvereinbarung nähere Hinweise, worauf bei der Formulierung zu achten ist.

Literaturtipp

- Eine der bekanntesten Theorien über Lernziele ist die Taxonomie des Amerikaners Benjamin Bloom. Bloom hat Lernziele in verschiedene Niveaus bzw. Stufen aufgegliedert, sodass diese einfacher zu handhaben sind. Näheres hierzu findet sich in: Bloom, Benjamin (Hrsg.): Taxonomie von Lernzielen im kognitiven Bereich. Beltz Verlag, 2001.

2. Die Perspektive aller muss sich auf den Zeitraum nach der Weiterbildungsmaßnahme erweitern!

- *Weiterbildung als einen längerfristigen Lernprozess verstehen.*

Wie im ersten Abschnitt erläutert, wird häufig noch zu sehr in Einzelmaßnahmen und zu wenig in Prozessen gedacht. Für einen nachhaltigen Lern- und Veränderungseffekt ist jedoch der entscheidende Zeitraum die Zeit nach der eigentlichen Maßnahme. Deshalb ist es wichtig, dass alle Beteiligten die eigentliche Weiterbildungsmaßnahme selbst als einen Teil eines Lernprozesses begreifen, der vor dem Seminar beginnt und erst lange nach dem Seminar endet. Je längerfristig der Prozess und die Begleitung angelegt wird (siehe These 15), desto leichter kann eine nachhaltige Wirkung erzielt werden.

▶ *Die Umsetzungsbrücke verbindet Training und Praxisalltag.*
Dabei ist es wichtig, eine Brücke zwischen Training und Praxisalltag zu schlagen. Ansonsten tritt häufig der Effekt ein, dass die Teilnehmer am Ende des Workshops angefüllt von neuen Ideen und hoch motiviert sind, sie umzusetzen, es ihnen jedoch nicht gelingt, sie in ihren Praxisalltag zu integrieren. Sie fallen in die sog. Transferlücke. Um das zu vermeiden, ist gemeinsam mit den Teilnehmern eine Umsetzungsbrücke zu bauen, indem die weiteren Schritte nach dem Workshop konkret geplant und mögliche Umsetzungshindernisse thematisiert werden.

▶ *Weiterbildungen und Beratungen modular aufbauen, um die Transferlücke zu umgehen.*
Bei einem modular angelegten Aufbau einer Weiterbildung haben die Teilnehmer die Möglichkeit, das Gelernte zwischen den verschiedenen Weiterbildungsmodulen in der Praxis umzusetzen und dann erneut zusammenzukommen, um Umsetzungshindernisse zu thematisieren und neue Themen anzugehen. Man spricht hier von einem Intervalltraining, d.h. Phasen des Inputs wechseln sich mit Phasen des Umsetzens und Ausprobierens ab. Der Begriff des Intervalltrainings kommt ursprünglich aus dem Sport und beschreibt eine Trainingsform, in der sich Belastungs- und Erholungsphasen abwechseln. Für einen nachhaltigen Lerneffekt ist ein modularer Aufbau ideal, da die Teilnehmer über einen längeren Zeitraum in Etappen Lern- und Veränderungsprozesse durchlaufen. Die kleinste Form des modularen Aufbaus ist die Verknüpfung eines Workshops mit einem Reflexionstag, an dem alle noch mal die Gelegenheit haben, Gelerntes aufzufrischen und zu vertiefen.

Eine Auswahl hilfreicher Methoden und Interventionen:

14. Wunschziel erreicht (siehe S. 106)
51. Brief an mich (siehe S. 244)
56. Da war doch was – Reminder (siehe S. 258)
67. Der sanfte Hauch des Trainers (siehe S. 298)
74. Reflexionstag (siehe S. 313)

3. Neue Rollen sind notwendig – die Eigenverantwortung der Teilnehmer wird gestärkt, Vorgesetzte einbezogen und der Trainer wird zum Prozessbegleiter!

Nachhaltigkeit erfordert ein neues Rollenverständnis. Die Ausrichtung von Workshops und sonstigen Weiterbildungsmaßnahmen hin zu einer nachhaltigen Wirkung geht einher mit einem veränderten Rollenverständnis. Sowohl Teilnehmer als auch Trainer und Auftraggeber müssen sich mit ihrer neuen Rolle und den damit verbundenen Anforderungen auseinandersetzen und diese mit Leben füllen. Auftraggeber müssen weg von Einzelmaßnahmen und Defizitorientierung, Führungskräfte müssen Interesse zeigen und Verantwortung übernehmen, Trainer nachhaltig agieren und Teilnehmer einen selbstverantwortlichen, aktiven Beitrag leisten.

▶ *Vom Teilnehmer zum Mitgestalter werden.*

Um bei den Teilnehmern etwas in Bewegung setzen zu können, müssen diese bereit sein, sich einzulassen auf das, was kommt. Ihnen wird in ihrer neuen Rolle ein erhebliches Maß an Eigenverantwortung für den nachhaltigen Lerngewinn zugeschrieben. Dazu gehört, dass Teilnehmer nicht mehr als „Objekte des Behandeltwerdens" betrachtet werden können, wie das Martin Praeger, einer meiner Interviewpartner treffend auf den Punkt brachte, sondern zu „selbstverantwortlichen Subjekten" werden. Die Verantwortung für den tatsächlichen Lerngewinn geht vom Trainer auf die Teilnehmer über, der Trainer agiert lediglich als Ermöglicher, Prozessunterstützer und Lernbegleiter.

Wenn sich die Rolle des Teilnehmers vom Objekt hin zum Subjekt bewegt, gebührt den Teilnehmern ein entsprechendes Maß an Mitbestimmung. Selbstverantwortung sollte nicht nur als Abwälzen der Verantwortung durch den Trainer verstanden werden, sondern als Möglichkeit, wesentliche Dinge der Weiterbildungsmaßnahme selbst zu bestimmen. Wandelt sich die Rolle des Teilnehmers entsprechend, ist der Begriff „Teilnehmer" irreführend. In nachhaltigen Seminaren sollte niemand „Teil nehmen", unter Umständen noch als passiver Beobachter, sondern die Möglichkeit, nicht den Zwang haben, aktiv gestalten zu können. Also weg von Teilnehmern hin zu Gestaltern.

Die Teilnehmer sind darüber hinaus gefragt, sich aktiv auf die Suche zu begeben – und sich genau das aus der Vielfalt des Angebotes herauszusuchen, was für sie von Bedeutung ist. Eine Kollegin von mir hatte dazu eine nette Anekdote: Nach einem Seminar bemerkte ein bislang höchstens durch seine passive und kritische Haltung aufgefallener Teilnehmer: „Das alles hat mir ja gar nichts gebracht!" Woraufhin meine Kollegin meinte: „Dazu hätten Sie sich auch etwas mitnehmen müssen!"

Lernen ist etwas Aktives und Wissen kann nicht wie im berühmten „Nürnberger Trichter" mechanisch in den Kopf des Teilnehmers gefüllt werden. Jeder Lernende muss für sich selbst das Wissen noch mal erarbeiten. Mit einer reinen Konsumhaltung des typischen Teilnehmers ist dies nicht möglich.

Mit einem aktiveren Part der Teilnehmer und der Übernahme von Mitverantwortung für Lerngewinn, Prozess und Inhalte sind nicht nur Pflichten verbunden, wie dies vielleicht auf den ersten Blick erscheinen mag. Die Teilnehmer lösen sich damit auch aus der ungeliebten Rolle des „Über-sich-ergehen-lassen-Müssens". Dies führt in der Regel nicht nur zu einem deutlich höheren Lerngewinn, sondern auch zu mehr Spaß und Zufriedenheit mit der Weiterbildung.

▶ *Vom Dozierenden zum Impulsgeber und Lernbegleiter.*
Nicht nur die Teilnehmer, auch die Trainer treffen auf neue Anforderungen und Erwartungen in Bezug auf ihre Rolle zur nachhaltigen Wissensvermittlung. Dabei zeigt sich gerade zwischen Teilnehmern und Trainer die wechselseitige Verbindung. Wird den Teilnehmern mehr Verantwortung über Lerngewinn und Inhalt zugesprochen, ändert dies auch die Rolle des Trainers. Im vorangegangenen Abschnitt wurde bereits erläutert: Werden Teilnehmer zu Mitgestaltern, sollte der Trainer Ermöglicher, Prozessunterstützer und Lernbegleiter sein.

Mit der Rolle des Ermöglichers geht auch einher, dass der Trainer sich in der Rolle des Anbieters von Lernerfahrungen sieht. Dem Trainer muss es gelingen, eine vertrauensvolle, wertschätzende Atmosphäre zu erzeugen, die es den Teilnehmern ermöglicht, sich auf das Kommende einzulassen und das Wissen für sich noch mal neu zu entdecken und zu erarbeiten. Dazu gehört auch, den Anfangswiderstand gegen Neues und den erforderlichen Energieaufwand, der Lernen erfordert, zu überbrücken, beispielsweise indem das Ziel, das angestrebte Lernergebnis und der damit verbundene Nutzen anschaulich und präsent in den Köpfen der Teilnehmer verankert werden (siehe auch These 4 und 13).

Nachhaltige Wissensvermittlung verlagert den Fokus von „ausschließlich Inhalt" hin zu „Inhalten und Prozessen". Dem Trainer muss es gelingen, mit seiner Persönlichkeit und dem bewussten Einsatz der Sprache Lernorte zu erzeugen, die Teilnehmer gerne „bereisen". Dies erfordert Vertrauen. Ohne Vertrauen zum Lehrenden kann keine nachhaltige tiefer gehende Wissensvermittlung erfolgen. Die Teilnehmer müssen den Trainer in seiner Rolle zu hundert Prozent akzeptieren. Dies kann nur gelingen, wenn der Trainer in seiner Rolle absolut authentisch ist (siehe auch These 5 und 6).

▶ *Weiterbildung im System verankern.*
Für nachhaltige Beratungen und Trainings kommt auch den Auftraggebern ein Mehr an Verantwortung zu. Sie müssen sich bewusster mit der geplanten Maßnahme auseinandersetzen. Welche Lerneffekte sollen langfristig erreicht werden und wie können diese gelingen? Dem Auftraggeber kommt die Verantwortung zu, dem Trainer im Vorfeld notwendige Informationen über tatsächliche Ziele sowie notwendige Hintergrundinformationen zu Unternehmenskultur und -struktur zukommen zu lassen. Ideal wäre es, wenn für jede Weiterbildungsmaßnahme eine Person innerhalb der Organisation des jeweiligen Teilnehmers zu Verfügung stände, die sich für den nachhaltigen Lerneffekt verantwortlich fühlt. Das „Sich-verantwortlich-Fühlen" ist Basis für die notwendige Rolle eines sog. Machtpromotors für mehr Nachhaltigkeit im System. Dies bedingt eine Verankerung und Einbindung der Weiterbildungsmaßnahme in vorherrschende Strukturen über einen längeren Zeitraum hinweg. Die Maßnahmen müssen so in Auftrag gegeben werden, dass Maßnahme und Praxisalltag in einem längerfristigen Prozess direkt miteinander verzahnt werden.

▶ *Vorgesetzte einbeziehen.*
Entscheidend für die Nachhaltigkeit ist auch, wie die Lernerfahrungen im direkten beruflichen Umfeld des Teilnehmers angekoppelt werden können. Hierbei sind gerade die Führungskräfte in der Pflicht. Auch sie übernehmen für jede Weiterbildungsmaßnahme ihrer Mitarbeiter ein gewisses Maß an Verantwortung für den nachhaltigen Lerneffekt. „Management Attention" und ein echtes Interesse vom Vorgesetzten sind unabdingbar. Nachhaltigkeit kann nur über den direkten Einbezug von Auftraggebern, Vorgesetzten und Umfeld erfolgen. Wenn Vorgesetzte signalisieren, dass es gewünscht ist, neue Lerninhalte und Verhaltensweisen im Arbeitsalltag umzusetzen, hat dies einen positiven Effekt.

Eine Auswahl hilfreicher Methoden und Interventionen:

7. Vier-Augen-Gespräch (siehe S. 86)
12. Buffet-Metapher (siehe S. 99)
17. Vorhang auf – Rollenklärung (siehe S. 120)
62. Führungsdialog (siehe S. 280)
68. Vier Augen zur Nachbereitung (siehe S. 300)

4. Der Trainer muss bei den Teilnehmern und der Organisation eine grundsätzliche Lern- und Veränderungsbereitschaft wecken!

▶ *Teilnehmer für Neues öffnen.*
Nachhaltigkeit hat sehr viel mit Veränderungsbereitschaft zu tun. Je veränderungsbereiter eine Person oder eine Organisation ist, desto

nachhaltiger kann die Wirkung sein. Kinder lernen gerne, leider geht dies aber im Laufe unseres Schulsystems auf dem Weg zum Erwachsenen häufig verloren. Öffnen wir als Erwachsener unseren Rucksack mit Lernerfahrungen, so kommen nur selten Lernsituationen hervor, die inspirierend, begeisternd und eindrucksvoll waren. So sinkt unsere Bereitschaft, uns aktiv mit uns selbst auseinanderzusetzen und offen für Neues zu sein. Einem guten Trainer sollte es deshalb gelingen, das anfängliche innere Nein der Teilnehmer sanft aufzubrechen. Auch hier nicht mit Zwang, sondern sanfter Beeinflussung, Überzeugung und Einbezug der Teilnehmer. Die vertrauensvolle Atmosphäre ist sehr wichtig (vgl. These 6). Je mehr Verantwortung Teilnehmer auf Lernprozess und -inhalte haben, desto geringer wird zudem der innere Widerstand gegen neue Lernerfahrungen sein.

▶ *Lernhaltungen thematisieren.*
Für eine nachhaltige Wirkung sollte eine langfristige Verhaltensänderung bei den Teilnehmern angestrebt werden. Dazu ist es auch erforderlich, dass die Organisation, in die der Teilnehmer eingebunden ist, Veränderungen nicht per se als bedrohlich empfindet. Deshalb ist es wichtig, für alle zu thematisieren, welche Einstellungen zum Lernen sowohl der Einzelne als auch Organisationen haben können. Hilfreich sind dabei die „Vier Zimmer der Veränderung", mit deren Hilfe gut gezeigt werden kann, dass tiefer gehende Veränderungen immer ein Verlassen der Komfortzone erfordern.

Eine Auswahl hilfreicher Methoden und Interventionen:

5. Was ich mir wünsche (siehe S. 81)
8. One for one (siehe S. 89)
13. Reisemetapher (siehe S. 102)
19. Sperrmüll-Tag (siehe S. 128)
20. Energiekonto auftanken (siehe S. 133)
22. Unter Strom – was sind die Themen? (siehe S. 143)

Vier Zimmer der Veränderung

Hintergrund

Die „Vier Zimmer der Veränderung" spiegeln die typischen Phasen eines Veränderungsprozesses wider. Um tatsächliche Veränderungen zu bewirken, müssen alle vier Zimmer durchlaufen werden. Zimmer 1 ist von der Zufriedenheit aller Beteiligten geprägt. Die Beteiligten möchten das Erreichte behalten und machen das Beste aus ihrer Situation, ohne sich selbst unter Druck zu setzen. Wenn irgendwie möglich, möchten alle in diesem Zustand der Zufriedenheit, dem Zurücklehnen in der eigenen Komfortzone verharren. Falls Änderungen unumgänglich sind, treten die Beteiligten in Zimmer 2 ein, dem Zimmer der Verleugnung.

Man tut so, als sei alles in Ordnung, vermeidet die Auseinandersetzung mit dem Neuen, spürt aber innerlich Unsicherheit und Unbehagen. Irgendwann sind die Betroffenen so weit sich einzugestehen, dass sich etwas ändern muss. Sie kommen in Zimmer 3, dem Zimmer der Verwirrung und des Chaos. Dem Einzelnen wird klar, dass es kein Zurück mehr gibt. Auf Altes ist kein Verlass mehr, das Neue noch nicht in Sicht. Sorge und Angst als auch Hilflosigkeit und ein Ohnmachtsgefühl prägen diese Phase.

Schrittweise geht es nun in Zimmer 4, der Phase der Erneuerung. Das Neue wird ausprobiert, erste Erfahrungen gemacht und Umsetzungserfolge erzielt. Die Beteiligten fühlen sich wieder sicher und handlungsfähig. Die Veränderung ist erfolgreich eingetreten und umgesetzt.

Literaturtipp

▶ Die vier Zimmer der Veränderung werden beschrieben von Alfred Tschönhens und Elmar Bissegger, in: Rohm, Armin (Hrsg.): Change-Tools. managerSeminare, 5. Aufl. 2012.

5. Der Trainer muss authentisch und professionell auftreten, um als Person akzeptiert zu werden!

▶ *Akzeptanz des Trainers gelingt über Authentizität.*
Methoden allein sind bloß Methoden, ihre Wirkung erzeugen sie erst durch die Person, die sie vermittelt. Nachhaltigkeit ist deshalb immer auch abhängig von der Person, dem Charisma und der Wirkung des Trainers auf die Teilnehmer. Er hat damit wesentlichen Einfluss auf die Bereitschaft der Teilnehmer, sich aktiv auf die Weiterbildung einzulassen. Ohne Akzeptanz des Lehrenden ist Lernen nur schwer möglich. Erinnern Sie sich an Ihre Schulzeit. Wer den einen oder anderen Lehrer nicht leiden konnte, widersetzte sich häufig auch dem Fach. Der Trainer wird als Person dann akzeptiert, wenn er authentisch wahrgenommen wird. Wirkt Verhalten aufgesetzt, kann kein Lehrender überzeugen.

▶ *Kritische Selbstreflexion und Hinterfragen der eigenen Rolle und Haltung.*
Für den Dozent bedeutet dies aber auch, dass sich jeder mit seiner Rolle als Lehrender und seinen Einstellungen und Glaubenssätzen in Bezug auf das Lernen kritisch auseinandersetzt. Während viele Trainer Reflexionen im Training als Muss einer sinnvollen Weiterbildung sehen, überprüfen nur wenige ihre eigene Haltung und Profession. Um sich den Teilnehmern tatsächlich konstruktiv-lernunterstützend zuwenden zu können, gilt es, die eigenen Glaubenssätze zu hinterfragen. Jeder Trainer sollte hier ein hohes Maß an Selbstreflexion anstreben. Häufig

projizieren wir unsere Antreiber unbewusst in unsere Wissensvermittlung. Das, was uns persönlich wichtig ist, wird häufig auch unbewusst als wichtige Lernerkenntnis weitergegeben. Zudem gibt es auch in der Berater- und Dozentenrolle Glaubenssätze, die einen nachhaltigen Lerneffekt entweder unterstützen oder blockieren. Ein Beispiel für Letzteres wäre der Glaubenssatz: *„Ich als Trainer weiß, wie es geht, und zeige meinen Teilnehmern, wie sie es richtig machen."* Ein Glaubenssatz in der Rolle des Trainers, der eher nachhaltigkeitsfördernd ist, wäre hingegen: *„Ich darf mich ganz offen auf den kommenden Prozess einlassen."*

Wichtig ist darüber hinaus die Präsenz des Trainers und die eigene Bereitschaft, sich von der vermeintlichen Sicherheit eines durchplanten Ablaufs zu lösen und den Workshop intuitiv und flexibel anhand der Bedürfnisse der Teilnehmer und dem aktuellen Geschehen zu steuern.

In Methode 33 „Anleitung zum Glücklichsein" wird gezeigt, wie Teilnehmer ihre inneren Glaubenssätze und Antreiber erkennen. Die Methode kann natürlich auch genutzt werden, um mehr über seine eigenen Glaubenssätze zu erfahren.

Hintergrund

Glaubenssätze und Antreiber
Das Konzept der Antreiber und Glaubenssätze geht zurück auf die Transaktionsanalyse. Antreiber sind elterliche Botschaften an Kinder, die meist gut gemeint sind und ihnen in Form von Ratschlägen vorgeben, wie sie sich verhalten sollen. Als kleine Kinder sind wir auf die Fürsorge und Liebe unserer Eltern angewiesen und spüren sehr genau, welches Verhalten eher förderlich für Liebeszuwendungen ist und welches Verhalten von unseren Eltern eher weniger geschätzt wird. Aus den Anforderungen und den Erwartungen unserer Umgebung generieren wir unsere persönlichen inneren Antreiber, die unser Verhalten, unser Denken und unser Fühlen stark beeinflussen. Wir verinnerlichen diese Glaubenssätze, sind uns derer aber meist nicht bewusst. Der amerikanische Transaktionsanalytiker Taibi Kahler hat fünf Antreiber definiert, die als typisch für die Selbststeuerung von Menschen gelten:

- Der „Sei stark!"-Antreiber
- Der „Sei perfekt!"-Antreiber
- Der „Mach es allen recht!"-Antreiber
- Der „Beeil dich!"-Antreiber
- Der „Streng dich an!"-Antreiber
- Die Gestalttherapeutin und Transaktionsanalytikerin Mary Goulding hat die Liste ergänzt um den „Sei vorsichtig!"-Antreiber.

Literaturtipp

- Berne, Eric: Was sagen Sie, nachdem Sie Guten Tag gesagt haben? Fischer Taschenbuch, 2012.

6. Lernen soll Spaß machen – das erfordert eine wertschätzende Haltung und eine Atmosphäre, in der sich alle wohlfühlen!

Teilnehmer müssen Zeit und Energie aufwenden, um einen nachhaltigen Lerneffekt zu erreichen. Das hört sich zunächst einmal abschreckend an. Stress haben die meisten bereits im Beruf, da sollen zumindest Weiterbildungen stressfrei und angenehm ablaufen. Und das können sie auch, denn Nachhaltigkeit kann auch mit Spaß und Freude am Lernen und Ausprobieren erzielt werden. Zwang ist immer kontraproduktiv. Es ist also eine Aufgabe der Trainer, den Spagat zwischen Spaß und angenehmer Seminaratmosphäre einerseits und tatsächlichem Lerneffekt und Nachhaltigkeit andererseits zu bewerkstelligen.

▶ *Eine Atmosphäre schaffen, in der sich alle wohlfühlen.*
Ohne eine angenehme Seminaratmosphäre können keine positiven Lerneffekte erzielt werden. Nur Teilnehmer, die sich wohlfühlen, können sich auf den Prozess einlassen. Sie sollen nicht das Gefühl haben, dass sie sich mit den Seminarkollegen messen müssen oder Angst haben, Fehler zu machen. Lernen darf Spaß machen, auch wenn es Energie erfordert. Das Engagement der Teilnehmer sollte aber auch mit sanftem Zwang einfordert werden. Es darf auch mal schwierig werden, es darf auch mal Überwindung kosten. Gegen Ende des Prozesses sollten aber Spaß und Freude überwiegen.

▶ *Den Teilnehmern Wertschätzung entgegenbringen.*
Zwischen Teilnehmern und Trainer sollte ein Vertrauensverhältnis entstehen, denn tiefer gehende Lernerfahrungen erfordern Mut und die Basis dafür ist Vertrauen. Dies gelingt nur, wenn der Trainer seinen Teilnehmern absolut wertschätzend begegnet anstatt mit gespielter Höflichkeit.

▶ *Bewusster Umgang mit Sprache, um geeignete Lernszenarien zu schaffen.*
Wörter wecken Erwartungshaltungen. Durch Sprache entstehen innere Bilder und Wirklichkeiten. Sprache kann genutzt werden, um lernförderliche Wirklichkeitsräume zu konstruieren. So können einzelne Worte mit Assoziationsketten von inneren Bildern und Gefühlen verknüpft sein. Durch den Einsatz bestimmter Worte und Metaphern können bei den Teilnehmern positive Erwartungshaltungen aufgebaut werden. Ein einprägsames Beispiel aus der Erziehung ist der Satz „Jetzt machen wir es uns schön" versus dem Satz „Du musst aufräumen!"

Eine Auswahl hilfreicher Methoden und Interventionen:

4. Vorbereitungs-E-Mail zur Einstimmung (siehe S. 78)
6. Drei Wünsche an den Trainer (siehe S. 84)

17. Vorhang auf – Rollenklärung (siehe S. 120)
35. Das Tier in mir (siehe S. 188)
    Top Ten der nachhaltigen Metaphern und Geschichten (siehe S. 338 ff.)

Hintergrund

Wertschätzendes Pacing
Wer lösungsorientiert mit Menschen arbeiten möchte, muss zunächst eine „Ja-Haltung" beim Gegenüber aufbauen. Gunther Schmidt (Milton-Erickson-Institut Heidelberg) hat hierzu den Begriff des „wertschätzenden Pacings" geprägt. Hierzu werden die Teilnehmer zu einer Kooperationsbeziehung auf Augenhöhe eingeladen. Dies setzt voraus, dass man der Weltsicht und den Lebenskontexten der Teilnehmer mit Achtung begegnet. Erst wenn diese sich vollständig in ihrer Person und ihren Ansichten akzeptiert fühlen, kann eine konstruktive Zusammenarbeit erfolgen.

Literaturtipp

▶ Schmidt, Gunther: Einführung in die hypnosystemische Therapie und Beratung. Carl-Auer-Systeme Verlag, 2013.

Hintergrund

Die Arbeit mit Sprache und Metaphern
Eine Metapher ist eine sprachliche Figur, in der ein Wort oder eine Geschichte eine andere Bedeutung erhält als die, die sie ursprünglich im wörtlichen Sinne hatte. Der bekannte amerikanische Arzt und Psychotherapeut Milton Erickson prägte den Begriff der „hypnotherapeutischen Metaphern". Erickson erzählte seinen Klienten häufig Geschichten, Märchen, Wortspiele oder Anekdoten mit vielschichtigen Beziehungsebenen. Durch den bewussten Einsatz von Sprache und sprachlichen Bildern können unterbewusst Ressourcen aktiviert werden, die dem Klienten bei der Lösung seines Problems helfen. Warum? Geschichten sind nicht bedrohlich, sie erhalten keinen direkten Aufforderungscharakter, fesseln aber die bewusste Aufmerksamkeit. Jeder kann aus den Geschichten und Metaphern die Botschaft herausziehen, die ihm persönlich einen spezifischen Sinn verleiht. Erickson galt dabei als Meister der Sprache.

Literaturtipp

▶ Peter, Burkhard: Einführung in die Hypnotherapie. Carl-Auer Verlag, 2009.

7. Die vermittelten Inhalte müssen für die Teilnehmer relevant sein; jeder muss für sich einen persönlichen Nutzen daraus ziehen können!

▶ *Inhalte anhand der Relevanz für die Teilnehmer auswählen.*
Ein nachhaltiger Lerneffekt kann nur dann eintreten, wenn die Teilnehmer die Inhalte für sich als relevant ansehen und in diesem Wissen einen direkten Nutzen für ihre Praxis erkennen. Der Trainer sollte

deshalb bei der Vorbereitung genau überlegen, welche Inhalte den Teilnehmern auch einen tatsächlichen Mehrwert bringen. Dabei dürfen die Inhalte aber keinen so hohen Neuigkeitswert haben, dass sie eine Hemmschwelle darstellen, sich mit ihnen auseinanderzusetzen.

▶ *Informationen über die Teilnehmer und deren Umfeld einholen.*
Für den Trainer und Berater ist es deshalb wichtig, sich im Vorfeld so gut wie möglich über die Teilnehmer und deren Umfeld zu informieren, damit er Inhalte zielgerichtet auf ihre Bedürfnisse abstimmen kann und möglichst viele Situationen aus ihrem Arbeitsalltag in das Training integrieren kann. Zur Motivation der Teilnehmer ist es sinnvoll, immer wieder auch den Zweck und den Nutzen zu verdeutlichen, der sich hinter einzelnen Inhaltspaketen für ihren Alltag verbirgt.

▶ *Teilnehmer mitbestimmen und auswählen lassen.*
Jeder Teilnehmer bringt einen anderen Erfahrungsschatz und individuelle Bedürfnisse mit. Deshalb ist es wichtig, die Teilnehmer tatsächlich zu Mitgestaltern des Workshops zu machen und ihnen immer wieder zu ermöglichen, Inhalte für sich auszuwählen, von denen sie glauben, dass sie ihnen am meisten bringen. Die Mitbestimmung sollte fester Bestandteil jeder Beratung und jeden Trainings sein.

Eine Auswahl hilfreicher Methoden und Interventionen:
12. Buffet-Metapher (siehe S. 99)
16. Das weiße Kaninchen (siehe S. 115)
25. Meine größte Herausforderung (siehe S. 153)
40. In der Redaktion von „Wer wird Millionär?" (siehe S. 203)
47. Marktplatz (siehe S. 228)

Hintergrund

Neurodidaktische Erkenntnisse
Unser Gehirn besteht aus cirka 100 Milliarden Nervenzellen, die als Neuronen bezeichnet werden. Jedes Neuron ist über Axone mit den anderen Neuronen verknüpft. Die Kontaktstellen zwischen den Neuronen heißen Synapsen. Der Austausch zwischen den Nervenzellen erfolgt über elektrische Impulse und den Austausch chemischer Botenstoffe über die Synapsen. Ein Lernen findet im Gehirn dann statt, wenn Neuronen dazu angeregt werden, über ihre Synapsen miteinander zu kommunizieren und ihre Verbindungen zu festigen. Deshalb sollte neues Wissen möglichst an vorhandenes Wissen anknüpfen, da neue Informationen dann viel leichter gespeichert werden können. Die Inhalte sollten zudem von jedem persönlich als relevant und sinnvoll eingeschätzt werden, denn nur das, was das Gehirn als wichtig einstuft, wird gespeichert.

Literaturtipp

- Herrmann, Ulrich (Hrsg.): Neurodidaktik. Grundlagen und Vorschläge für ein gehirngerechtes Lehren und Lernen. Beltz, 2. Aufl. 2009.

8. Keine Standardabläufe – jeder Lern- und Beratungsprozess muss den Teilnehmer in seiner gesamten Persönlichkeit erfassen!

- *Teilnehmer ganzheitlich wahrnehmen; nicht an der Oberfläche verharren.*

In Workshops und Trainings geschieht es immer wieder, dass Trainer und Teilnehmer nicht über eine höflich-distanzierte Seminaratmosphäre hinauskommen. Möchte man die Teilnehmer aber tatsächlich erreichen, so muss diese formelle Ebene verlassen werden. Die Teilnehmer müssen sich so einbringen können, wie sie tatsächlich sind. Interaktionen müssen in die Tiefe gehen, Teilnehmer sollen sich mit ihrer ganzen Persönlichkeit erleben dürfen. Der Trainer sollte die Personen ganzheitlich wahrnehmen, nicht nur in dieser einen Rolle des „Workshop-Teilnehmers" und sich flexibel auf die individuellen Bedürfnisse der Teilnehmer einlassen können. Dies bedingt aber auch eine Abkehr von geplanten Standardabläufen.

- *Kommunikations- und Verhaltensmuster aufdecken und widerspiegeln.*

In einem nachhaltigen Lern- und Veränderungsprozess muss den Persönlichkeiten und Bedürfnissen der Teilnehmer so viel Raum wie möglich gegeben werden. Der Trainer agiert als Impulsgeber, um die Teilnehmer anzuregen, ihre eigenen Einstellungen zu hinterfragen und so Veränderungen auszulösen. Sie sollen mehr über sich erfahren und die Möglichkeit haben, Fremdbild und Selbstbild in Einklang zu bringen. Deshalb ist es eine wesentliche Aufgabe des Beraters, den Teilnehmern ihre Kommunikations- und Verhaltensmuster widerzuspiegeln und ihnen dabei zu helfen, unbewusste Handlungsmuster zu erkennen.

- *Teilnehmern ihre Stärken ins Bewusstsein rufen.*

Für einen nachhaltigen Effekt ist es wichtig, dass Teilnehmer mehr über sich erfahren und sich ihrer Stärken und Kompetenzen bewusst werden, denn mit diesen Kompetenzen setzen sie nach dem Workshop Veränderungen im Alltag um. Der Trainer sollte deshalb jede Gelegenheit nutzen, ihnen ihre Stärken ins Bewusstsein zu rufen und mit ihnen gemeinsam zu erarbeiten, wie diese in Praxissituationen häufiger genutzt werden können.

- *Generell auf Kompetenzen und Lösungen hin orientieren.*

Jeder Trainer sollte für einen nachhaltigen Effekt generell Wert auf die Vermittlung von Kompetenzen legen. Theoretisches Wissen bildet die Basis, im Seminar muss jedoch der Weg von der Theorie hin zu veränderten Einstellungen und Verhalten aufgezeigt und eingeübt werden. Der Trainer sollte immer im Fokus behalten, dass das vermittelte Wissen nach dem Seminar in praktischen Situationen abrufbar und anwendbar sein muss.

Neben der Kompetenzorientierung ist eine konsequente Lösungsorientierung unumgänglich. Anstatt Probleme zu analysieren und an Schwächen herumzudoktern ist es viel effektiver, Lösungen anzustreben. Was ist Ihr Ziel? Wie kommen Sie dorthin? Wie kann ich Sie auf diesem Weg unterstützen? sind typische Fragen, die jeder Trainer als Grundhaltung mitbringen sollte.

Eine Auswahl hilfreicher Methoden und Interventionen:

6. Drei Wünsche an den Trainer (siehe S. 84)
24. Das Bild, das am treffendsten beschreibt (siehe S. 149)
32. Wow – Lauschen erlaubt! (siehe S. 176)
33. Anleitung zum Glücklichreichsein (siehe S. 179)
34. Vom Kopf zum Bauch (siehe S. 184)
35. Das Tier in mir (siehe S. 188)

Hintergrund

Der systemische Ansatz

Zwar gibt es nicht „den“ systemischen Ansatz, sondern mittlerweile viele verschiedene systemische Strömungen. Die konsequente Stärken- und Lösungsorientierung fußt jedoch auf der lösungsorientierten Kurzzeittherapie nach Steve de Shazer und Insoo Kim Berg. Sie geht von dem Standpunkt aus, dass es hilfreicher ist, sich auf Wünsche, Ziele, Ressourcen und Ausnahmen vom Problem zu konzentrieren anstatt auf Probleme und deren Entstehung. Um gemeinsam mit den Klienten hilfreiche Lösungen erzielen zu können, ist eine lösungsorientierte Grundhaltung unabdingbar. Diese beinhaltet u.a. ein positives Menschenbild und eine wertschätzende Haltung. Jeder ist zudem Experte für seine Belange und sein eigenes Leben. Jeder von uns bringt bestimmte Stärken mit. Häufig ist jedoch der Zugang zu diesen Stärken versperrt. Diese müssen dem Klienten wieder ins Bewusstsein gerufen werden. Zwei typische Grundsätze zur Stärken- und Lösungsorientierung sind „Beachte und nutze das, was da ist – nicht das Fehlende“ und „Lösungen statt Probleme“.

Literaturtipps

- De Shazer, Steve/Dolan, Yvonne: Mehr als ein Wunder. Lösungsfokussierte Kurztherapie heute. Carl-Auer Verlag, 3. Aufl. 2013.
- De Shazer, Steve: Der Dreh – überraschende Wendungen und Lösungen in der Kurzzeittherapie. Carl-Auer Verlag, 12. Aufl. 2012.

9. Die vermittelten Inhalte müssen auf das System und Umfeld der Teilnehmer abgestimmt sein – Praxisalltag und Training werden miteinander verzahnt!

▶ *System- und Kulturkonformität herstellen.*
Vermittelte Inhalte müssen konform zum System und Praxisumfeld der Teilnehmer sein. Der Berater und Trainer sollte möglichst viel über die Situation im Unternehmen und den einzelnen Teilnehmer erfahren, sodass er Lerninhalte aus der Abstraktion in die konkrete Erfahrungswelt der Teilnehmer überführen kann. Hierbei sollte so weit wie möglich das gesamte System in Betracht gezogen werden; also alle Verhalten prägenden Systeme, wie Beurteilungs-, Zielvereinbarungs- oder Vergütungssystem etc., ebenso wie Hierarchien und vorherrschende Entscheidungswege. Die vermittelten Inhalte sollten auch den Grundwerten der Kultur der dahinterstehenden Organisation entsprechen. Zudem darf die Organisationskultur Veränderungen nicht per se als bedrohlich empfinden. Die Strategie- und Kulturkonformität bezieht sich nicht nur auf Inhalte, sondern auch auf Methoden – beide müssen zur Person und der Unternehmenskultur passen.

▶ *Training und Berufsalltag verzahnen.*
Gerade bei Weiterbildungsmaßnahmen, in die Teilnehmer aus unterschiedlichen Unternehmen kommen, sind der Konformität und Passung zur jeweiligen Organisation Grenzen gesetzt. Der Berater kann den nachhaltigen Effekt jedoch steigern, wenn er im Vorfeld die Gelegenheit nutzt, so viel wie möglich über das Umfeld der Teilnehmer in Erfahrung zu bringen und ebenso während der Maßnahme die Passung von System und Inhalten thematisiert und mit den Teilnehmern bespricht. Je besser Training und Berufsalltag der Teilnehmer miteinander verzahnt werden, desto einprägsamer sind die Inhalte für die Teilnehmer. Deshalb bietet es sich an, so viele Elemente wie möglich aus dem Praxisalltag in das Training zu integrieren und den Teilnehmern für die Zeit nach der Maßnahme Aufgaben an die Hand zu geben, um Inhalte aus dem Workshop in kleinen Schritten in ihrem Alltag umzusetzen.

Eine Auswahl hilfreicher Methoden und Interventionen:

2. Checkliste „Nachhaltige Auftragsklärung" (siehe S. 73)
10. Ein Ohr für Sie – die „Trainer-Hotline" (siehe S. 93)
23. Rucksack auf (siehe S. 147)
44. Ideenwettbewerb (siehe S. 216)
45. Praxisvernissage (siehe S. 220)
63. Gratulation – Umsetzung geschafft! (siehe S. 284)

10. Methodik und Didaktik de luxe 1: Fokussieren auf das Wesentliche!

▶ *Inhalte reduzieren.*
Häufig haben wir den Antrieb, den Teilnehmern so viel wie möglich mitzugeben und möglichst nichts zu vergessen. Dies geht jedoch häufig einher mit einer Überforderung der Teilnehmer. Diese können in der Menge der neuen Informationen, die auf sie einfließen, nicht mehr entscheiden, was wichtig ist. Deshalb sollte man, so schwer es fallen mag, bestimmte Inhalte priorisieren und sich im Vorfeld die Kernbotschaften, die man den Teilnehmern mitgeben möchte, genau überlegen und diese klar und prägnant formulieren.

▶ *Häufige Wiederholungen.*
Neben der großen Kunst der Reduktion erhöht auch permanente Wiederholung den Erinnerungsgrad. Deshalb sollte der Trainer die wichtigsten Punkte immer wieder gezielt ansprechen und jede Möglichkeit der Wiederholung nutzen, um die Kernbotschaften den Teilnehmern ins Gedächtnis „einzubrennen“. „Weniger ist mehr“ und „häufiger ist besser“ sind zwei wichtige Mottos, um für einen nachhaltigen Lerneffekt zu sorgen. Auch die Teilnehmer sollten dazu angehalten werden, die für sie persönlich wichtigsten Erkenntnisse herauszufiltern und in eigenen Kernbotschaften festzuhalten.

▶ *Kernbotschaften schriftlich fixieren.*
Idealerweise werden alle wichtigen Inhalte übersichtlich visualisiert bzw. schriftlich fixiert. Für den Trainer bedeutet dies, den Medieneinsatz bewusst zu planen, übersichtlich zu visualisieren und neben der reinen Wortsprache auch Bilder zu nutzen, um den Erinnerungsgrad zu erhöhen. Auch Teilnehmer sollten die für sie wichtigsten Punkte schriftlich festhalten. Die schriftliche Fixierung hilft dabei, Inhalte nicht sofort wieder zu vergessen – und ist deshalb wesentlich für mehr Nachhaltigkeit.

Eine Auswahl hilfreicher Methoden und Interventionen:
27. Nachhaltigkeits-Bestseller (siehe S. 161)
31. Mir geht ein Licht auf (siehe S. 173)
39. 1-2-3 – keine Hexerei (siehe S. 200)
52. Schatztruhe füllen (siehe S. 247)
53. Sternstunden sammeln (siehe S. 250)
54. Unsere „Take-home-Messages“ (siehe S. 253)

Neurodidaktische Erkenntnisse

Hintergrund

Wie aus der Hinforschung bekannt, sollte der Lernstoff in kleinere „Pakete" zerlegt und vermittelt werden, um Teilerfolge zu sichern. Die Teilnehmer sollten viel Zeit für das Wiederholen, Vertiefen und Festigen des Stoffes erhalten. Regelmäßiges Wiederholen sichert die Informationsspeicherung. Je häufiger die am Lernprozess beteiligten Neuronen miteinander Kontakt aufnehmen, desto stabiler werden die Verbindungen. Wichtige Inhalte sollten dabei nicht nur gesprochen, sondern idealerweise selbst ausprobiert bzw. zumindest schriftlich festgehalten werden.

Literaturtipp

- Herrmann, Ulrich (Hrsg.): Neurodidaktik. Grundlagen und Vorschläge für ein gehirngerechtes Lehren und Lernen. Beltz, 2. Aufl. 2009.

11. Methodik und Didaktik de luxe 2: Lernen ist keine passive Kopfsache!

▶ *Teilnehmer Inhalte selbst erarbeiten lassen.*

Einen nachhaltigen Lerneffekt kann nur erzielen, wer moderne Lernerkenntnisse berücksichtigt. Jeder muss für sich das Wissen noch einmal selbst erarbeiten. Dies gelingt durch Ausprobieren, durch Verstehen, durch Sehen, Hören und Erleben. Je mehr sich Teilnehmer selbst erarbeiten können, desto nachhaltiger wird gelernt.

▶ *Lerninhalte mit persönlichen Erfahrungen und Gefühlen verankern.*

Nachhaltige Lerneffekte müssen bei jedem Teilnehmer etwas in Bewegung setzen und nicht nur den Kopf, sondern auch das Herz ansprechen. Deshalb sollten Lerninhalte mit persönlichen Erfahrungen und positiven Gefühlen verbunden werden. Und das „In-Bewegung-Setzen" gelingt am besten, wenn auch die Teilnehmer in Bewegung kommen. Je intensiver die Teilnehmer Inhalte selbst erleben können, desto leichter prägen sich diese Lernerfahrungen in das Gedächtnis ein.

▶ *Abwechslungsreiche Methodik verwenden.*

Um die Teilnehmer raus aus automatischen Denkstrukturen zu bringen, ist es wichtig, sie immer wieder zu überraschen und Altbekanntes auf den Kopf zu stellen. Die Teilnehmer sollten ihr gewohntes „In-Bahnen-Denken" verlassen, um offen für Neues zu sein. Und da jeder Teilnehmer ein anderer Lerntyp ist und andere Erfordernisse hat, aus den Inhalten sein persönliches Aha-Erlebnis zu machen, sollten Trainings und Workshops so abwechslungsreich wie möglich gestaltet werden, sodass sich jeder Teilnehmer das für ihn Passende heraussuchen kann.

Eine Auswahl hilfreicher Methoden und Interventionen:

38. Für Überraschung sorgen (siehe S. 197)
40. In der Redaktion von „Wer wird Millionär?" (siehe S. 203)
41. Die große „Ja, aber"-Runde (siehe S. 206)
48. Von der Lust am Scheitern (siehe S. 232)
60. Reflexionsspaziergang (siehe S. 273)
61. Generalprobe (siehe S. 277)

Hintergrund

Neurodidaktische Erkenntnisse

Wie aus der Hirnforschung bekannt, sollten die Teilnehmer möglichst viele Inhalte selbst erarbeiten. Aktives Auseinandersetzen mit dem Stoff statt passivem Konsumieren steigert die Gehirnaktivität. Zudem erhöhen Überraschungen und Emotionen die Aufmerksamkeit und fördern das Lernen. Je intensiver Teilnehmer Situationen während der Weiterbildung wahrnehmen können, desto leichter prägen sich diese ein. Die Wissensvermittlung sollte über so viele sensorische Eingangskanäle wie möglich erfolgen (Hören, Sehen, Tasten,...). Je vielseitiger das Gehirn beansprucht wird, desto nachhaltiger erfolgt die Speicherung. Insofern empfiehlt sich eine abwechslungsreiche Methodik.

Literaturtipp

- Herrmann, Ulrich (Hrsg.): Neurodidaktik. Grundlagen und Vorschläge für ein gehirngerechtes Lehren und Lernen. Beltz, 2. Aufl. 2009.

12. Methodik und Didaktik de luxe 3: Die Teilnehmer müssen in die Lage versetzt werden, ihr eigenes Verhalten selbstständig zu reflektieren und zu ändern. Die Frage des eigenständigen „Wie" der vermittelten Inhalte wird fester Bestandteil des Trainings!

- *Handeln und Einstellungen selbstständig reflektieren.*

Die entscheidenden Fragen für eine nachhaltige Methodik und Didaktik sind: Können die richtige Impulse gesetzt werden? Kommt etwas in Bewegung? Finden tatsächlich spürbare Veränderungen statt? Für einen langfristigen Effekt sollten die Teilnehmer in die Lage versetzt werden, eigenes Handeln und ihre Einstellungen zu reflektieren, kritisch zu hinterfragen und ggf. zu verändern. Erst dadurch können sie das Gelernte in der Praxis eigenständig umsetzen und in konkreten Situationen abrufen.

- *Mit Reflexionsschleifen für Verinnerlichung sorgen.*

Nach Festlegung von individuellen Lernzielen (vgl. These 1) erfolgt das Lernen in permanenten Reflexionsschleifen. Die Teilnehmer erhalten Input, gehen in die Selbsterfahrung, probieren neues Verhalten aus, reflektieren ihre Erfahrungen („Was bedeutet das für mich? Was bedeutet das für mein Verhalten? Was bedeutet das für mein Arbeitsumfeld?")

und passen ihr Verhalten entsprechend an. Hierzu wird in kleinen Schritten vorgegangen. Der Trainer hat die Aufgabe, dafür zu sorgen, dass Kernbotschaften verinnerlicht werden und diesen Prozess unterstützend zu begleiten.

▶ *Lernprozesse transparent machen.*
Nachhaltigkeit erfordert ein Nachdenken, d.h., die Teilnehmer müssen immer wieder ins Nachdenken gebracht werden. Hierzu ist es wichtig, dass der Trainer Teilnehmern Lernprozesse transparent macht, idealerweise auch schriftlich fixiert. Die Teilnehmer sollen erkennen, welche Schritte sie auf ihrem Lernprozess zurücklegen, wo sie aktuell stehen und wie sie etappenweise ihrem Lernziel näher kommen.

▶ *Besprechen, wie Inhalte persönlich umgesetzt werden können.*
Damit dies gelingen kann, müssen die vermittelten Inhalte eine entsprechende Tiefe, Konkretisierung und praktische Übung erreichen, sodass sie den Teilnehmern in Fleisch und Blut übergehen und sie das Vermittelte tatsächlich selbstständig umsetzen können. Die eigenständige Umsetzung der vermittelten Inhalte wird fester Bestandteil des Trainings. Insofern sollte jeder Trainer die Frage des „Was ist wichtig?" immer mit der Frage des „Wie können Sie das für sich umsetzen?" kombinieren.

Eine Auswahl hilfreicher Methoden und Interventionen:
29. Reflexionsschleifen – für Verinnerlichung sorgen (siehe S. 167)
30. Die besten Reflexionsfragen (siehe S. 171)
61. Generalprobe (siehe S. 277)
63. Gratulation – Umsetzung geschafft! (siehe S. 284)
64. Mein persönliches Umsetzungsprojekt (siehe S. 289)
65. Umsetzung leicht gemacht (siehe S. 292)

13. Ohne Energie, Engagement und viel Zeit zum Ausprobieren, auch nach der Weiterbildung, funktioniert es nicht!

▶ *Echtes Lernen kostet Zeit und Energie.*
Lernen kann und soll Spaß machen, es erfordert in der Regel aber auch Aufwand des Lernenden, zumindest ein bewusstes Auseinandersetzen mit sich selbst. Es kann durchaus „nebenbei" und „spielerisch" erfolgen. Für eine langfristige Verhaltensänderung ist jedoch Zeit und Energie vonnöten, neue Kompetenzen erstens zu erwerben und zweitens auch einzuüben.

▶ *Bewusstsein bei Teilnehmern dafür herstellen.*
Ein nachhaltiger Lerneffekt stellt sich nur dann ein, wenn den Teilnehmern bewusst ist, dass das Seminar ohne ihr Zutun langfristig wenig

bringt. Ein drohender Zeigefinger des Trainers im Sinne von „Wenn Sie nicht bereit sind …" bewirkt allerdings eher das Gegenteil des Gewünschten. Was tun? In meiner Rolle als Trainer agiere ich an der Stelle häufig mit Humor. Ein typischer Satz lautet beispielsweise: *„Es ist eher unwahrscheinlich, dass das allumfassende Wissen wie der Heilige Geist über Sie kommt, während wir hier regungslos beisammensitzen. Ich fürchte fast, dafür braucht es Ihr Engagement und Ihre Bereitschaft …"* Gerade auch die nicht immer geliebten Reflexionsrunden und Umsetzungsvorhaben sollten mit einer gewissen Lockerheit und Spaß vermittelt werden, ohne dass darunter die Ernsthaftigkeit leiden muss.

▶ *Neues Verhalten muss eingeübt werden.*

Neben Engagement benötigen die Neilnehmer auch ausreichend Zeit und Gelegenheit, neues Verhalten ausreichen zu üben und auszuprobieren. Verhaltensforscher gehen davon aus, dass neue Verhaltensweisen 60-mal bewusst eingeübt werden müssen, bis diese das alte Verhalten ablösen und verinnerlicht werden. Ein modularer Aufbau (siehe These 9) als auch verbindliche Umsetzungsvorhaben (siehe These 14) fördern das Einüben von neuen Inhalten. Als hilfreich können sich hier auch E-Learning-Programme erweisen, die das vermittelte Wissen über eine längere Zeit präsent halten.

Eine Auswahl hilfreicher Methoden und Interventionen:

55. Das Zeitmonster füttern (siehe S. 255)
56. Da war doch was – Reminder (siehe S. 258)
57. Stolpersteine überwinden (siehe S. 261)
64. Mein persönliches Umsetzungsprojekt (siehe S. 289)
67. Der sanfte Hauch des Trainers (siehe S. 298)
75. Raum zum Ausprobieren – der dritte Lernort (siehe S. 316)

14. Verbindliche Umsetzungsvorhaben und Anreize für die Zeit nach der Maßnahme sind notwendig!

Ohne verbindliche Umsetzungsvorhaben gibt es keine Nachhaltigkeit. Die wichtigste Zeit eines Seminars ist die Zeit nach dem Seminar, denn dann zeigt sich erst, inwieweit Gelerntes auch tatsächlich angewandt und umgesetzt werden kann. Ohne sanften Druck lässt sich ein nachhaltiger Lerneffekt in der Regel nicht bewirken. Der Alltag verdrängt zu schnell gute Vorsätze. Daher müssen Meilensteine für die Zeit nach der Maßnahme vereinbart werden, die die Teilnehmer umzusetzen haben. Um dies sicherzustellen, bedarf es einer gewissen Verbindlichkeit. Effektiver als Zwang ist hier aber auch der eigene Anreiz der Teilnehmer, ihre selbst gesteckten Ziele zu erreichen. Da die Gefahr groß ist, dass andere Dinge im Berufsalltag das Neue verdrängen, ist die Einbindung von Auftraggebern, den Vorgesetzten und des Umfelds gerade auch für die Zeit nach dem Seminar wichtig. Als unerlässlich für einen nachhaltigen Effekt erweisen sich verbindliche Umsetzungsvorhaben, die die Teilnehmer von sich aus anstreben und umsetzen möchten. In der Weiterbildungsmaßnahme selbst kann bereits auf mögliche Umsetzungshindernisse eingegangen werden, sodass die Teilnehmer diesen nicht unvorbereitet gegenüberstehen und ihre Motivation zur Verfolgung ihrer persönlichen Ziele aufrechterhalten.

Eine Auswahl hilfreicher Methoden und Interventionen:

58. Ideenpool für den Transfer (siehe S. 265)
62. Führungsdialog (siehe S. 280)
63. Gratulation – Umsetzung geschafft! (siehe S. 284)
64. Mein persönliches Umsetzungsprojekt (siehe S. 289)
69. Erfolgsbörse (siehe S. 302)
70. Die Beichte ablegen (siehe S. 304)
71. Support vor Ort (siehe S. 307)

15. Die Teilnehmer müssen bei der Umsetzung in der Praxis umfassend unterstützt werden!

▶ *Unterstützung bei der Umsetzung durch Coaching oder Teilnehmernetzwerke.*

Für einen nachhaltigen Lerneffekt ist es wichtig, dass die Teilnehmer in der Praxis mit der Umsetzung der Inhalte nicht alleine gelassen werden. Sie sollten im Anschluss an eine Weiterbildungsmaßnahme auch die notwendige Unterstützung erfahren, wie sie das Gelernte tatsächlich in ihren Alltag integrieren. Ein modularer Aufbau der Weiterbildung (siehe These 9) hilft dabei, da die Teilnehmer nach Phasen des Ausprobierens wieder zusammenkommen, um Umsetzungshindernisse zu besprechen. Ebenso hilfreich ist es, wenn sich die Teilnehmer untereinander vernetzen und sich gegenseitig unterstützen und motivieren. Idealerweise steht der Trainer und Berater den Teilnehmern nach der eigentlichen Maßnahme als Coach zur Verfügung und unterstützt die Teilnehmer weiterhin in ihrem Lernprozess.

Eine Auswahl hilfreicher Methoden und Interventionen:

28. Mein guter Freund (siehe S. 164)
73. Der heiße Draht zum Trainer (siehe S. 311)
76. Netzwerktreffen mit kollegialer Beratung (siehe S. 319)
77. Follow-ups vor Ort – Praxisbegleitung (siehe S. 327)
78. Coaching de luxe (siehe S. 331)
79. Peer Groups (siehe S. 333)

Zusammenfassung der 15 Thesen: Wie Wissen nachhaltiger vermittelt werden kann

1. Wer Nachhaltigkeit will, muss sich diese zum Ziel setzen!
- Allein, dass man über Nachhaltigkeit redet, verändert etwas – Nachhaltigkeit sollte deshalb zum Thema aller Beteiligten werden.
- Das Rad muss nicht neu erfunden werden, aber alle Aspekte von Beratung und Training sollten mit der Brille der Nachhaltigkeit betrachtet werden.
- Nachhaltigkeit sollte als generelles Ziel der Weiterbildung verankert werden.
- Jeder Teilnehmer sollte sich nachhaltige individuelle Lernziele setzen.

2. Die Perspektive aller muss sich auf den Zeitraum nach der Weiterbildungsmaßnahme erweitern!
- Weiterbildung als einen längerfristigen Lernprozess verstehen.
- Die Umsetzungsbrücke verbindet Training und Praxisalltag.
- Weiterbildungen und Beratungen modular aufbauen, um die Transferlücke zu umgehen.

3. Neue Rollen sind notwendig – die Eigenverantwortung der Teilnehmer wird gestärkt, Vorgesetzte einbezogen und der Trainer wird zum Prozessbegleiter!
- Vom Teilnehmer zum Mitgestalter.
- Vom Dozierenden zum Impulsgeber und Lernbegleiter.
- Weiterbildung im System verankern.
- Vorgesetzte einbeziehen.

4. Der Trainer muss bei den Teilnehmern und der Organisation eine grundsätzliche Lern- und Veränderungsbereitschaft wecken!
- Teilnehmer für Neues öffnen.
- Lernhaltungen thematisieren.

5. Der Trainer muss authentisch und professionell auftreten, um als Person akzeptiert zu werden!
- Akzeptanz des Trainers gelingt über Authentizität.
- Kritische Selbstreflexion und Hinterfragen der eigenen Rolle und Haltung.

6. Lernen soll Spaß machen – das erfordert eine wertschätzende Haltung und eine Atmosphäre, in der sich alle wohlfühlen!
- Eine Atmosphäre schaffen, in der sich alle wohlfühlen.
- Den Teilnehmern Wertschätzung entgegenbringen.
- Bewusster Umgang mit Sprache, um geeignete Lernszenarien zu schaffen.

7. Die vermittelten Inhalte müssen für die Teilnehmer relevant sein; jeder muss für sich einen persönlichen Nutzen daraus ziehen können!
- Inhalte anhand der Relevanz für die Teilnehmer auswählen.
- Informationen über die Teilnehmer und deren Umfeld einholen.
- Teilnehmer mitbestimmen und auswählen lassen.

8. Keine Standardabläufe – jeder Lern- und Beratungsprozess muss den Teilnehmer in seiner gesamten Persönlichkeit erfassen!
- Teilnehmer ganzheitlich wahrnehmen; nicht an der Oberfläche verharren.
- Kommunikations- und Verhaltensmuster aufdecken und widerspiegeln.
- Teilnehmern ihre Stärken ins Bewusstsein rufen.
- Generell auf Kompetenzen und Lösungen hin orientieren.

9. Die vermittelten Inhalte müssen auf das System und Umfeld der Teilnehmer abgestimmt sein – Praxisalltag und Training werden miteinander verzahnt!
- System- und Kulturkonformität herstellen.
- Training und Berufsalltag verzahnen.

10. Methodik und Didaktik de luxe 1: Fokussieren auf das Wesentliche!
- Inhalte reduzieren.
- Häufige Wiederholungen.
- Kernbotschaften schriftlich fixieren.

11. Methodik und Didaktik de luxe 2: Lernen ist keine passive Kopfsache!
- Teilnehmer Inhalte selbst erarbeiten lassen.
- Lerninhalte mit persönlichen Erfahrungen und Gefühlen verankern.
- Abwechslungsreiche Methodik verwenden.

12. Methodik und Didaktik de luxe 3: Die Teilnehmer müssen in die Lage versetzt werden, ihr eigenes Verhalten selbstständig zu reflektieren und zu ändern. Die Frage des eigenständigen „Wie" der vermittelten Inhalte wird fester Bestandteil des Trainings!
- Handeln und Einstellungen selbstständig reflektieren.
- Mit Reflexionsschleifen für Verinnerlichung sorgen.
- Lernprozesse transparent machen.
- Besprechen, wie Inhalte persönlich umgesetzt werden können.

13. Ohne Energie, Engagement und viel Zeit zum Ausprobieren, auch nach der Weiterbildung, funktioniert es nicht!
- Echtes Lernen kostet Zeit und Energie.
- Bewusstsein bei Teilnehmern dafür herstellen.
- Neues Verhalten muss eingeübt werden.

14. Verbindliche Umsetzungsvorhaben und Anreize für die Zeit nach der Maßnahme sind notwendig!
- Ohne verbindliche Umsetzungsvorhaben gibt es keine Nachhaltigkeit.

15. Die Teilnehmer müssen bei der Umsetzung in der Praxis umfassend unterstützt werden!
- Unterstützung bei der Umsetzung durch Coaching oder Teilnehmernetzwerke.

Schlüsselfaktoren und ein Modell für mehr Nachhaltigkeit

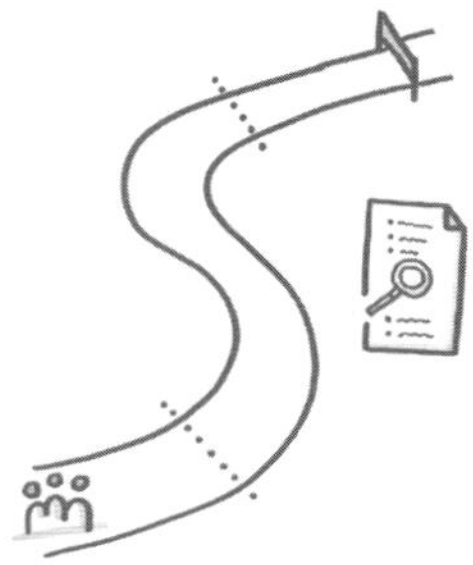

Aus den vorangegangenen fünfzehn Thesen, wie Wissen nachhaltiger vermittelt werden kann, werden wir nun die wichtigsten Schlüsselfaktoren sowie ein Modell für mehr Nachhaltigkeit in Beratung und Training ableiten, um das Wesentliche auf einen Blick erfassen zu können.

Was bislang erarbeitet wurde:
Wer Nachhaltigkeit will, muss sich diese zum Ziel setzen. Dabei ist es erforderlich, für alle Aspekte des Trainings die Brille der Nachhaltigkeit aufzusetzen. Dies geht einher mit neuen Rollenverständnissen: Der Trainer wird zum Prozessbegleiter und Impulsgeber, der Teilnehmer zeigt eigenverantwortlich Engagement und die Vorgesetzten übernehmen Verantwortung für die Umsetzung der Weiterbildungsinhalte. Der Blick aller richtet sich auf die Zeit nach der eigentlichen Weiterbildungsmaßnahme, nämlich der Umsetzung des Gelernten in der Praxis. Training und Praxis werden so eng wie möglich miteinander verknüpft. Jeder Teilnehmer sollte aus der Weiterbildung einen persönlichen Nutzen für sich ziehen können. Um einen nachhaltigen Lern- und Veränderungsprozess zu erzielen, müssen die Teilnehmer angeleitet werden, ihr Verhalten und ihre Einstellungen selbstständig zu reflektieren und anzupassen. Lernen findet in permanenten Reflexionsschleifen statt. Individuelle Lernziele werden vereinbart, Lernprozesse transparent gemacht und Ergebnisse fixiert.

Die Atmosphäre im Training selbst ist von Wertschätzung, Vertrauen und Spaß am Lernen und Ausprobieren gekennzeichnet. Die Weiterbildung fußt auf einer konsequenten Stärken- und Lösungsorientierung. Die Teilnehmer werden in ihrer gesamten Persönlichkeit erfasst und Abläufe individuell an die Erfordernisse angepasst. Der Trainer achtet darauf, die wichtigsten Inhalte klar abzugrenzen, die Teilnehmer so viel Wissen wie möglich selbst erarbeiten zu lassen und Inhalte mit positiven Lernerfahrungen und Emotionen zu koppeln.

Nach der Weiterbildungsmaßnahme setzen die Teilnehmer ein eigenes Umsetzungsprojekt um, bei dem sie vom Trainer und dem Umfeld Unterstützung erhalten. Hilfreich sind neben der konkreten Planung des Umsetzungsprojektes auch die Thematisierung von möglichen Umsetzungshindernissen sowie eine Vernetzung der Teilnehmer untereinander. Ein langfristig angelegter Weiterbildungsprozess mit modularem Aufbau, Reflexionstagen und Praxisbegleitungen fördern einen nachhaltigen Effekt.

Für die Teilnehmer bedeutet dies, dass sie mit

- Spaß
- Anstrengung
- Nutzen
- Verbindlichkeit und
- Tiefgang

zu einem nachhaltigeren Lern- und Veränderungsprozess gelangen. Kurzum:

SANVT zu mehr Wirkung!

S paß meint: offen für Neues und mit Freude am Ausprobieren und Lernen!

A nstrengung meint: bereit für Engagement und Herausforderung!

N utzen meint: das Gelernte eigenständig in der Praxis umsetzen können!

V erbindlichkeit meint: Umsetzung des Gelernten fest verankern!

T iefgang meint: nicht an der Oberfläche verharren, sondern Lernprozesse verinnerlichen!

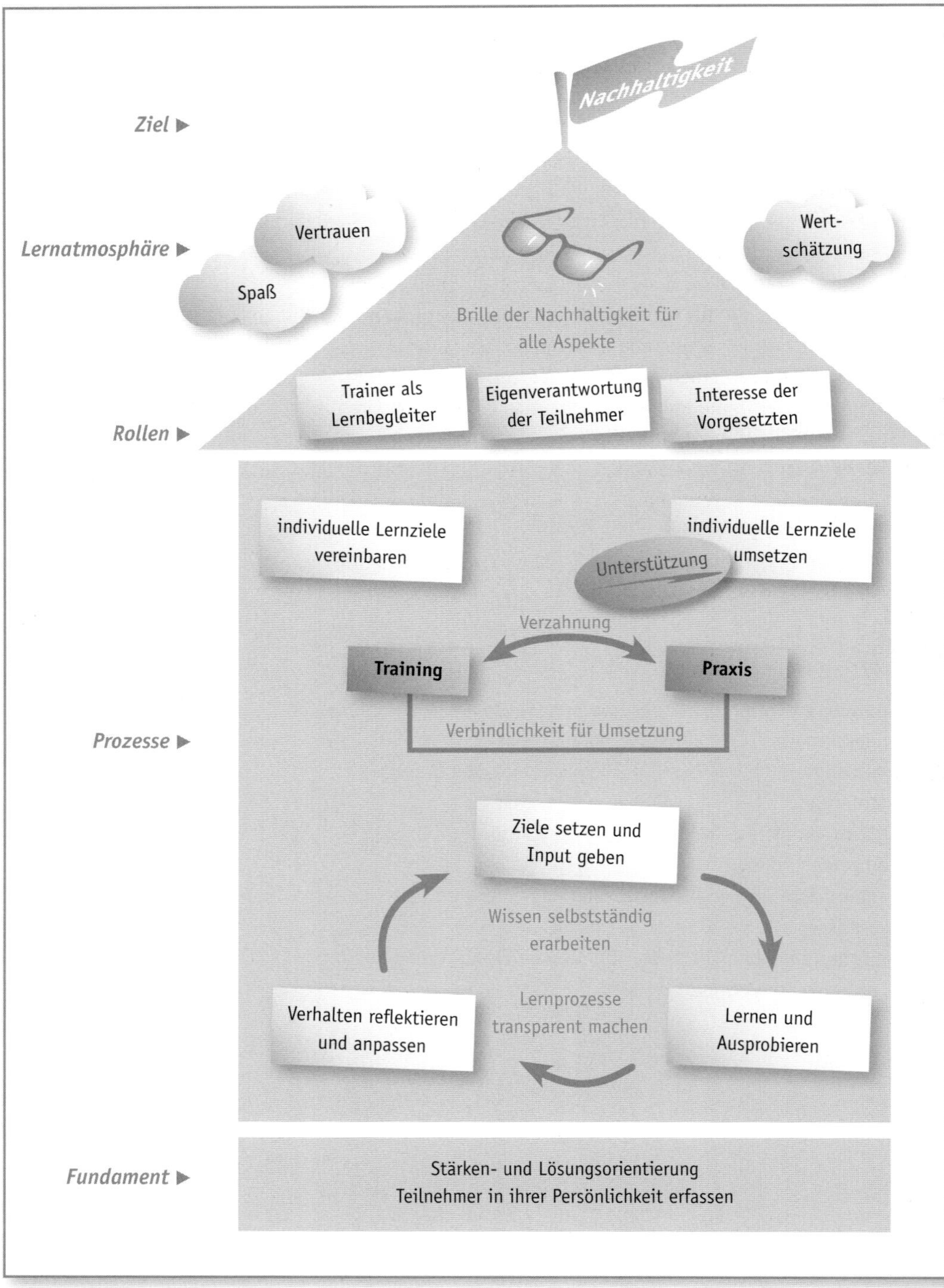

Abb.: Modell für mehr Nachhaltigkeit

Im „Haus der Nachhaltigkeit" sind die Schlüsselfaktoren noch einmal modellhaft zusammengefasst (siehe Abb. links):

1. Das Ziel ist Nachhaltigkeit. Alle Aspekte werden mit der Brille der Nachhaltigkeit betrachtet.
2. Die Rollen von Trainer, Teilnehmer, Auftraggeber und Vorgesetzten ändern sich.
3. Die Weiterbildung wird als Prozess angelegt. Die Umsetzung des Gelernten in die Praxis wird verbindlich vereinbart. Training und Praxis werden eng miteinander verzahnt.
4. Die Teilnehmer werden in die Lage versetzt, das Gelernte eigenständig in die Praxis umzusetzen. Dafür lernen sie, ihr eigenes Verhalten zu reflektieren und anzupassen.
5. Das Fundament bildet eine konsequente Stärken- und Lösungsorientierung der Teilnehmer. Diese werden in ihrer ganzen Persönlichkeit erfasst.
6. Die Atmosphäre ist geprägt von Wertschätzung, Vertrauen und Spaß am Lernen und Ausprobieren.

Checkliste: So gestalten Sie einen nachhaltigen Lern- und Veränderungsprozess

Hier finden Sie eine Checkliste, die Ihnen helfen soll, Ihre Lern- und Veränderungsprozesse nachhaltiger zu gestalten. Denken Sie immer daran: Der Lern- und Veränderungsprozess beginnt bereits vor der eigentlichen Weiterbildungsmaßnahme und endet erst mit der Umsetzung der vermittelten Inhalte in die Praxis.

1. Nachhaltigkeit sichern im Vorfeld

- weg von Einzelmaßnahmen hin zu Prozessen
- nachhaltige Auftragsklärung mit Vereinbarung langfristiger Ziele
- Umsetzung des Gelernten thematisieren
- falls möglich, modularen Aufbau veranlassen
- Vorgesetzte der Teilnehmer einbeziehen
- Informationen über die Teilnehmer und deren Umfeld einholen
- Inhalte so weit wie möglich auf die Bedürfnisse der Teilnehmer abstimmen
- Lernziele und Kernbotschaften festlegen
- wichtige Inhalte transparent visualisieren
- Methoden abwechslungsreich planen

2. Nachhaltigkeit sichern während des Trainings

Nachhaltigkeitsorientierte Einstimmung:

- Lern- und Veränderungsbereitschaft bei den Teilnehmern herstellen
- vertrauensvolle Atmosphäre aufbauen
- den Teilnehmern mit Wertschätzung begegnen
- nachhaltiges Lernziel in den Fokus rücken
- individuelle Lernhaltung von Teilnehmern und Organisation thematisieren

Nachhaltigkeitsorientierte Gestaltung:

- konkrete Lernziele vereinbaren
- Lernprozesse transparent machen
- Teilnehmer möglichst viel selbst erfahren und erarbeiten lassen
- Teilnehmer mitbestimmen und auswählen lassen
- Lernprozessen Zeit und Raum geben
- regelmäßige Reflexionen
- neues Verhalten einüben
- Teilnehmern eigene Stärken ins Bewusstsein rufen
- Kommunikations- und Verhaltensmuster widerspiegeln
- Überraschungselemente und Emotionen nutzen
- mit Sprache und Metaphern einladende Lernszenarien schaffen
- auf Kernbotschaften fokussieren
- häufige Wiederholungen des Wichtigsten
- gute Visualisierung und schriftliche Fixierung
- abwechslungsreiche Methoden
- Spaß am Lernen darf nicht zu kurz kommen

Nachhaltigkeitsorientierter Ausklang:

- Kernbotschaften ankern
- verbindliches Umsetzungsprojekt planen
- potenzielle Umsetzungshindernisse thematisieren
- Teilnehmer untereinander vernetzen

3. Nachhaltigkeit im Nachgang

- begleitendes Coaching für die Zeit der Umsetzung
- Rückmeldung der Fortschritte im Umsetzungsprojekt
- Unterstützung des Umfelds und der Vorgesetzten
- Reflexionstage, Praxisbegleitungen u.Ä. durchführen

Werkzeugkoffer der nachhaltigen Methoden und Interventionen

Werkzeugkoffer der nachhaltigen Methoden und Interventionen

Methodenübersicht mit Kurzbeschreibungen

Wie sind die Methoden aufgebaut?

Um sich leicht orientieren zu können, ist die Beschreibung der Methoden und Interventionen nach folgendem Schema aufgebaut:

Für die schnelle Orientierung

- *Metapher/Zitat:* Wie lässt sich die Methode mit einer Metapher oder einem Zitat treffend umschreiben?
- *Kurzbeschreibung*: Was verbirgt sich hinter der Methode?
- *Ziele*: Was sind die Ziele der Methoden?
- *Zeit*: Wie lange dauert die Methode in etwa?
- *Material*: Welche Materialien werden benötigt? Was wird vorbereitet?
- *Gruppengröße*: Für wie viele Teilnehmer ist die Methode geeignet?
- *Überblick*: Welches sind die Schritte bei der Durchführung?

Für die ausführliche Handhabung

- *Vorgehen*: Wie funktioniert die Methode im Detail? Wie können Anmoderationen beispielhaft erfolgen?
- *Varianten* (*optional*): Wie lässt sich die Methode zu welchem Zweck abwandeln?
- *Worauf achten?*: Welches sind die Faktoren, die der Trainer für eine erfolgreiche Durchführung besonders im Auge behalten sollte?
- *Praxistipp*: Wie sehen die Erfahrungen aus der Praxis aus? Was sind häufige Reaktionen der Teilnehmer und typische Stolpersteine?
- *Warum fördert diese Methode die Nachhaltigkeit?*: Welche Berechtigung findet die Methode? Inwieweit kann sie einen nachhaltigen Effekt unterstützen?
- *Hintergrund/Literaturtipps* (*optional*): Welcher Theorieansatz bzw. welche Bücher sind zur vertiefenden Lektüre empfehlenswert? Welches Hintergrundwissen kann dem Trainer mehr Sicherheit in Bezug auf die Inhalte geben?
- *Querverweise* (*optional*): Wo finden sich im Buch Methoden und Hinweise, die sich gut mit dieser Methode kombinieren lassen?

Sonstige Hinweise, die es zu beachten gilt

Bei der *Gruppengröße* wird in der Regel von zwölf Teilnehmern ausgegangen. Die meisten Methoden lassen sich problemlos auch mit größeren Gruppen durchführen. Der Leser erhält Hinweise, wie sich die Methode für größere Teilnehmerzahlen abwandeln lässt.

Die *Zeitangaben* sind sehr subjektiv. Wofür mancher Trainer zehn Minuten benötigt, dauert bei einem Kollegen 60 Minuten. Die Zeitangaben sollten wirklich nur als erster Orientierungsrahmen gesehen werden. Die meisten Methoden und Interventionen lassen sich problemlos auf das jeweilige Seminarthema, die jeweilige Gruppengröße und den vorhandenen Zeitrahmen anpassen!

Der wichtigste Hinweis, bevor Sie sich näher mit den Methoden beschäftigen: Gute Lernprozesse brauchen Zeit und Raum für Flexibilität. Nachhaltige Seminare und Workshops lassen sich nicht minutengenau vorab am Schreibtisch planen. Ein Workshop kann nur dann nachhaltig sein, wenn er den Bedürfnissen der Teilnehmer – und nicht Ihrer Planung, und sei diese im Vorfeld noch so gut erfolgt – gerecht wird. Bleiben Sie deshalb flexibel bei Einsatz und Durchführung der Methoden. Hören Sie genau hin, beobachten Sie und entscheiden Sie dann, welche Intervention Ihre Teilnehmer tatsächlich einen Schritt im Hinblick auf ein nachhaltiges Ergebnis voranbringt.

Mein Tipp

Nachhaltigkeit ist eine Frage der Einstellung und erst im zweiten Schritt eine Frage der richtigen Methode! Lassen Sie sich auf Ihre Teilnehmer ein, erfassen Sie die Menschen ganzheitlich, spiegeln Sie unbewusste Denk- und Verhaltensmuster und geben Sie Ihren Teilnehmern die Möglichkeit, mehr über sich zu erfahren sowie eigenständig zu lernen und sich weiterzuentwickeln!

Nachhaltige Methoden und Interventionen im Vorfeld

Ziel: Nachhaltigkeit vorbereiten

1	**Checkliste: Weiterbildungsziele**	Angeboten wird eine Auswahl von Fragen zur Klärung von Weiterbildungszielen.	S. 72
2	**Checkliste: Nachhaltige Auftragsklärung**	Hier eine Auswahl von Fragen für eine nachhaltige Auftragsklärung.	S. 73
3	**Checkliste: Trainer-Vorbereitung für ein nachhaltiges Seminar**	Hier eine Auswahl von Fragen zur Ausrichtung des Seminars nach neurobiologischen Lernerkenntnissen.	S. 75
4	**Vorbereitungs-E-Mail zur Einstimmung**	Die Teilnehmer werden eine Woche vor dem Seminar per E-Mail mit einer passenden Geschichte eingestimmt.	S. 78
5	**Was ich mir wünsche**	Die Teilnehmer notieren sich spontan, was sie mit dem Workshop persönlich erreichen möchten.	S. 81
6	**Drei Wünsche an den Trainer**	Die Teilnehmer richten im Vorfeld des Seminars drei Wünsche an den Trainer.	S. 84
7	**Vier-Augen-Gespräch**	Die Teilnehmer tauschen sich mit ihrem Vorgesetzten oder einer Vertrauensperson darüber aus, was sie mit der Weiterbildungsmaßnahme erreichen möchten und wie die Umsetzung des Gelernten am Arbeitsplatz erfolgen kann.	S. 86
8	**One for one**	Jeder Teilnehmer nimmt sich zur Einstimmung auf das Seminar eine Minute Zeit und überlegt sich, was er mit dieser Weiterbildung erreichen möchte.	S. 89
9	**Five for two**	Jeder Teilnehmer erzählt einer Vertrauensperson (Freund, Kollege, Partner) von der anstehenden Weiterbildungsmaßnahme.	S. 91
10	**Ein Ohr für Sie – die Trainer-Hotline**	Der Trainer richtet im Vorfeld eine telefonische Sprechstunde ein, während der die Teilnehmer Kontakt zu ihm aufnehmen und Dinge besprechen können, die ihnen auf dem Herzen liegen.	S. 93

Nachhaltige Methoden und Interventionen im Seminarverlauf

Nachhaltigkeitsorientierte Einstimmung **Ziel:** Teilnehmer sensibilisieren, in nachhaltige Denkbahnen lenken			
11	**Zielorientierter Seminarfahrplan**	Der Trainer stellt den angedachten Ablauf des Seminars auf Grundlage nachhaltiger Lernziele vor.	S. 96
12	**Buffet-Metapher**	Den Teilnehmern wird das Seminar als Buffet angetragen, an dem sie sich das für sie Schmeckende (Synonym für „in der Praxis für sie verwertbares Wissen“) heraussuchen und mitnehmen sollen.	S. 99
13	**Reisemetapher**	Den Teilnehmern wird die Weiterbildung als Reise angeboten, deren erste Etappe im Seminar beginnt, die aber erst lange nach dem letzten Seminartag endet.	S. 102

14	**Wunschziel erreicht**	Die Teilnehmer überlegen sich zu Beginn des Workshops, welches Ziel sie persönlich erreichen wollen, damit der Workshop für sie von Nutzen ist.	S. 106
15	**Blick in die Zukunft**	Die Teilnehmer werfen ausgehend von einem aktuellen Problem einen Blick in die Zukunft und überlegen sich, wie eine Lösung für ihr Problem aussehen könnte.	S. 111
16	**Das weiße Kaninchen**	Die Teilnehmer überlegen sich zu zweit einen inhaltlichen Wunschbaustein, passend zum Seminarthema, den der Trainer in das Seminar integrieren wird.	S. 115
17	**Vorhang auf – Rollenklärung**	Der Trainer klärt mithilfe der Theatermetapher gemeinsam mit den Teilnehmern gegenseitige Erwartungen und Rollen.	S. 120
18	**Let's talk about**	Die Teilnehmer besprechen im Zweierteam alles, was ihnen in Bezug auf das Seminarthema und ihrer persönlichen Entwicklung am Herzen liegt.	S. 125
19	**Sperrmüll-Tag**	Die Teilnehmer klären für sich, welche Punkte der eigenen Unzufriedenheit sie in Bezug auf das Seminarthema nach dem Seminar zum Sperrmüll gebracht, also beseitigt haben wollen.	S. 128
20	**Energiekonto auftanken**	Die Teilnehmer lernen, wie sie in Stresszeiten und zu Beginn des Workshops ihr Energiekonto auffüllen können.	S. 132
21	**Zeit für neue Perspektiven**	Die Teilnehmer lernen eine für sie herausfordernde Situation bewusst aus anderer Perspektive zu betrachten.	S. 138
22	**Unter Strom – was sind meine Themen?**	Die Teilnehmer „spüren" zu Beginn des Seminars mithilfe einer fiktiven Stromleitung auf dem Boden nach, welche der Seminarthemen für sie eine besondere Bedeutung haben und tauschen sich über ihre Assoziationen und Gefühle mit den Kollegen aus.	S. 143
23	**Rucksack auf**	Die Teilnehmer öffnen ihren Rucksack mit Erfahrungen, die sie in Bezug auf das Seminarthema gemacht haben.	S. 147
24	**Das Bild, das am treffendsten beschreibt**	Jeder Teilnehmer sucht aus einer Fülle von Bildern dasjenige heraus, das ihn in Bezug auf das Seminarthema persönlich am meisten anspricht.	S. 149
25	**Meine größte Herausforderung**	Die Teilnehmer teilen ihre persönlichen Praxisfragen/-herausforderungen mit, die sie in Bezug auf das Seminarthema haben.	S. 153
Während des Trainings **Ziel:** Nachhaltige Impulse setzen, die langfristig Wirkung erzeugen			
26	**Bogenschießen**	Jeder Teilnehmer setzt sich ein persönliches Ziel und hält dieses Lernziel fest im Fokus.	S. 158
27	**Nachhaltigkeits-Bestseller**	Die Teilnehmer halten in einem Transferbuch parallel zum Seminar ihre „Bestseller", sprich die wichtigsten Erkenntnisse, fest und dokumentieren Lernprozess und Umsetzung.	S. 161
28	**Mein guter Freund**	Jeder Teilnehmer sucht sich einen Lernpartner für den gemeinsamen Lernprozess, für einen intensiven und offenen Austausch sowie für Unterstützung für die Umsetzung der gelernten Inhalte nach dem Seminar.	S. 164

47	**Marktplatz**	Die Teilnehmer bestimmen mithilfe eines „Marktplatzes" die Themen, die sie selbst interessieren und an denen sie in Kleingruppen eigenständig arbeiten möchten.	S. 228
48	**Von der Lust am Scheitern**	Die Teilnehmer werden bewusst an eine Aufgabe herangeführt, bei der sie voraussichtlich scheitern. Erst nachdem sie selbstständig überlegt haben, was sie für das erfolgreiche Gelingen benötigen, gibt der Trainer den entsprechenden Input und die Teilnehmer probieren die Aufgabe erneut – in der Regel mit Erfolg.	S. 232
49	**Neustart**	Die Teilnehmer legen einen gedanklichen Neustart hin und dürfen sich für die Zeit nach dem Workshop ihr Team bzw. ihren Arbeitsplatz neu „einrichten", wobei Budget und Fantasie unbegrenzt sind.	S. 235
50	**Hinter dem Horizont geht's weiter**	Die Teilnehmer planen in drei Schritten ein Veränderungsprojekt: Erstens wird gesammelt, was alles schlecht läuft bzw. womit die Teilnehmer unzufrieden sind. Zweitens wird überlegt, wie es optimal laufen würde, und was Visionen und Wunschvorstellungen sind. Im dritten Schritt wird gemeinsam geschaut, was davon wie realisierbar ist.	S. 239
Nachhaltigkeitsorientierter Ausklang **Ziel:** Lerneffekte sichern und ankern			
51	**Brief an mich**	Die Teilnehmer notieren auf einer Motivkarte einen persönlichen Vorsatz, den sie bis vier Wochen nach dem Seminar umgesetzt haben möchten. Der Trainer schickt die Karten den Teilnehmern per Post zum Stichtag zu.	S. 244
52	**Schatztruhe füllen**	Die Teilnehmer füllen zum Abschluss des Seminars symbolisch die Schatztruhe mit ihren wichtigsten Seminarschätzen, sprich Erkenntnissen.	S. 247
53	**Sternstunden sammeln**	Die Teilnehmer sammeln in der Schlussphase des Seminars die Sternstunden, d.h. alle Inhalte, Aussagen, Erkenntnisse und Erlebnisse, denen sie im Seminar begegnet sind und bei denen ihnen ein Licht aufgegangen ist bzw. die sie nachhaltig beeindruckt haben.	S. 250
54	**Unsere „Take-home-Messages"**	Die Teilnehmer sammeln ihre wichtigsten Erkenntnisse, die sie mit nach Hause nehmen.	S. 253
55	**Das Zeitmonster füttern**	Die Teilnehmer planen für die Zeit nach dem Workshop ein festes wöchentliches Ritual, das Zeit für die Umsetzung des Gelernten gibt.	S. 255
56	**Da war doch was – Reminder**	Die Teilnehmer suchen sich einen Reminder aus, der sie in der Zeit nach dem Seminar an das Gelernte und ihre Lernziele erinnern soll.	S. 258
57	**Stolpersteine überwinden**	Jeder Teilnehmer überlegt für sich, welche Stolpersteine und Hindernisse bei der Umsetzung der gelernten Inhalte auftreten könnten. Gemeinsam werden Lösungsideen gesammelt, wie die Umsetzungshindernisse überwunden werden können.	S. 261
58	**Ideenpool für den Transfer**	Die Teilnehmer sammeln gemeinsam auf zwei Pinnwänden Ideen, was den Transfer der gelernten Inhalte in die Praxis schwierig machen und was ihn im Gegensatz dazu unterstützen und fördern kann.	S. 265

Nachhaltige Methoden und Interventionen im Nachgang

Ziel: Umsetzung in Alltag und Praxis bewerkstelligen

Nachhaltige Methoden und Interventionen im Vorfeld

Ziel

Nachhaltigkeit vorbereiten, die Teilnehmer bereits vor dem Seminar auf die Weiterbildung einstimmen.

Übersicht

Mein Tipp

Versuchen Sie bereits vor der Weiterbildung den Kontakt zu den Teilnehmern herzustellen und sich so gut wie möglich ein Bild von den Teilnehmern und deren Arbeitsumfeld zu machen. Wecken Sie zudem Spaß und Interesse der Teilnehmer auf das Kommende.

1. Checkliste: Weiterbildungsziele

Folgende Fragen bieten sich zur Klärung von Weiterbildungszielen an:

- Was versprechen bzw. erhoffen Sie sich von der Maßnahme?
- Was ist das Ziel der Weiterbildung?
- Gibt es ein konkretes Ziel oder ist das Ziel lediglich die Abwesenheit eines Symptoms?
- Gibt es Erwartungen und Wünsche über die eigentliche Maßnahme hinaus?
- Was soll sich konkret ändern? Bei wem? Bis wann?
- Woran würden Sie die Veränderungen konkret bemerken?
- Woran würden die Veränderungen Ihre Mitarbeiter/Ihre Kunden/die Kollegen bemerken?
- Wie sollen die Teilnehmer für sich den Erfolg der Weiterbildung feststellen?
- Was kann Ihrer Ansicht nach realistischerweise erreicht werden?
- Wo ständen Sie in einem halben Jahr, wenn Sie nichts täten?
- Was wäre der nächste kleine Schritt in Richtung angestrebtes Ziel?
- Was sollte auf keinen Fall passieren?
- Was haben Sie bisher ausprobiert? Mit welchem Erfolg?
- Welche langfristigen Ziele gibt es für die Weiterbildung?
- Wie würde sich eine erfolgreiche langfristige Umsetzung der Weiterbildungsinhalte bemerkbar machen?
- Was sollen die Teilnehmer in einem halben Jahr wissen, können, tun?
- Wie können wir Workshop und Praxisalltag der Teilnehmer eng miteinander verknüpfen?
- Was ist aus Ihrer Sicht notwendig, damit die Umsetzung der Inhalte in den Praxisalltag der Teilnehmer gelingt?
- Welches bzw. welche konkreten Ziele wollen wir für die Weiterbildung vereinbaren, kurzfristig, aber auch langfristig?
- Woran erkennen wir, dass die Ziele erreicht wurden, d.h., woran wollen wir den Erfolg messen?

Worauf achten?

Achten Sie bei der Vereinbarung von Zielen darauf, dass verschiedene Sichtweisen eingebracht werden. Es sollten sowohl die (potenziellen) Ziele des Unternehmens, der Personalabteilung, der Teilnehmer sowie der zuständigen Führungskräfte berücksichtigt werden. Ansprechpartner für die Zielvereinbarung sollte immer diejenige Person sein, in deren Verantwortungsbereich auch die Umsetzung liegt. Ideal ist es, wenn Sie vorab mit (einigen) Teilnehmern Kontakt aufnehmen und sie nach deren Zielen für die Weiterbildung fragen. Die Vorstellungen können oft erheblich voneinander abweichen.

2. Checkliste: Nachhaltige Auftragsklärung

Folgende Fragen bieten sich für eine nachhaltige Auftragsklärung an:

Fragen zum Kontext

- Was ist der Anlass für unser Gespräch?
- Wie gestaltet sich momentan die Situation, bei der ich Sie unterstützen soll?
- Was sind die Ursachen, dass die Situation aktuell so ist, wie sie ist?
- Was soll sich ändern?
- Was ist bislang schon in dieser Sache unternommen worden?
- Was würde passieren, wenn Sie auf die Maßnahme verzichten würden?

Fragen zu den Erwartungen

- Welche Erwartungen haben Sie an die Weiterbildung?
- Welche Erwartungen haben Sie an die Teilnehmer?
- Was erwarten Sie von mir als Trainer?
- Woran würden Sie merken, dass unsere Zusammenarbeit erfolgreich ist?
- Und was müsste ich tun, um zu scheitern?

Fragen zu den Teilnehmern

- Was sollte ich zum Hintergrund der Teilnehmer wissen?
- Welche Erwartungen haben die Teilnehmer an die Weiterbildung?
- Welche Vorerfahrungen haben die Teilnehmer mit dem Thema und mit Weiterbildungsmaßnahmen generell?
- Wie hoch schätzen Sie deren Motivation an der Weiterbildung ein? Ist auch mit Widerständen zu rechnen?
- Wie kann ich die Weiterbildung so gestalten, dass die Teilnehmer den größten Nutzen daraus ziehen?

Fragen zu den Zielen

- Was erhoffen Sie sich für die Weiterbildung?
- Was sind konkrete Ziele?
- Stellen Sie sich vor, über Nacht geschieht ein Wunder und die Weiterbildung ist erfolgreich: Woran würde man das ganz konkret merken? Woran noch?
- Welches bzw. welche konkreten Ziele wollen wir für die Weiterbildung vereinbaren?
- Woran erkennen wir, dass die Ziele erreicht wurden, d.h., woran wollen wir den Erfolg messen?

Fragen zur Umsetzung und zum Transfer

- Was sollen die Teilnehmer langfristig für sich und das Unternehmen aus der Weiterbildung mitnehmen?
- Wie würde sich eine erfolgreiche langfristige Umsetzung der Weiterbildungsinhalte bemerkbar machen? Woran noch?
- Was ist notwendig, damit die Umsetzung der Inhalte in den Praxisalltag der Teilnehmer gelingt?
- Mit welcher Unterstützung von Ihnen bzw. ihren Führungskräften können die Teilnehmer rechnen? Wie gelingt es uns, alle Führungskräfte ins Boot zu holen?
- Welche weiteren Möglichkeiten gibt es, um die Teilnehmer bei der Umsetzung zu unterstützen?

Fragen zu den Rahmenbedingungen

- Wie kann die Weiterbildung als ein Prozess angelegt werden?
- Welcher Zeitrahmen ist hierfür angedacht?
- Welche transferunterstützenden Maßnahmen sind möglich?
- Welchen Gestaltungsspielraum gibt es (Teilnehmer, Seminargröße, Termine, Dauer, Lernformen etc.)?
- Wie sieht der finanzielle Rahmen aus?
- Was geht auf keinen Fall?

Worauf achten?

Die Fragen sind natürlich nur als eine Auswahl zu verstehen und sollten je nach Situation und Auftrag angepasst werden. Ich habe es mir angewöhnt, die Auftragsklärung tatsächlich erst einmal dazu zu nutzen, zu verstehen, worum es dem Auftraggeber eigentlich geht und mir zu überlegen, was dem Unternehmen und den Teilnehmern langfristig am meisten bringt. Deswegen sind die Rollen bei der Auftragsklärung auch klar verteilt: meine beschränkt sich auf das Stellen guter Fragen und dem genauen Zu- und Heraushören, wie sich die Situation tatsächlich gestaltet. Hier ist der Blick unter die Oberfläche wichtig.

3. Checkliste: Trainer-Vorbereitung für ein nachhaltiges Seminar

Folgende Fragen helfen bei der Vorbereitung, das Seminar nach neurobiologischen Lernerkenntnissen auszurichten:

1. Die **Teilnehmer sollen von sich heraus motiviert sein**, etwas lernen zu wollen:
   - Können sich die Teilnehmer auf die Inhalte freuen; gelingt es mir, Neugier zu wecken und kommt der Spaß nicht zu kurz?

2. **Neues Wissen sollte an vorhandenes Wissen anküpfen**, denn Lernen bedeutet vernetzen und einbetten in bereits Bekanntes.
   - Nutze ich Beispiele aus dem Zuhörerkontext?
   - Stelle ich Vergleiche zu den Alltagserfahrungen meiner Teilnehmer her?
   - Nutze ich eine bildliche Sprache, um Assoziationen zu ermöglichen?

3. Die **Inhalte** sollten von jedem **persönlich als relevant und sinnvoll** eingeschätzt werden, denn nur was das Gehirn als wichtig einstuft, wird gespeichert.
   - Habe ich den Workshop anhand der Bedürfnisse der Teilnehmer konzipiert?
   - Habe ich die Lernziele und Kernbotschaften klar vor Augen und fest im Fokus?
   - Habe ich ausreichend Zeit für individuelle Lernprozesse eingeplant?

4. Die Teilnehmer sollten **möglichst viele Inhalte selbst erarbeiten.** Aktives Auseinandersetzen mit dem Stoff statt passivem Konsumieren erhöht die Gehirnaktivität.
   - Wechseln sich aktive und passive Phasen der Teilnehmer regelmäßig ab?
   - Können die Teilnehmer so viel Stoff wie möglich ausprobieren und anwenden?
   - Können die Teilnehmer den Stoff immer wieder für sich in eigene Worte fassen und sich auch gegenseitig erklären?

5. Die **Wissensvermittlung sollte über so viele sensorische Eingangskanäle wie möglich erfolgen** (Hören, Sehen, Tasten, ...). Je vielseitiger das Gehirn beansprucht wird, desto nachhaltiger erfolgt die Speicherung.
   - Habe ich Methodenvielfalt in der Dramaturgie?
   - Nutze ich unterschiedliche Medien?
   - Wechsele ich regelmäßig die Lehr-/Lernformen, um für Abwechslung zu sorgen?

6. Wichtige **Inhalte** sollten nicht nur gesprochen, sondern **selbst ausprobiert** bzw. zumindest schriftlich festgehalten werden.
   - Habe ich die wichtigsten Punkte visualisiert?
   - Habe ich ausreichend Zeit für schriftliche Reflexionen der Teilnehmer vorgesehen?

7. Der **Lernstoff** sollte **in kleinere „Pakete" zerlegt** und vermittelt werden, um Teilerfolge zu sichern.
   - Habe ich den Stoff übersichtlich in kleine Lernpakete bzw. Bausteine strukturiert? Sind meine Informationseinheiten nicht zu lang?
   - Nutze ich den Abschluss eines jeden Lernpakets für eine erneute Zusammenfassung?
   - Verdeutliche ich den Teilnehmern immer wieder den Gesamtzusammenhang und die Struktur?

8. Die Teilnehmer sollten viel **Zeit für das Wiederholen, Vertiefen und Festigen des Stoffes** erhalten.
   - Nutze ich jede Gelegenheit, den Stoff zusammenzufassen und zu wiederholen?
   - Lasse ich die Teilnehmer zwischendurch regelmäßig die wichtigsten Inhalte für sich selbst rekapitulieren?
   - Habe ich ausreichend Zeit für die Informationsverarbeitung in Form von einer aktiven Auseinandersetzung und einem passivem „Sackenlassen" eingeplant?

9. **Überraschung und Emotionen** erhöhen die Aufmerksamkeit und fördern das Lernen.
   - Vermittle ich selbst den Stoff engagiert und mit Leidenschaft?
   - Habe ich Überraschungselemente eingebaut, z.B. paradoxe Beispiele oder überraschende Hinführungen?
   - Gelingt es mir, die Teilnehmer in Situationen zu versetzen, die sie intensiv wahrnehmen können?

10. Lernen darf **anstrengend und herausfordernd** sein, aber nur in dem Maße, in dem die Teilnehmer auch **den Erfolg wahrnehmen** können.
- Berücksichtige ich den unterschiedlichen Wissens- und Erfahrungsstand meiner Teilnehmer?
- Sorge ich für eine konstruktive Lernatmosphäre, in der auch mal etwas schiefgehen darf?
- Unterstütze ich jeden nach seinen Bedürfnissen?

Worauf achten?

Setzen Sie sich als Trainer bei der Vorbereitung nicht zu sehr unter Druck. Es geht nicht darum, einen perfekten Workshop vorzubereiten! Nutzen Sie die Fragen der Checkliste eher als Anregung, das ein oder andere bei der Vorbereitung und Durchführung zu beachten. Je starrer Sie die Vorbereitung gestalten, desto weniger flexibel sind Sie in der Durchführung. Am wichtigsten für einen nachhaltigen Effekt ist es jedoch, flexibel und spontan auf die Bedürfnisse der Teilnehmer einzugehen. Greifen Sie zwischendurch öfters mal zu der Checkliste – Sie werden feststellen, dass Sie Ihre Trainerdramaturgie nach und nach automatisch in Richtung „Nachhaltigkeit" verändern.

Hintergrund/ Literaturtipp

Herrmann, Ulrich (Hrsg.): Neurodidaktik. Grundlagen und Vorschläge für ein gehirngerechtes Lehren und Lernen. Beltz, 2. Aufl. 2009.

4. Vorbereitungs-E-Mail zur Einstimmung

„Eine gute Vorbereitung ist die halbe Miete."

– Sprichwort –

Kurzbeschreibung

Die Teilnehmer werden eine Woche vor dem Seminar per E-Mail mit einer passenden Geschichte auf den Workshop und das Thema eingestimmt.

Ziele

- Das Seminar weckt das Interesse und die Vorfreude der Teilnehmer.
- Die Teilnehmer machen sich erste Gedanken zum Seminar.
- Der Trainer tritt (oft) erstmals in Kontakt zu den Teilnehmern.

Zeit

- 5 Minuten

Material

- passende Geschichte (Buchanregungen siehe Literaturtipps)

Gruppengröße

- unbegrenzt

Überblick

- Der Trainer sucht eine passende Geschichte zur Einstimmung auf das Seminar aus.
- Er formuliert eine nette E-Mail und schickt den Teilnehmern die Geschichte zu.

Vorgehen

Die E-Mail formuliert jeder Trainer sicherlich auf seine Art und Weise, schließlich sollen die Teilnehmer auch ein wenig die Person hinter der E-Mail kennenlernen. Bei mir liest sich eine solche Einstimmungs-E-Mail beispielsweise wie folgt:

„Liebe Seminarteilnehmer,
auch wenn wir uns noch nicht persönlich kennen, möchte ich Sie auf diesem Wege schon mal willkommen heißen und auf unseren Workshop ‚xyz' einstimmen. Gönnen Sie sich in den nächsten Tagen mal eine kleine

Auszeit vom Alltag und lesen Sie die angehängte Geschichte. Sie ist eine perfekte Einstimmung auf unsere gemeinsamen Tage. Ich freue mich, Sie am kommenden Montag persönlich kennenzulernen!"

Varianten

- Die Einstimmungs-E-Mail lässt sich auch sehr gut mit einem kleinen Rätsel kombinieren, oder mit einer Geschichte, die auf den ersten Blick wenig Verbindung mit dem Seminarthema hat. Die Teilnehmer sollen sich dann vorab Gedanken machen, was die Geschichte mit dem Seminar zu tun hat.
- Eine weitere Möglichkeit besteht darin, den Teilnehmern per Post bzw. über die Unternehmen einen Gegenstand zukommen zu lassen, etwa einen kleinen Stofftiger. Den Teilnehmern wird jedoch nur mitgeteilt, dass der Tiger noch eine wichtige Rolle im Seminar spielen wird, es wird aber noch nicht verraten wird, welche – und die Teilnehmer sollen überlegen, welche dies denn sein könnte. Zu Beginn des Seminars soll jeder seine Idee aufschreiben, die Ideen werden eingesammelt. Sobald die Rolle des Tigers im Seminar erläutert wurde, wird geklärt, wer mit seiner Vermutung richtig gelegen hat. Diese Teilnehmer werden dann als „Ratekönig" prämiert. (Und falls Sie sich jetzt selbst fragen, wofür der Tiger stehen könnte: Ich halte häufig Didaktikschulungen, die sich mit den Besonderheiten des Lehrens vor Großgruppen beschäftigen. Vor großen Gruppen ist es wichtig, deutlich Präsenz zu zeigen, in seinem Präsentationsverhalten eher als „Tiger" denn als Mäuschen aufzutreten. Und der Ratschlag lautet: Pack den Tiger aus!).

- Falls sich die Teilnehmer untereinander kennen, kann man auch zwei oder drei verschiedene Varianten von Geschichten oder „Vorab-Gegenständen" verschicken, ohne dies weiter zu kommentieren. Die Teilnehmer können sich in der Regel nicht erklären, warum sie unterschiedliche Varianten erhalten haben und beginnen, darüber zu rätseln und sich auszutauschen. Das Interesse ist geweckt und die gedankliche Einstimmung auf den Workshop gelungen.
- Statt einer Geschichte kann auch der Verweis auf einen passenden Song perfekt zur Einstimmung genutzt werden.

Worauf achten?

Vergessen Sie nicht das Urheberrecht. Verschicken Sie deshalb keine Geschichten, die dem Urheberrecht unterliegen.

Praxistipp

Unterschätzen Sie als Trainer nicht die Wirkung solch einer „kleinen" Maßnahme. Je individueller die Vorbereitungs-E-Mail auf die Teilnehmer abgestimmt ist, desto besser die Wirkung. Die Teilnehmer fühlen sich wertgeschätzt und spüren das tatsächliche Interesse. Deshalb der Tipp: Wenn Sie die Methode nutzen, bieten Sie keine „Fließband-Arbeit“, sondern einen individuellen Text, der die Besonderheiten des Seminars oder der Teilnehmer berücksichtigt.

Warum fördert diese Methode die Nachhaltigkeit?

Die Vorbereitungs-E-Mail fördert die Nachhaltigkeit, da sie das Interesse der Teilnehmer weckt. Diese können sich gedanklich auf das Seminar einstimmen und es erfolgt ein erster Kontakt zum Trainer.

Hintergrund/ Literaturtipps

Anregungen für Geschichten finden sich in folgenden Büchern:

- Bucay, Jorge: Komm, ich erzähle Dir eine Geschichte. Fischer Taschenbuch, 14. Aufl. 2007.
- Bucay, Jorge: Geschichten zum Nachdenken. Fischer Taschenbuch, 3. Aufl. 2012.
- Hess, Hans (Hrsg.): Erzählbar. managerSeminare, 2. Aufl. 2013.
- Reichel, Gerhard: Der Indianer und die Grille. 238 Storys zum Nachdenken und Weitererzählen. Verlag Brigitte Reichel, 6. Aufl. 2010.
- von Münchhausen, Marco und Trageser, Waltraud: Die Metaphern-Kartei. Junfermannsche Verlagsbuchhandlung, 2005.

Querverweise

Die Methode lässt sich gut mit „Ein Ohr für Sie“ (Methode 10) kombinieren. In der Vorbereitungs-E-Mail kann direkt auf die telefonische Sprechstunde hingewiesen werden.

5. Was ich mir wünsche

„Der Wunsch ist ein Wille, der sich nicht ganz ernst nimmt."
– Robert Edler von Musil –

Kurzbeschreibung

Die Teilnehmer notieren sich spontan, was sie mit dem Workshop persönlich erreichen möchten.

Ziele

- Die Teilnehmer setzen sich gedanklich mit dem Seminar auseinander.
- Sie machen sich bewusst, was sie verändern möchten.
- Die Teilnehmer sollen erkennen, dass im Workshop ihre individuellen Bedürfnisse eine Rolle spielen.

Zeit

- 10 Minuten

Material

- nicht unbedingt notwendig; je nachdem, ob die Aufgabe für die Teilnehmer per Post oder E-Mail versandt wird, kann jedoch ein liebevoll gestalteter „Wunschzettel" als Vorlage beigefügt werden

Gruppengröße

- unbegrenzt

Überblick

- Der Trainer verschickt die Anleitung zu „Was ich mir wünsche" an die Teilnehmer.
- Jeder Teilnehmer überlegt und notiert sich spontan einen persönlichen Wunsch, was er mit dem Workshop erreichen möchte – und bringt diesen Wunschzettel ins Seminar mit.
- Die Wunschzettel können zu Beginn oder während des Seminars vorgestellt bzw. vom Trainer aufgegriffen werden.

Vorgehen

Die Anleitung für „Was ich mir wünsche" lässt sich beispielsweise wie folgt formulieren:
„Liebe Seminarteilnehmer, damit Sie sich perfekt auf unseren Workshop einstimmen können, überlegen Sie bitte, was Sie persönlich mit dem Workshop erreichen möchten. Seien Sie spontan: Nur mal so angenommen, was wäre Ihr größter Wunsch, was Sie gerne ändern würden? Notieren Sie sich bitte, was Sie sich wünschen – und bringen Sie Ihren ‚Wunschzettel' zu unserem Seminar mit. Aber keine Angst: Ihr persönlicher Wunsch ist ausschließlich für Sie bestimmt, Sie müssen ihn nicht offenlegen. Seien Sie also ganz ehrlich zu sich."

Varianten

- Der persönliche Wunsch kann natürlich auch zu Beginn des Seminars erfragt werden.
- Die Methode kann in dem Sinne abgewandelt werden, dass die Teilnehmer keinen persönlichen Wunsch, sondern einen allgemeinen an den Trainer notieren. Diese Wunschzettel werden dann direkt wieder an den Trainer geschickt, sodass der Trainer diese zur Vorbereitung auf das Seminar nutzen kann. Bei dieser Art der Durchführung sollten alle Teilnehmer erfahren, welche Wünsche aus ihrem Kreise genannt wurden. Dabei ist es nicht notwendig, die Ersteller zu nennen – die Wünsche können anonymisiert zusammengefasst vorgestellt werden.

Worauf achten?

Kein Teilnehmer sollte dazu gezwungen werden, seinen „Wunschzettel" offenzulegen. Da die Notierung spontan und noch vor dem Workshop erfolgt, werden hier häufig auch sehr persönliche Dinge genannt. Insofern sollte die Offenlegung wenn, dann immer nur freiwillig erfolgen. Häufig baut sich jedoch im Laufe des Workshops zumindest zu einem „Lernpartner" eine gewisse Vertrauensbasis auf, sodass der Austausch beispielsweise im Zweierteam mit dem Lernpartner erfolgen kann.

Praxistipp

Greifen Sie den persönlichen Wunsch unbedingt am Ende des Workshops oder – falls möglich – am besten an einem Reflexionstag nach dem Workshop nochmals auf. Für die Teilnehmer ist es immer ein großes Aha-Erlebnis festzustellen, welche Veränderungen aufgetreten sind, seit sie den Wunsch geäußert haben.

Warum fördert diese Methode die Nachhaltigkeit?

Die Methode „Was ich mir wünsche" fördert die Nachhaltigkeit, da sie die Teilnehmer dazu bringt, sich zu überlegen, welche persönlichen Ziele sie mit dem Workshop erreichen möchten. Die Teilnehmer stimmen sich so gedanklich auf das Seminar ein und werden gleichzeitig mit der Rolle des aktiven Mitgestalters vertraut gemacht. Ihre persönlichen Wünsche werden Bestandteil des Seminars.

Hintergrund/ Literaturtipp

Die Formulierung „Nur mal angenommen ..." unterstützt die Teilnehmer dabei, sich neuen Gedanken zu öffnen und die Aufmerksamkeit auf wünschenswerte Zustände „zuzulassen". Die Formulierung nimmt dem Wunsch seinen Schrecken und der Teilnehmer lässt sich leichter dazu bewegen, die ein oder andere wünschenswerte Möglichkeit für sich im Kopf durchzuspielen.

Diese und weitere interessante Anregungen finden sich in:

- Prior, Manfred: MiniMax-Interventionen. Carl-Auer, 10. Aufl. 2012.

6. Drei Wünsche an den Trainer

„Glück entsteht oft durch Aufmerksamkeit in kleinen Dingen, Unglück oft durch Vernachlässigung kleiner Dinge."

– Wilhelm Busch –

Kurzbeschreibung

Die Teilnehmer richten im Vorfeld des Seminars drei Wünsche an den Trainer.

Ziele

- Der Trainer lernt im Vorfeld die Erwartungen der Teilnehmer an die Workshop-Leitung kennen.
- Die Teilnehmer machen sich bewusst, was für sie in Bezug auf den Ablauf der Veranstaltung wichtig ist.
- Sie werden zu Mitgestaltern des Workshops.

Zeit

- 10 Minuten

Material

- E-Mail

Gruppengröße

- Bei mehr als 16 Teilnehmern wird es für den Trainer aufwendig, der E-Mail-Flut und der Vielzahl der Wünsche Herr zu werden. Falls Sie sich dem Aufwand stellen, sollten Sie die Methode „größer" aufziehen. So kann mit den Wünschen beispielsweise eine große Wunschtafel gestaltet werden, die während der gesamten Veranstaltung Blick- und Angelpunkt aller Teilnehmer ist.

Überblick

- Der Trainer schickt eine E-Mail an die Teilnehmer und erläutert die Aufgabe.
- Die Teilnehmer schicken ihre drei Wünsche an den Trainer zurück.
- Der Trainer fasst die Wünsche zusammen und nutzt diese zur teilnehmerorientierten Vorbereitung.
- Zu Beginn des Workshops kann der Trainer allen einen Einblick in die genannten Wünsche geben.

Vorgehen

„Liebe Teilnehmer, damit ich unseren Workshop ganz nach Ihren Bedürfnissen gestalten kann, möchte ich Sie bitten, dass Sie kurz überlegen: Gibt es etwas, was Sie sich von mir in meiner Rolle als Trainer für den Workshop wünschen? Falls ja, dann scheuen Sie sich bitte nicht, mir Ihre drei Wünsche mitzuteilen. Gerne erfülle ich Ihnen diese, wenn mir das irgendwie möglich sein sollte. Gehen Sie also ruhig einen Moment in sich und überlegen Sie, was Ihnen auf dem Herzen liegt, was Sie sich von mir als Trainer wünschen."

Varianten

Die „Drei Wünsche" lassen sich individuell gestalten. Mögliche Fragen:

- Was wäre für Sie das Schlimmste, wie der Workshop verlaufen könnte?
- Was sollte im Workshop auf keinen Fall passieren?
- Was wünschen Sie sich vom Trainer, um sich wohlzufühlen?
- Was wünschen Sie sich vom Trainer, um möglichst viel für sich mitnehmen zu können?

Die Wünsche können zu Beginn des Seminars auch auf Zuruf am Flipchart gesammelt werden.

Worauf achten?

Achten Sie als Trainer auf die Art der Formulierung, damit den Teilnehmern klar ist, worauf sich ihre Wünsche beziehen sollen.

Praxistipp

Meine Erfahrung ist, dass die standardisierte Abfrage von Erwartungen im Vorfeld meistens wenig bringt. Die Antworten sind sehr oberflächlich gehalten und lassen sich vorahnen. Woran liegt das? Nun, ich denke, wenn die Abfrage standardisiert erfolgt, kommen auch standardisierte Antworten wie „Praxisbezug". Erkennen die Teilnehmer jedoch, dass sie individuell und persönlich gefragt werden und der Fragende ihre Antworten auch mit der entsprechenden Neugier und Wertschätzung erwartet, teilen sie tatsächlich das mit, was ihnen auf dem Herzen liegt. Probieren Sie es einfach mal aus!

Warum fördert diese Methode die Nachhaltigkeit?

Die Methode „Drei Wünsche an den Trainer" fördert die Nachhaltigkeit, da sie die Teilnehmer dazu bringt, sich im Vorfeld mit dem Workshop auseinanderzusetzen. Die Teilnehmer erkennen, dass sie Verantwortung für das erfolgreiche Gelingen des Workshops haben und diesen auch entsprechend mitgestalten können. Der Trainer wird frühzeitig als Ansprechperson wahrgenommen.

7. Vier-Augen-Gespräch

„Es gibt kaum eine größere Enttäuschung, als wenn du mit einer recht großen Freude im Herzen zu gleichgültigen Menschen kommst!"

– Christian Morgenstern –

Kurzbeschreibung

Die Teilnehmer tauschen sich mit ihrem Vorgesetzten oder einer Vertrauensperson darüber aus, was sie mit der Weiterbildungsmaßnahme erreichen möchten und wie die Umsetzung des Gelernten am Arbeitsplatz erfolgen kann.

Ziele

- Die Teilnehmer machen sich Gedanken zu ihren Zielen.
- Die Vorgesetzten werden als Mitverantwortliche in die Weiterbildung eingebunden.
- Das „offizielle" Gespräch erhöht Wert und Verbindlichkeit der Weiterbildungsmaßnahme.

Zeit

- 10 bis 15 Minuten

Material

- nicht notwendig

Gruppengröße

- unwichtig

Überblick

- Die Vorgesetzten werden im Vorfeld in die Weiterbildung eingebunden und laden ihre Mitarbeiter persönlich zu einem Vorbereitungsgespräch ein.
- Der Trainer weist noch mal per E-Mail alle auf dieses Gespräch hin.
- Vorgesetzter/Vertrauensperson und Teilnehmer tauschen sich kurz, aber offen darüber aus, was der Teilnehmer mit der Weiterbildungsmaßnahme erreichen möchte/soll.

Vorgehen

Leitfragen für ein Vorbereitungsgespräch könnten sein:

- Worin besteht Ihre Motivation, den Workshop zu besuchen?
- Welche Erwartungen haben Sie von der Weiterbildung?
- Was möchten Sie in der Weiterbildung hauptsächlich lernen? Was sind Ihre konkreten Ziele?
- Wie sollte die Weiterbildung ablaufen, damit Sie für sich einen Nutzen daraus ziehen?
- Was sollte auf keinen Fall passieren?
- Was soll sich für Sie nach der Weiterbildung in der Arbeit konkret ändern?
- Woran würden Sie erkennen, dass die Weiterbildung für Sie langfristig erfolgreich war?
- Welche Probleme könnten bei der Umsetzung des Gelernten in der Praxis auftreten? Wie könnten Sie diesen Herausforderungen begegnen?
- Welche Unterstützung könnte aus Ihrem Arbeitsumfeld kommen?
- Wie kann ich Sie als Vorgesetzter unterstützen?
- Welche konkreten Zielvereinbarungen wollen wir treffen? (Diese am besten schriftlich festhalten.)

Worauf achten?

Versuchen Sie, die Vorgesetzten in der Auftragsklärung in die Pflicht zu nehmen. Das tatsächliche Interesse von Vorgesetzten und des Arbeitsumfeldes hat nämlich erhebliche Auswirkungen darauf, wie ernsthaft die Teilnehmer ihre Weiterbildung absolvieren. „Management Attention" ist einer der wichtigsten Motivationsfaktoren.

Praxistipp

Falls gewünscht, so geben Sie den Unternehmen einen Leitfaden für ein solches Gespräch an die Hand. Gerade in Unternehmen mit wenig standardisierten Personalentwicklungsprozessen, wie regelmäßigen Mitarbeitergesprächen, kann ein Leitfaden sehr hilfreich sein. Machen Sie den Vorgesetzten aber auch deutlich, dass es nicht darauf ankommt, bestimmte Fakten abzufragen und das Gespräch in Richtung einer Kontrollfunktion abzuwandeln, sondern ernsthaftes Interesse an der Person, an dessen Weiterbildungsmöglichkeiten und vor allem an der Umsetzung des Gelernten am Arbeitsplatz zu zeigen. So profitieren auch alle von der Weiterbildung.

Warum fördert diese Methode die Nachhaltigkeit?

Die Methode „Vier-Augen-Gespräch" fördert die Nachhaltigkeit, da sich der Teilnehmer Gedanken zu Zielen der Weiterbildung macht und diese mit seinem Vorgesetzten bespricht. Die Vorgesetzten werden mit in die

Verantwortung für die Weiterbildung genommen. Das Gespräch erhöht den Stellenwert der Maßnahme und die Verbindlichkeit, dass der Teilnehmer sich engagiert und das Gelernte auch am Arbeitsplatz umsetzt.

Hintergrund

Die Wirkung jeder Weiterbildung, und möge diese noch so gut sein, verpufft, wenn der Teilnehmer nicht motiviert ist. Menschen besuchen aus unterschiedlichen Motiven heraus ein Seminar. Sie können hierfür intrinsisch motiviert sein, sich also aus eigenem Interesse, Neugierde und Lust an der persönlichen Weiterentwicklung dafür interessieren. Oder sie sind extrinsisch motiviert, das heißt, sie benötigen für die Motivation einen zusätzlichen Anreiz von außen, wie etwa den Erwerb eines Zertifikates. Wie zahlreiche Studien zeigen, ist das echte Interesse und die Wertschätzung des Vorgesetzten an seinen Mitarbeitern ein wesentlicher Motivationsfaktor, der weitaus umfassender und langfristiger wirkt als der ein oder andere finanzielle Anreiz.

Querverweis

Das Vorbereitungsgespräch lässt sich hervorragend mit einem Feedback-Gespräch im Anschluss an die Weiterbildung kombinieren (vgl. Methode 68 „Vier Augen zur Nachbereitung“).

8. One for one

„Keine Zeit gibt es nicht – nur andere Prioritäten."

– Michael A. Denk –

Kurzbeschreibung

Jeder Teilnehmer nimmt sich zur Einstimmung auf das Seminar kurz Zeit und überlegt sich, was er mit dieser Weiterbildung erreichen möchte.

Ziele

- Die Teilnehmer sollen sich erste Gedanken zum Seminar machen.
- Sie sollen sich ihrer Ziele bewusst werden.
- Das Seminar soll im Alltag der Teilnehmer seinen Platz finden.

Zeit

- 5 Minuten

Material

- E-Mail

Gruppengröße

- unbegrenzt

Überblick

- Der Trainer schickt den Teilnehmern per E-Mail die Anleitung zu „One for one" zu.
- Jeder Teilnehmer macht sich in einer ruhigen Minute Gedanken, was er mit dem anstehenden Seminar erreichen möchte.

Vorgehen

Eine Anleitung für das „One for one" kann wie folgt formuliert werden: *„Liebe Seminarteilnehmer, leider rast die Zeit im Alltag manchmal nur so dahin. Das ist schade, denn oft reicht ein wenig Abstand, um manches wieder bewusst wahrzunehmen. Zur Einstimmung auf unser Seminar möchte ich Sie bitten, dass Sie sich bewusst eine Minute Zeit nehmen, sich einen entspannten Augenblick schaffen, durchschnaufen, es sich gut gehen lassen und in Ruhe kurz überlegen, was Sie mit diesem Seminar erreichen möchte. Ein kleiner Moment zur Vorbereitung, der aber schon viel bewirken kann. Probieren Sie es einfach mal aus!"*

Worauf achten?

Achten Sie bei der Formulierung darauf, dass das „One for one" bei den Teilnehmern nicht als Aufgabe erscheint, die diese erfüllen müssen. Die einminütige Eigenreflexion soll etwas sein, was den Teilnehmern gut tut, nicht etwas, was sie machen müssen.

Praxistipp

Das „One for one" ist eine spielerische Möglichkeit, den Teilnehmern bereits im Vorfeld die Wichtigkeit des „Sich-selbst-Reflektierens" näherzubringen. Die kurzen Eigenreflexionen können während des Seminars problemlos fortgeführt werden – ideal natürlich in Kombination mit dem „Nachhaltigkeits-Bestseller" (vgl. Methode 27), einem Buch, in dem parallel zur Weiterbildung und Umsetzungsphase die wichtigsten Erkenntnisse schriftlich festgehalten werden.

Warum fördert diese Methode die Nachhaltigkeit?

Die Methode fördert die Nachhaltigkeit, da sich die Teilnehmer bereits vor dem Seminar mit der Weiterbildung auseinandersetzen. Die Weiterbildung wird in den Arbeitsalltag integriert und die Teilnehmer machen sich Gedanken, was sie mit dem Seminar erreichen möchten.

Hintergrund

Lernen kann nur dann funktionieren, wenn jeder das Wissen für sich noch einmal selbst erschafft. Es reicht nicht, lediglich Fakten zu konsumieren. Lernen erfordert ein selbstständiges Auseinandersetzen mit dem Stoff. Deswegen ist es wichtig, dass die Teilnehmer von Anfang an lernen, sich zu reflektieren.

Querverweis

Lässt sich gut mit Methode 27 „Nachhaltigkeits-Bestseller" kombinieren.

9. Five for two

„Guter Rat ist teuer."
– Sprichwort –

Kurzbeschreibung

Jeder Teilnehmer erzählt einer Vertrauensperson (Freund, Kollege, Partner) von der anstehenden Weiterbildungsmaßnahme.

Ziele

- Die Teilnehmer stimmen sich auf die Weiterbildungsmaßnahme ein.
- Sie nehmen sich fünf Minuten Zeit, sich mit einer Vertrauensperson darüber auszutauschen.
- Der Dialog regt zum Nachdenken an.

Zeit

- 5 Minuten

Material

- nicht notwendig

Gruppengröße

- unbegrenzt

Überblick

- Der Trainer bittet die Teilnehmer per E-Mail, sich fünf Minuten mit einer Vertrauensperson darüber auszutauschen, was ihnen in Bezug auf die Weiterbildungsmaßnahme auf dem Herzen liegt.
- Die Teilnehmer gehen für fünf Minuten in ein Vier-Augen-Gespräch.
- Der Trainer kann zu Beginn des Workshops kurz nachfragen, wie das Gespräch verlaufen ist und inwieweit es zur Einstimmung beigetragen hat.

Vorgehen

Die Anleitung kann wie folgt formuliert werden:
„Liebe Seminarteilnehmer, damit Sie gut in unsere Weiterbildung starten und auch längerfristig etwas davon für sich mitnehmen können, möchte ich Sie um fünf Minuten Ihrer Zeit bitten. Suchen Sie sich bitte eine Ver-

trauensperson, das kann ein guter Kollege, ein Freund oder ihr Partner sein. Wichtig ist nur, dass es jemand ist, der Sie gut kennt und offen mit Ihnen umgeht. Trinken Sie zusammen eine Tasse Kaffee oder nehmen Sie sich die Zeit für ein entspanntes Telefonat – und erzählen Sie Ihrer Vertrauensperson von der anstehenden Weiterbildungsmaßnahme. Was ist das Thema? Mit welchen Erwartungen gehen Sie hinein? Worauf freuen Sie sich? Worüber machen Sie sich Gedanken? Gibt es etwas, was auf keinen Fall passieren sollte? Was würden Sie sich wünschen, wie die Weiterbildung ablaufen sollte und was Sie damit erreichen können? Was wäre optimal? Erzählen Sie ein wenig von dem, was Ihnen in Bezug auf die anstehende Maßnahme auf dem Herzen liegt – und hören Sie gut zu, was Ihr Gesprächspartner Ihnen hierzu mit auf den Weg gibt."

Worauf achten?

Falls Sie die Teilnehmer um ein „Five for two" im Vorfeld bitten, dann fragen Sie zu Beginn der Veranstaltung, wie die Gespräche abgelaufen sind und ob die Teilnehmer das Gefühl haben, dass die fünf Minuten sie ein wenig auf den Workshop einstimmen konnten. Gerade bei den Methoden im Vorfeld ist es wichtig, diese nicht unkommentiert „verpuffen" zu lassen, sondern im Workshop zu thematisieren.

Praxistipp

Die fünf Minuten Austausch erfordern für den Teilnehmer nur wenig Zeitaufwand im Vorfeld, machen aber tatsächlich einen Unterschied. Durch die Reflexion und die Thematisierung der Weiterbildung im Alltag erhält diese einen ganz anderen Stellenwert bei den Teilnehmern.

Warum fördert diese Methode die Nachhaltigkeit?

Das „Five for two" fördert die Nachhaltigkeit, da sich die Teilnehmer im Vorfeld mit der Weiterbildungsmaßnahme auseinandersetzen und eine Vertrauensperson mit einbeziehen. Diese kann einerseits als Gesprächspartner dienen, um sich bestimmter Gedanken bewusst zu werden und diese zu artikulieren. Andererseits dient die Vertrauensperson dazu, die Weiterbildung offen in das persönliche Umfeld des Teilnehmers zu integrieren, um sich hier auch Unterstützung holen zu können.

Querverweise

Die Methode lässt sich sehr gut mit Methode 72 „Kaffee für zwei" kombinieren. So können sich die Teilnehmer vorab mit einer Vertrauensperson auf das Seminar einstimmen und mit der gleichen Person nach der Veranstaltung ein Fazit ziehen.

10. Ein Ohr für Sie – die „Trainer-Hotline"

„Aufmerksamkeit ist das Leben."

– Johann Wolfgang von Goethe –

Kurzbeschreibung

Der Trainer richtet im Vorfeld eine telefonische Sprechstunde ein, während der die Teilnehmer Kontakt zum Trainer aufnehmen und Dinge besprechen können, die ihnen auf dem Herzen liegen.

Ziele

- Die Teilnehmer machen sich erste Gedanken zum Seminar.
- Der Trainer lernt einige seiner Teilnehmer und deren Bedürfnisse besser kennen.
- Die Teilnehmer sollen erkennen, dass die Weiterbildung zielgenau auf ihre Wünsche und Bedürfnisse ausgerichtet wird.

Zeit

- 60 bzw. 120 Minuten

Material

- nicht notwendig

Gruppengröße

- bis 16 Teilnehmer, bei größeren Gruppen sollten an mehreren Tagen Sprechstunden eingerichtet werden

Überblick

- Der Trainer informiert die Teilnehmer, dass die Möglichkeit einer telefonischen Vorab-Sprechstunde besteht.
- Teilnehmer, die im Vorfeld gerne nähere Informationen einholen oder Wünsche an den Trainer richten möchten, telefonieren mit dem Trainer.
- Der Trainer nutzt die erhaltenen Informationen für die passgenaue Seminarvorbereitung.

Vorgehen

Die Information an die Teilnehmer kann wie folgt formuliert werden: *„Liebe Seminarteilnehmer, der Termin für unsere Weiterbildung xyz rückt näher. Ich freue mich schon sehr, Sie persönlich kennenzulernen. Um Ihnen die Möglichkeit zu geben, vorab Kontakt mit mir aufzunehmen, habe* *ich eine ‚Trainer-Hotline' eingerichtet. Am kommenden Montag, den ..., können Sie mich unter der Telefonnummer ... zwischen 10 und 11 Uhr sowie nachmittags zwischen 16 und 17 Uhr erreichen. Vielleicht möchten Sie noch das ein oder andere erfragen, haben einen Wunsch oder eine Bitte auf dem Herzen, möchten mich einfach mal kennenlernen oder weitere Informationen einholen. Egal mit welchem Anliegen, ich freue mich, wenn Sie die Trainer-Hotline nutzen! Scheuen Sie sich also nicht, einfach kurz zum Hörer zu greifen."*

Worauf achten?

Geben Sie den Teilnehmern vorab die Möglichkeit, Sie per Foto bzw. auf Ihrer Homepage „kennenzulernen". Vielen Menschen fällt es leichter, zum Telefonhörer zu greifen und mit jemandem zu sprechen, wenn sie sich vorab ein Bild vom Gegenüber machen konnten.

Praxistipp

- Die telefonische Trainer-Hotline führt immer wieder zu Überraschungen. Es kann sein, dass sich niemand bei Ihnen meldet, es kann sein, dass ein sehr persönliches Anliegen an Sie herangetragen wird, es kann sein, dass vehement geäußert wird, was auf keinen Fall passieren soll. Kurzum: Es lässt sich im Vorfeld kaum sagen, wie die telefonische Sprechstunde abläuft.

- Überlegen Sie sich im Vorfeld genau, was Sie mit dieser Methode erreichen möchten. Soll es wirklich nur eine erste Möglichkeit des Kennenlernens sein oder haben Sie vielleicht im Vorfeld erfahren, dass bestimmte Konfliktfelder im Verborgenen schwelen? Oder gehen die Teilnehmer mit gewissen Bedenken in die Weiterbildung? Falls dem so ist, dann geben Sie den Teilnehmern auch die Möglichkeit, dies in der Hotline mit Ihnen zu erörtern. Je offener Sie Themen ansprechen (*„Ich kann mir vorstellen, dass einige von Ihnen Vorbehalte in Bezug auf unseren Workshop haben, da ..."*), desto mehr Resonanz werden Sie erhalten – und desto besser können Sie Ihre Weiterbildung auf die Bedürfnisse der Teilnehmer abstimmen.

Warum fördert diese Methode die Nachhaltigkeit?

Die Methode „Ein Ohr für Sie" fördert die Nachhaltigkeit, da sie den Teilnehmern verdeutlicht, dass sie ernst genommen werden und das Anliegen besteht, die Weiterbildung exakt auf ihre Bedürfnisse zuzuschneiden. Die Teilnehmer haben die Möglichkeit, den Trainer vorab per Telefon kennenzulernen. Der Trainer erhält nähere Informationen zu seinen Teilnehmern, die ihm bei der Vorbereitung des Workshops helfen.

Nachhaltige Methoden im Seminarverlauf – a) zur Einstimmung

Ziel

Teilnehmer sensibilisieren und in nachhaltige Denkbahnen lenken.

Übersicht

Mein Tipp

Versuchen Sie, die Teilnehmer für eine tatsächliche Lern- und Veränderungsbereitschaft zu öffnen und zu motivieren!

11. Zielorientierter Seminarfahrplan

„Der Anfang ist die Hälfte des Ganzen."

– Aristoteles –

Kurzbeschreibung

Der Trainer stellt den angedachten Ablauf des Seminars auf Grundlage nachhaltiger Lernziele vor.

Ziele

- Sich als Trainer auf die Kernpunkte fokussieren.
- Den Teilnehmern Orientierung geben.
- Den Fokus aller auf nachhaltige Lernziele richten.
- Dem Workshop Struktur und Richtung geben.

Zeit

- 10 Minuten

Material

- Seminarfahrplan als Übersicht auf Flipchart oder Pinnwand

Gruppengröße

- unbegrenzt

Überblick

- Der Trainer stellt den Fahrplan des Workshops vor. Dabei legt er den Fokus auf die nachhaltigen Lernziele, die Dreh- und Angelpunkt des Ablaufs sind.
- Die Teilnehmer haben die Möglichkeit, Fragen zum angedachten Fahrplan zu stellen.

Vorgehen

Legen Sie am Anfang des Seminars den gedachten Ablauf und die Ziele des Seminars offen. Kombinieren Sie diese mit einer guten Visualisierung; ob Flipchart oder Pinnwand, die Möglichkeiten der Gestaltung sind nahezu unbegrenzt.

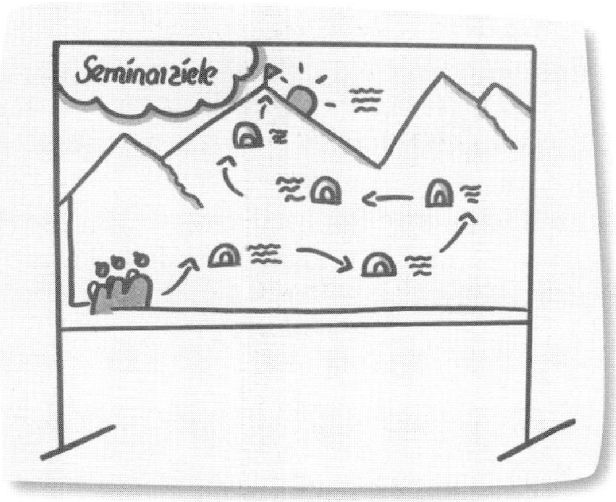

Abb.: Pinnwand Seminarziele

Abb.: Flipchart Fahrplan

Heben Sie deutlich die anvisierten Lernziele hervor, machen Sie aber auch klar, dass der Weg hin zu Zielen flexibel und abgestimmt auf die Bedürfnisse und Wünsche der Teilnehmer gestaltet wird. Achten Sie darauf, dass auch die Lernziele schriftlich festgehalten sind. Geben Sie den Teilnehmern im Anschluss Gelegenheit, Fragen zu stellen.

Varianten

Kombinieren Sie die Vorstellung des zielorientierten Seminarfahrplans mit einem Blitzlicht, was jeder Teilnehmer für sich persönlich mit dem Workshop erreichen möchte. Die Wünsche und Ziele der Teilnehmer können auch auf Moderationskarten festgehalten und als Rahmen um den Seminarfahrplan geklebt werden.

Worauf achten?

Die Aufnahmefähigkeit der Teilnehmer zu Beginn einer Weiterbildungsmaßnahme ist begrenzt; jeder muss zunächst ankommen und sich orientieren. Deshalb sollte der Trainer zu Beginn die Kernbotschaft des Seminars fokussiert „rüberbringen". Die Teilnehmer achten zu Anfang des Seminars weniger auf jede einzelne Aussage des Trainers, sie machen sich vielmehr ein Bild von dem, was sie erwartet. Deshalb ist die gelungene Visualisierung des Seminarfahrplans mit Betonung auf den nachhaltigen Lernzielen wichtig.

Praxistipp

Kein Seminar ohne zielorientierten Seminarfahrplan! Je anschaulicher die Visualisierung und je konkreter das Ziel Nachhaltigkeit zu Beginn angesprochen werden, desto fokussierter kann der Trainer durch den Workshop führen.

Warum fördert diese Methode die Nachhaltigkeit?

Die Vorstellung eines zielorientierten Seminarfahrplans zu Beginn des Workshops fördert die Nachhaltigkeit, da der Fahrplan dem Seminar einen gewissen Rahmen vorgibt, der sich an den nachhaltigen Lernzielen ausrichtet. Den Teilnehmern kann dadurch gezeigt werden, welche Ziele mit der Weiterbildungsmaßnahme verfolgt werden. Der Fokus wird von Anfang an auf Nachhaltigkeit gerichtet. Der Seminarfahrplan dient zudem als zentrales Medium, mit dem Lernprozesse und -fortschritte kontinuierlich festgehalten werden können.

Hintergrund

Es gibt ein schönes Zitat, das die Relevanz von Zielen gut erläutert. Es lautet: *„Kein Wind begünstigt ein Schiff ohne Zielhafen."* Wenn Trainer und Teilnehmer nicht wissen, worauf die Weiterbildung abzielt, ist es schwer, langfristigen Trainingserfolg zu erreichen. Deshalb ist die Transparenz der Workshop-Ziele und das Festlegen individueller, persönlicher Lernziele das A und O jeder nachhaltigen Weiterbildung.

Querverweis

Beispiele für nachhaltige Lernziele sowie Ideen zur Formulierung und Erstellung finden sich in Baustein 2.

12. Buffet-Metapher

„Es ist angerichtet."

– Redewendung –

Kurzbeschreibung

Den Teilnehmern wird das Seminar als Buffet angetragen, an dem sie sich das für sie Schmeckende (Synonym für „in der Praxis für sie verwertbares Wissen") heraussuchen und mitnehmen sollen.

Ziele

- Der Trainer stimmt die Teilnehmer auf ihre Rolle und Aufgabe ein.
- Die Teilnehmer erhalten Informationen, wie sie für sich den größten Nutzen aus dem Seminar ziehen können.
- Den Teilnehmern wird von Beginn des Seminars an Mitverantwortung für einen nachhaltigen Effekt übertragen.

Zeit

- 5 bis 10 Minuten

Material

- keines; zur Visualisierung kann jedoch ein Bild von einem opulenten Buffet gezeigt werden

Gruppengröße

- unbegrenzt

Überblick

- Der Trainer erklärt die Buffet-Metapher.
- Während des Seminars nutzt der Trainer die Möglichkeit, immer wieder auf die Buffet-Metapher zu verweisen und sie so den Teilnehmern im Gedächtnis zu halten.

Vorgehen

„Liebe Teilnehmer, ich glaube, das Schlimmste, was mir als Trainer in diesem Workshop passieren könnte, wäre, dass Sie auf dem Nach Hauseweg von unserem letzten Workshop-Tag feststellen, dass Ihnen diese Weiterbildung nichts gebracht hat. Dies möchte ich auf keinen Fall! Deshalb werde ich mich bemühen, Ihnen diesen Workshop in Form eines bunten Buffets zu gestalten. Ich werde Ihnen in den kommenden Tagen

eine große Auswahl verschiedener inhaltlicher Leckereien kredenzen – in den unterschiedlichsten Geschmacksrichtungen und Zubereitungsarten, sodass für jeden von Ihnen hoffentlich etwas dabei ist, das Ihnen schmeckt. Sie werden bei mir ebenso leichte Gerichte als Appetitanreger finden, wie Süßes für den Genuss und die gute Laune, Prickelndes für zwischendurch und Reichhaltiges, das lange anhält und ein wenig Zeit zur Verdauung benötigt. Jedes Gericht können Sie direkt probieren oder auch erst mal nur begutachten und später zuschlagen. Wichtig ist nur, dass Sie, wann immer es Ihnen passt und Sie Hunger auf das ein oder andere bekommen, aufstehen und sich vom Buffet genau das holen, worauf Sie Appetit haben.

Ich werde mich bemühen, die einzelnen Gerichte so appetitlich wie möglich für Sie anzurichten – und werde natürlich auch darauf achten, dass Sie jederzeit einfachen Zugang zum Buffet erhalten. Und ich werde versuchen, so viel wie möglich genau nach Ihrem Geschmack und Ihren Wünschen zuzubereiten.

Ihre Aufgabe ist es, nicht darauf zu warten, dass Sie am Platz bedient werden, sondern die Vorteile der Buffet-Form zu nutzen und sich aus der reichhaltigen Auswahl alles das zu holen, was Ihnen am meisten zusagt und was Ihnen im Hinblick auf einen langfristigen Effekt für Ihren Praxisalltag am meisten bringt. Vergessen Sie also bitte nicht: Damit Ihnen dieser Workshop auch tatsächlich etwas bringt, holen Sie sich so viel wie möglich von dem, was Sie brauchen!"

Worauf achten?

Der Trainer sollte darauf achten, die Teilnehmer nicht zu etwas zu „zwingen". Gerade zu Beginn des Seminars ist es wichtig, dass den Teilnehmern die Freiwilligkeit und die Eigenverantwortung mit Spaß, nicht mit Zwang vermittelt werden. Deshalb sollte die Buffet-Metapher als Einladung zu einem großen Festmahl verstanden werden und nicht als Pflichtaufgabe.

Praxistipp

Falls der Trainer die Buffet-Metapher zu Beginn des Seminars einsetzt, sollte er im Laufe des Seminars immer wieder darauf Bezug nehmen, um die damit verbundenen Gedanken den Teilnehmern im Gedächtnis zu halten. Dies kann beispielsweise wie folgt geschehen: *„Nachdem wir uns nun intensiv mit den verschiedenen Phasen eines Veränderungsprozesses vertraut gemacht haben, habe ich für Sie ein weiteres Schmankerl für Ihren Buffet-Tisch. Und zwar würde ich Ihnen gerne zeigen, wie stark die Veränderungsbereitschaft von Ihnen und Ihren Mitarbeitern vom jeweiligen Persönlichkeitstyp abhängig ist. Die verschiedenen Persönlich-*

keitstypen sind zwar nicht eine der Hauptspeisen unseres Workshops, bilden aber auf alle Fälle eine delikate Beilage, die Ihnen sicherlich den ein oder anderen Gang besser munden lässt, da Sie die Zusammenhänge und Hintergründe des Verhaltens Ihrer Mitarbeiter besser verstehen lernen."

Eine weitere Möglichkeit, die Buffet-Metapher während des Workshops aktiv zu halten, wäre beispielsweise: *„Nachdem ich Ihnen nun die Grundzüge erfolgreicher Kommunikation vorgestellt, d.h., um in unserer Buffet-Metapher zu bleiben, kredenzt habe, ist es an Ihnen zu entscheiden, ob Ihnen diese Kurzfassung des Bausteins als Appetitanreger reicht oder Sie Nachschlag benötigen?"*

Warum fördert diese Methode die Nachhaltigkeit?

Die Buffet-Metapher fördert die Nachhaltigkeit, weil sie die Teilnehmer dazu bringt, während des Seminars permanent zu reflektieren, welche der angebotenen Inhalte sie für sich „mitnehmen" wollen. Der Trainer kann die Teilnehmer zwischendurch immer wieder auffordern, „sich etwas vom Buffet zu holen". Die Metapher bringt die Teilnehmer weg von einer reinen Berieselung durch Inhalte hin zu einer selbstverantwortlichen aktiven Auseinandersetzung mit den vermittelten Inhalten. Die didaktisch sinnvolle, immer wiederkehrende Reflexion der Inhalte wird mit der Buffet-Metapher automatisch in den Workshop integriert.

Hintergrund

Das Wort „Metapher" kommt ursprünglich vom griechischen Wort „metaphorá", was „Übertragung" bedeutet. Eine Metapher ist ein rhetorisches Stilmittel, bei der ein Wort nicht in seiner wörtlichen, sondern in einer übertragenden Bedeutung verwendet wird. Mithilfe von sprachlichen Bildern werden Erzählungen anschaulicher und verständlicher.

Querverweis

Ein weiteres Metaphern-Beispiel ist die im Anschluss vorgestellte „Reisemetapher" (Methode 13).

13. Reisemetapher

„Zum Reisen gehört Geduld, Mut, Humor und dass man sich durch kleine widrige Zufälle nicht niederschlagen lasse."

– Adolph von Knigge –

Kurzbeschreibung

Den Teilnehmern wird die Weiterbildung als Reise angeboten, deren erste Etappe im Seminar beginnt, die aber erst lange nach dem letzten Seminartag endet.

Ziele

- Den Teilnehmern die relevanten Inhalte in übersichtlichen Reiseetappen darbieten.
- Neugier und Abenteuerlust der Teilnehmer auf das Kommende wecken.
- Den Teilnehmern bewusst machen, dass der Workshop nur der erste Schritt auf einer längeren Lern- und Transferreise ist.

Zeit

- 10 Minuten

Material

- nicht zwingend notwendig; sinnvoll ist es aber, die Medien entsprechend zu gestalten und so beispielsweise den Seminarfahrplan als Reiseverlauf darzustellen

Gruppengröße

- unbegrenzt

Überblick

- Der Trainer erläutert den Ablauf des Seminars und nimmt dabei die Teilnehmer mit auf die Workshop-Reise.
- Die Idee der „Reise" wird während des gesamten Seminars als einprägsame Metapher genutzt.
- Zum Abschluss des Seminars verdeutlicht der Trainer nochmals, dass die Hauptetappe der Reise erst mit der Umsetzung der gelernten Inhalte in der Praxis beginnt.

Vorgehen

Die Reisemetapher kann sehr individuell eingesetzt und beispielsweise auch mit dem zielorientierten Seminarfahrplan (siehe Methode 11) kombiniert werden. Je nach individueller Ausgestaltung können sich die Teilnehmer zu Fuß, zu Schiff, per Flugzeug oder mit sonstigen Transportmitteln auf den Weg machen. Ich stelle Ihnen im Folgenden eine Möglichkeit vor, die Reisemetapher zu verwenden – ich selbst setze diese immer angepasst an die Teilnehmer und das Seminarthema ein.

Zum Einstieg

„Liebe Teilnehmer, der Zeitpunkt ist gekommen, der Countdown läuft. Die Koffer sind gepackt, alles Notwendige mit dabei, die Reiseunterlagen sortiert und vollständig – wir können an Bord gehen und unsere Lernreise starten. Wie Sie alle wissen, werden wir den Zielhafen ‚Mit mehr Sicherheit und Souveränität in Beratungen' (hier je nach Seminar nachhaltiges Seminarziel einfügen) *ansteuern. Unser Traumziel werden wir gegen Ende des Seminars in Sichtweite haben, den eigentlichen Zielhafen werden Sie dann in Ihrem Praxisalltag erreichen und genießen können. Ich freue mich sehr, Sie auf einem äußerst interessanten Teil der Lernreise als Kapitän begleiten zu dürfen. Um Ihnen die Reise so angenehm wie möglich zu gestalten, würde ich Ihnen gerne ein paar organisatorische Hinweise und Anregungen mit auf den Weg geben:*

- *Halten Sie alle Ihr persönliches Reiseziel fest im Fokus, damit wir nicht daran vorbeisteuern.*
- *Genießen Sie Ihre Reise mit allen Sinnen und lassen Sie sich von den neuen Eindrücken und Erlebnissen verzaubern und bereichern.*
- *Jeder von Ihnen möge die Reisegeschwindigkeit einschlagen, die für ihn günstig erscheint. Umwege sind durchaus erlaubt. Gestalten Sie Ihre Reiseetappen individuell nach Ihren Bedürfnissen.*
- *Ein gewisses Durchhaltevermögen ist notwendig, aber machen Sie sich bewusst, falls die ein oder andere Etappe auch mal anstrengend werden sollte: Die Reiseerlebnisse und das Erreichen des Zielhafens machen dies wieder wett.*
- *Nun werde ich Ihnen noch kurz unsere Reiseetappen vorstellen und dann kann die Fahrt beginnen!"*

Für zwischendurch

Die Reisemetapher sollte zwischendurch immer wieder ins Gedächtnis gerufen werden. Die Teilnehmer behalten so ihr persönliches Lernziel im Fokus und machen sich bewusst, welche Etappe sie auf ihrem Lernweg schon zurückgelegt haben und welche noch ausstehen. Eine Zwischendurch-Auffrischung kann wie folgt aussehen:

„Liebe Teilnehmer, nachdem wir nun schon eine Zeitlang in unserem Zwischenhafen ankern und einige Landtouren unternommen haben, möchte ich die Gelegenheit nutzen, Ihnen unsere letzte Reiseetappe noch mal ins Gedächtnis zu rufen: Unser erster Ausflug führte uns zu den Persönlichkeitstypen. Hier haben wir uns zunächst einen Überblick verschafft, welche Typen es überhaupt gibt. Auf der folgenden Etappe haben Sie alle Ihren individuellen Persönlichkeitstyp ermittelt ...“

Weitere Möglichkeiten, um die Reisemetapher während des Seminars lebendig zu halten, sind beispielsweise:

- *„Lassen Sie uns zunächst einen kleinen Umweg einschlagen, bevor wir uns wieder auf direktem Weg zu unserem Zielhafen begeben.*
- *Blicken Sie bitte noch mal auf unsere letzte Reiseetappe zurück: Welche Erlebnisse sind Ihnen besonders im Gedächtnis geblieben?*
- *Lassen Sie uns noch mal rekapitulieren: Wo stehen wir aktuell? Wo wollen wir hin?*
- *Ich glaube, nach der Mittagspause haben wir uns nach diesem Theorie-Einschub einen kleinen Landgang mit einem erfrischenden Bad im Meer verdient.*
- *Ich bin mir nicht ganz sicher, ob wir alle noch auf Kurs sind. Nehmen Sie sich bitte einen Moment Zeit zu rekapitulieren, an welcher Stelle Ihrer Lernreise Sie aktuell stehen. Als Kapitän werde ich Ihnen hierzu noch mal die wichtigsten Reisedaten unserer bislang unternommenen Etappen zusammenfassen.“*

Zum Abschluss

Zum Abschluss des Seminars wird die Reisemetapher genutzt, um die Seminarinhalte zusammenzufassen, die Teilnehmer auf das Erlebte zurückblicken zu lassen und ihnen einen Ausblick auf den noch anzusteuernden Zielhafen (nachhaltiges Lernziel umgesetzt im Praxisalltag) zu geben. Idealerweise wird hierbei auch der Weg und die Zeit nach dem Seminar so weit wie möglich konkretisiert (vgl. hierzu die Methoden zum Seminarausklang und Nachgang). Die Reisemetapher kann zum Abschluss beispielhaft wie folgt eingesetzt werden:

„Liebe Teilnehmer, die Silhouette unseres Zielhafens taucht am Horizont auf; unsere gemeinsame Reise neigt sich dem Ende. Es ist noch gar nicht lange her, als wir zu unserer gemeinsamen Lernreise aufgebrochen sind, um neue Wege zu erkunden. Jede Menge Abenteuer warteten auf uns, manch Wellengang wirbelte Althergebrachtes durcheinander, manch Nebelbank zwang uns zur Neuorientierung, manch Landgang brachte unerwartete Einsichten und die Weite des Meeres öffnete neue Horizonte.

Jetzt ist es an der Zeit, die Reiseeindrücke festzuhalten und die weiteren Etappen zu planen ..."

Worauf achten?

Die Reisemetapher ist eine in Trainings häufig verwendete Metapher. Falls sich ein Trainer dafür entscheidet, sollte er die Metapher auch liebevoll ausgestalten (z.B. mit entsprechenden „Reiseaccessoires" und angepassten Medien) und durchgängig nutzen.

Praxistipp

Es bietet sich an, die Reisemetapher individuell auf die Teilnehmer abzustimmen. So sind Flüge mit dem Airbus genauso möglich wie eine Pilgerreise zu Fuß. Nutzen Sie die Vielfalt, die die Reisemetapher ermöglicht. Je individueller diese ausgestaltet wird, desto einprägsamer bleibt diese im Gedächtnis der Teilnehmer

Warum fördert diese Methode die Nachhaltigkeit?

Die Reisemetapher fördert die Nachhaltigkeit, da sie den Teilnehmern verdeutlicht, dass Lernen ein „sich auf den Weg machen" bedeutet und der Workshop dabei nur der erste Schritt sein kann.

Hintergrund

Das Wort „Metapher" kommt ursprünglich vom griechischen Wort „metaphorá", was „Übertragung" bedeutet. Eine Metapher ist ein rhetorisches Stilmittel, bei der ein Wort nicht in seiner wörtlichen, sondern in einer übertragenden Bedeutung verwendet wird. Mithilfe von sprachlichen Bildern werden Erzählungen anschaulicher und verständlicher.

Querverweis

Vergleiche die vorhergehende Methode 12 „Buffet-Metapher" als weiteres Metaphern-Beispiel.

14. Wunschziel erreicht

„Es ist keine Kunst, auf ein Ziel zu schießen, wenn es da ist."
– Stanislav Lec –

Kurzbeschreibung

Die Teilnehmer überlegen sich zu Beginn des Workshops, welches Ziel sie persönlich erreichen wollen, damit der Workshop für sie von Nutzen ist.

Ziele

- Die Teilnehmer zum Nachdenken anregen, was sie verändern möchten.
- Bei den Teilnehmern ein Bewusstsein dafür schaffen, dass Lernen bei ihnen selbst beginnt.
- Den Teilnehmern ein festes individuelles Ziel für die Zeit des Workshops an die Hand geben, an dem sie sich während des Seminars in ihrer persönlichen Entwicklung orientieren können.

Zeit

- 20 bis 30 Minuten

Material

- für jeden Teilnehmer eine Vorlage, auf der er sein „Wunschziel" festhalten kann

Gruppengröße

- unbegrenzt

Überblick

- Der Trainer erläutert die Aufgabe.
- Die Teilnehmer reflektieren, welches Ziel sie mit dem Workshop erreichen möchten.
- Die Teilnehmer halten ihr „Wunschziel" individuell für sich schriftlich fest.
- Während des Seminars erinnert der Trainer die Teilnehmer immer wieder an ihr Ziel und gibt Zeit zu reflektieren, inwieweit sie dem Ziel bereits näher gekommen sind bzw. was hierfür noch fehlt.

Vorgehen

Die Anmoderation von „Wunschziel erreicht“ kann wie folgt geschehen: *„Liebe Teilnehmer, damit der Workshop jedem von Ihnen persönlich und langfristig etwas bringt, ist es wichtig, dass Sie sich überlegen, welches persönliche Ziel Sie in diesem Seminar erreichen möchten. Nur wenn Sie auch ein konkretes Wunschziel vor Augen haben, ist es wahrscheinlich, dass Sie tatsächlich auch einen Lerngewinn erzielen. Wer nicht weiß, wo er hin möchte, kommt auch nur selten ans Ziel. Es gibt ein Sprichwort, das dies verdeutlicht, nämlich: ‚Kein Wind begünstigt ein Schiff ohne Zielhafen'.*

Ebenso wenig wie der Wind ein Schiff ohne Zielhafen begünstigt, kann ein Seminar eine Veränderung ohne ein persönliches Wunschziel herbeiführen. Deshalb nehmen Sie sich in aller Ruhe die Zeit, die Sie benötigen, um sich zu überlegen, welches denn Ihr persönliches Wunschziel ist, das Sie am Ende dieses Workshops erreicht haben möchten. Um Sie bei der Festlegung und Formulierung Ihres Wunschziels zu unterstützen, möchte ich Ihnen gerne vier Hinweise an die Hand geben:

- *Erstens: Je konkreter Sie festhalten, was Sie für sich in Bezug auf das Seminarthema nach dem Workshop verändert haben möchten, desto einfacher lässt sich der Weg zu Ihrem Ziel gestalten. Insofern bringt es wenig, wenn Sie sich beispielsweise vornehmen, souveräner in Ihren Beratungen zu werden. Dies ist viel zu allgemein gehalten und lässt sich nur schwer feststellen. Überlegen Sie sich lieber konkret, in welchen Situationen Sie auf welche Art und Weise ‚souveräner' sein möchten. Ihr Ziel ist dann ausreichend konkret formuliert, wenn es so spezifisch ist, dass Sie auch genau überprüfen können, ob es tatsächlich erreicht wurde.*
- *Zweitens: Formulieren Sie bitte nicht, was Sie nicht mehr haben möchten, sondern gehen Sie einen Schritt weiter und fragen Sie sich, was möchte ich stattdessen haben. Am Schluss Ihrer Überlegungen sollte Ihr Wunschziel positiv und so konkret wie möglich für Sie feststehen.*
- *Drittens: Auch wenn der Begriff ‚Wunschziel' durchaus das ‚Wünschen' beinhaltet, versuchen Sie, sich etwas vorzunehmen, das für Sie eine Herausforderung darstellt, von der Sie aber auch überzeugt sind, dass Sie mit Anstrengung Ihrerseits machbar ist.*
- *Und viertens: Überlegen Sie sich bitte auch, bis wann Sie Ihre persönliche Veränderung umgesetzt haben möchten. Halten Sie den Zeitpunkt bitte ebenso wie das Wunschziel schriftlich fest.*

Bei Ihrem persönlichen Wunschziel spielt es übrigens keine Rolle, ob es sich dabei um ein großes oder eher kleines Ziel handelt. Wichtig ist nur, dass es für Sie aktuell von Bedeutung ist. Es soll also auf alle Fälle etwas sein, dass Sie beschäftigt und dass Sie geändert haben möchten.

Wie kann nun so ein persönliches Wunschziel aussehen? Sie könnten sich beispielsweise vornehmen, innerhalb der nächsten vier Wochen drei berufliche Situationen, in denen Sie sich ärgern, mit einer klar formulierten, vollständigen Ich-Botschaft zu klären, anstatt Frust zu schieben. Dieses Ziel ist sowohl positiv (Ich-Botschaft statt Ärger) als auch konkret (vollständige Ich-Botschaft), herausfordernd (insbesondere wenn Sie bislang Ihren Ärger nur selten konstruktiv-sachlich ansprechen), aber auch machbar sowie terminiert (drei Situationen in vier Wochen). Die ideale Formulierung lautet dann: ‚Ich werde bis Ende Mai drei berufliche Situationen, in denen ich mich geärgert habe, mit einer vollständigen Ich-Botschaft angesprochen haben.'

Ein weiteres Beispiel für ein persönliches Ziel könnte sein, dass Sie sich vornehmen, bei Ihrer nächsten Präsentation auf eine vorformulierte Redeausarbeitung zu verzichten und Ihre Aufmerksamkeit stattdessen ins Publikum richten und gezielt und regelmäßig Blickkontakt zu den Zuhörern aufnehmen. Die positive Formulierung hierzu wäre: ‚Ich werde bei meiner nächsten Präsentation nur einen Stichwortzettel benutzen und alle fünf Minuten meinen Blick aufmerksam ins Publikum richten.'

Oder Ihr Wunschziel ist es, Ihre Nervosität beim Reden vor einer Gruppe besser in den Griff zu bekommen. Hier könnten Sie formulieren: ‚Ich werde meine nächsten beiden Reden ruhiger und selbstbewusster absolvieren.'

Abb.: Flipchart Wunschziel

Sie sehen, wie vielfältig und unterschiedlich so ein Wunschziel ausfallen kann. Ich habe Ihnen die wichtigsten Punkte für die Formulierung Ihres Wunschziels auf diesem Flipchart festgehalten und Ihnen eine Vorlage für Ihren Wunschzettel mitgebracht, auf dem Sie Ihr persönliches Wunschziel festhalten können.

Nehmen Sie sich gleich in Ruhe die Zeit, sich zu überlegen, was Sie konkret mit diesem Workshop erreichen möchten. Wie die Erfahrungen zeigen, fällt es in der Regel leichter, wenn Sie sich von Ihrem festen Sitzplatz lösen und sich eine ruhige Ecke suchen oder ein paar Schritte spazieren gehen. Ihr persönliches Ziel bleibt übrigens auch tatsächlich Ihr persönliches Ziel, d.h., Sie müssen dies weder mir noch Ihren Kollegen offenlegen. Seien Sie deshalb ganz ehrlich und offen zu sich selbst – die Wunschkarte mit Ihrem Ziel bleibt ausschließlich in Ihren Händen. Nur Sie wissen, was Sie sich vornehmen und auf Ihrer Karte festhalten."

Die Teilnehmer erhalten nun zehn bis fünfzehn Minuten Zeit, sich ein persönliches Wunschziel zu überlegen. Ich kündige an, dass ich bei der Formulierung gerne behilflich bin, falls dies gewünscht wird. Sobald wieder alle Teilnehmer im Plenum versammelt sind, frage ich in die Runde, ob alles funktioniert hat. Hin und wieder frage ich auch, ob vielleicht jemand sein Wunschziel den anderen mitteilen möchte, achte aber darauf, dass allen klar ist, dass dies freiwillig geschieht. Je nach Gruppenvertrauen und Seminarthema (je persönlicher die Vorhaben, desto seltener wird offengelegt) geben einige aus der Gruppe ihr Wunschziel preis. Für alle Seminarteilnehmer und natürlich auch mich als Trainer ist es interessant zu hören, welche persönlichen Vorhaben die Teilnehmer angehen möchten.

Während des Workshops versuche ich, das persönliche Wunschziel präsent zu halten und weise bei Zusammenfassungen und Reflexionen immer wieder darauf hin. Die Teilnehmer sollen sich dann überlegen, inwieweit sie ihrem Wunschziel schon näher gekommen sind, bzw. ich frage sie auch, was sie noch benötigen, um ihr Wunschziel zu erreichen. Diese beiden Fragen stelle ich natürlich auch zum Seminarende.

Für einen langfristigen Lerneffekt ist es wichtig, dass das Wunschziel nicht mit Seminarende ad acta gelegt wird, sondern die Grundlage für ein persönliches Umsetzungsvorhaben für die Zeit nach dem Workshop bildet. Insofern lässt sich „Wunschziel erreicht" hervorragend mit Methoden im Ausklang und Nachgang kombinieren, wie z.B. Methode 64, „Mein persönlihes Umsetzungsprojekt".

Worauf achten?

Die Teilnehmer sollten ausreichend Zeit erhalten, sich über ihr Ziel Gedanken zu machen. Gerade zu Beginn eines Seminars ist es für die Teilnehmer schwierig, sich konkret vorzustellen, wohin die Lernreise gehen soll. Eine entsprechend gute, beispielhafte Anmoderation und Zeit zum Nachdenken erleichtern es, sich gedanklich auf das Seminar und mögliche Ziele einzulassen.

Praxistipp

Den Teilnehmern fällt es in der Regel leichter, wenn sie für diese Übung nicht im Stuhlkreis bzw. an ihren Tischen sitzen bleiben, sondern sich jeder ein „stilles Plätzchen" für seine Einstimmung sucht. Ein kurzer Spaziergang lässt sich ideal damit verbinden und die Bewegung lässt häufig die Gedanken leichter fließen. Und die Erfahrung zeigt: Je schöner und individueller die Vorlage gewählt wird, auf der die Teilnehmer ihr Wunschziel festhalten, desto lieber wird diese von den Teilnehmern immer wieder in die Hand genommen. Ich lasse die Teilnehmer hierzu häufig aus einer Sammlung von Postkarten mit Sprüchen und Motiven auswählen. Jeder soll sich die Karte nehmen, die ihn spontan anspricht.

Warum fördert diese Methode die Nachhaltigkeit?

„Wunschziel erreicht" fördert die Nachhaltigkeit, da die Methode die Teilnehmer dazu bringt, sich selbst ein individuelles Ziel für den Workshop zu setzen. Das Ziel fokussiert und gibt eine Richtung für die persönliche Veränderung vor.

Hintergrund

Warum ist das Setzen von persönlichen Zielen wichtig für den Lernerfolg? Motivation ist die Voraussetzung für jegliches Handeln. Motivation wiederum erfordert, dass Handlungsziele vorhanden sind. Der Begriff der Motivation geht auf das lateinische „movere", das heißt „bewegen", zurück. Motivation ist ein prozesshaftes Geschehen, in dem Handlungsziele herausgebildet werden und wir unser Verhalten und Erleben auf eben diese Ziele ausrichten.

Querverweise

Diese Intervention lässt sich hervorragend mit der Reisemetapher kombinieren (vgl. Methode 13 „Reisemetapher"), indem das persönliche Wunschziel das abschließende Reiseziel darstellt.

15. Blick in die Zukunft

„Die Bewegung des Lebens ist Lernen."
– Buddha –

Kurzbeschreibung

Die Teilnehmer werfen ausgehend von einem aktuellen Problem einen Blick in die Zukunft und überlegen sich, wie eine Lösung für ihr Problem aussehen könnte.

Ziele

- Die Teilnehmer von einer eher problemorientierten zu einer lösungsorientierten Vorgehensweise anregen.
- Sie gedanklich in die Zeit nach dem Seminar versetzen, um zu verdeutlichen, dass der Workshop mit ihrem Alltag eng verbunden ist und sie in der Weiterbildung etwas lernen, das ihnen in der Praxis helfen soll.
- Den Teilnehmern wünschenswerte Zustände einer persönlichen Veränderung ins Bewusstsein rufen, die die Zeit nach dem Workshop mit beinhaltet.

Zeit

- 30 Minuten

Material

- Vorlage, auf der Teilnehmer ihre Lösungsideen festhalten können

Gruppengröße

- unbegrenzt

Überblick

- Der Trainer erläutert die Aufgabe.
- Die Teilnehmer reflektieren ausgehend von einem aktuellen Problem oder einer aktuellen Herausforderung, wie für sie eine Lösung aussehen kann.
- Sie halten die wichtigsten Erkenntnisse schriftlich für sich fest.

Vorgehen

Für den „Blick in die Zukunft“ lenkt der Trainer die Aufmerksamkeit der Teilnehmer zunächst auf ein aktuelles Problem oder eine aktuelle Herausforderung, das die Teilnehmer beschäftigt:

„Liebe Seminarteilnehmer, gleich werden wir alle unsere magischen Fähigkeiten nutzen, um gemeinsam einen Blick in die Zukunft zu werfen. Doch beginnen werden wir mit der Gegenwart. Ich möchte Sie bitten, dass Sie individuell für sich überlegen, welches Thema Sie momentan beschäftigt, also ein Problem oder eine Herausforderung, die sie aktuell meistern müssen. Das kann was Kleineres oder was Größeres sein, beruflich oder privat, das spielt keine Rolle. Wichtig ist nur, dass es etwas ist, was Sie in dem Maße beschäftigt, dass Sie merken, dass es Sie Energie kostet. Denken Sie bitte kurz nach und notieren Sie sich ein Schlagwort, unter dem Sie Ihr Problem festhalten möchten.“

Anschließend werden die Teilnehmer gebeten, sich zu zweit zusammenzufinden und sich jeweils drei bis vier Minuten auszutauschen, was ihr jeweiliges Problem ist. Die Frage, die sich die Teilnehmer hierzu stellen, lautet: Was ist Dein Problem bzw. was ist Deine Herausforderung? Der Gesprächspartner soll sein Problem schildern und darlegen, was schlecht läuft und warum dies für ihn ein Problem darstellt. Der Fragensteller soll versuchen, zu verstehen, worin das Problem liegt.

Sobald dies geschehen ist, finden sich alle wieder im Plenum zusammen. *„So, liebe Seminarteilnehmer, nachdem Sie sich nun alle nochmals Ihre Herausforderung verdeutlicht haben, wissen Sie, was momentan schlecht läuft. Nun ist es an der Zeit, einen Blick in die Zukunft zu werfen. Versetzen Sie sich gedanklich in die Zeit vier Wochen nach unserem Workshop und überlegen Sie für sich: Wie würde es für Sie besser laufen? Was wünschen Sie sich? Wie wäre es optimal? Sobald Sie das für Ihr Problem beantworten können, fragen Sie sich, wie Sie dies erreichen können. Wer müsste dazu was tun? Wie könnte das gelingen? Nehmen Sie sich Zeit für Ihren Blick in die Zukunft und halten Sie die wichtigsten Punkte Ihrer Lösung als auch Ihres Lösungsweges fest. Die wichtigsten Punkte habe ich Ihnen noch mal auf diesem Flipchart aufgeschrieben.“*

Abb.: Flipchart Lösung

„Denken Sie dabei an ganz konkrete Situationen aus Ihrem Alltag, in denen das Problem bislang auftritt. Stellen Sie sich dann die Fragen und versuchen Sie, auch wenn es schwerfällt, Antworten zu finden. Stellen Sie sich einfach vor, Sie schauen in die Glaskugel, Sie sehen sich in Ihrem Alltag, es ist vier Wochen nach dem Seminar und Ihr Problem ist gelöst, was wäre dann anders?"

Die Teilnehmer erhalten hierzu fünf bis zehn Minuten Zeit. Ich gehe dabei reihum und unterstütze die Teilnehmer, falls sie Probleme haben, zu einer Lösung zu kommen. Im Plenum werden zum Abschluss gemeinsam Erfahrungen ausgetauscht, was der Blick in die Zukunft offenbart hat. Ich schließe den Blick in die Zukunft im Allgemeinen mit einer kurzen Aussage zur Lösungsorientierung:

„Liebe Teilnehmer, auch wenn Sie mit unserem Blick in die Zukunft nicht all Ihre Probleme sofort auf einen Schlag lösen konnten, so sollte Ihnen diese Methode zur Einstimmung auf unser Seminar doch zeigen, wie hilfreich es ist, sich von einer problemorientierten Sicht hin zu einer Lösungsorientierung zu bewegen. Der Gedanke der Lösungsorientierung ist ein wichtiger Schlüssel auf dem Weg zu Veränderungen."

Worauf achten?

Natürlich lassen sich mit dem Blick in die Zukunft nicht alle Probleme und Herausforderungen umgehend lösen, da die Methode zur Einstimmung bewusst nur sehr kurz gehalten ist. Die Teilnehmer bekommen aber zumindest einen Einblick, was es heißt, sich auf eine lösungsorientierte Sichtweise einzulassen. Dies ist somit die optimale Methode zur Einstimmung auf einen Workshop, der tatsächlich langfristig etwas bei den Teilnehmern bewirken soll.

Praxistipp

- Der Blick in die Zukunft kann während des Seminars vom Trainer immer wieder aufgegriffen und als Symbol für eine lösungsorientierte Sichtweise im Bewusstsein der Teilnehmer wachgehalten werden.
- Eine Glaskugel oder ein Kaleidoskop sind nette Accessoires, um den Blick in die Zukunft für die Teilnehmer auch visuell interessant anzumoderieren.
- Sie können die Methode nicht nur zur Einstimmung nutzen, sondern auch als größeren Baustein während des Seminars. Geben Sie dann den Teilnehmern deutlich mehr Zeit für die Übung.

Warum fördert diese Methode die Nachhaltigkeit?

Die Methode „Blick in die Zukunft" fördert die Nachhaltigkeit, da die Teilnehmer mit einer lösungsorientierten Vorgehensweise vertraut gemacht werden. Dies ist eine Grundvoraussetzung für nachhaltige persönliche Veränderungen. Zudem lenken die Teilnehmer ihren Blick auf konkrete Situationen nach dem Workshop. Dabei werden nicht nur wünschenswerte Zustände als mögliches Ziel für Verhaltensänderungen herausgearbeitet, sondern es wird auch die Zeit nach dem Workshop ins Bewusstsein der Teilnehmer geholt.

Hintergrund/ Literaturtipps

„Stellen Sie sich vor, heute Nacht geschieht ein Wunder und das Problem, über das wir gerade sprechen, ist gelöst!" – Dies ist die zentrale Frage der lösungsorientierten Kurzzeittherapie, eine Methode, deren Ziel es ist, die Stärken der Klienten zu aktivieren, sodass diese selbst aktiv ihre Probleme lösen können. Die Methode wurde maßgeblich von Steve de Shazer (1940-2005, einem bekannten amerikanischen Psychotherapeuten) und seiner Frau Insoo Kim Berg begründet. Mehr dazu findet sich in

- de Shazer, Steve/Dolan, Yvonne: Mehr als ein Wunder. Lösungsfokussierte Kurzzeittherapie heute. Carl-Auer-Systeme, 3. Aufl. 2013.
- Röhrig, Peter (Hrsg.): Solution Tools. Die 60 beste, sofort einsetzbaren Interventionen mit dem Solution Focus. managerSeminare, 4. Aufl. 2012.

Querverweis

Die Methode „Blick in die Zukunft" lässt sich gut mit der Reisemetapher (Methode 13) kombinieren.

16. Das weiße Kaninchen

„Wünsche sind Vorboten unserer Fähigkeiten.“

– Johann Wolfgang von Goethe –

Kurzbeschreibung

Die Teilnehmer überlegen sich zu zweit einen inhaltlichen Wunschbaustein, passend zum Seminarthema, den der Trainer integrieren wird.

Ziele

- Die Teilnehmer setzen sich zur Einstimmung aktiv mit dem Seminarthema auseinander.
- Die Teilnehmer verlassen ihre häufig in Seminaren übliche auferlegte Konsumentenhaltung und beteiligen sich selbst an der Inhaltsauswahl.
- Die Teilnehmer nutzen den Austausch mit einem Kollegen, um sich gemeinsam zu überlegen, welcher inhaltliche Wunschbaustein ihnen in Bezug auf einen langfristigen Lerneffekt am meisten bringt.

Zeit

- 30 bis 40 Minuten

Material

- Moderationskarten, eine Pinnwand „Unsere Wunschbausteine“

Gruppengröße

- unbegrenzt; bei mehr als 12 Teilnehmern können die Zweiergruppen zu Dreier- oder Vierergruppen erweitert werden, sodass nicht zu viele Wunschbausteine auftauchen

Überblick

- Der Trainer erläutert die Aufgabe. Die Teilnehmer finden sich in Zweiergruppen zusammen und überlegen sich, welchen Wunschbaustein sie im Seminar gerne behandelt hätten.
- Jede Zweiergruppe hält ihren Wunschbaustein auf einer Moderationskarte fest.
- Im Plenum werden die Wunschbausteine von den Teilnehmern kurz vorgetragen und die dazugehörigen Moderationskarten auf einer Pinnwand „Unsere Wunschbausteine“ befestigt.
- Der Trainer „zaubert“ während des Workshops die Wunschbausteine der Teilnehmer aus dem Hut.

Vorgehen

„Liebe Seminarteilnehmer, für unser Seminar würde ich gerne meine Zauberkünste nutzen und Ihnen bei passenden Gelegenheiten Ihre Wunschbausteine aus dem Hut zaubern. Lassen Sie sich überraschen! Damit die Überraschung aber auch gelingen kann, müssen Sie mir zunächst verraten, ob Sie vielleicht einen und, falls ja, welchen Wunschbaustein Sie gerne von mir herbeigezaubert hätten. Ich habe Ihnen ja unseren groben Fahrplan für das Seminar vorgestellt. Wie Sie bereits wissen, stehen bei uns unsere nachhaltigen Lernziele im Vordergrund, den Weg dorthin legen wir aber gemeinsam fest. Damit Sie sich auch Gedanken machen können, ob es etwas gibt, das Ihnen bei unserem Seminarthema ganz besonders auf dem Herzen liegt und damit Sie diesen Wunsch auch ins Seminar einbringen können, würde ich Sie bitten, dass Sie sich einen Kollegen suchen und sich mit ihm auf die Suche nach dem ‚weißen Kaninchen' machen. Ich verrate Ihnen gleich, wie das erfolgt. Bitte suchen Sie sich aber zunächst einen Kollegen für diese Übung."

Die Teilnehmer erhalten kurz Zeit, ihre Gruppen zu bilden. Auch Dreiergruppen sind möglich.

„Nachdem Sie sich nun alle zu zweit (bzw. auch zu dritt) zusammengefunden haben, begeben wir uns alle zusammen auf die Suche nach dem weißen Kaninchen. Überlegen Sie sich bitte zu zweit zunächst, ob es ein Thema im Rahmen unseres Seminars gibt, das Ihnen wichtig ist, das Sie interessiert, das Sie unbedingt oder einfach nur gerne angesprochen, erklärt, auf alle Fälle in diesem Workshop thematisiert hätten. Vielleicht haben Sie sich im Vorfeld oder während der Vorstellung des Seminarfahrplans schon Gedanken gemacht, vielleicht gibt es ein Thema, das Sie schon immer an diesem Themengebiet interessiert hat und falls nicht, überlegen Sie einfach mal zu zweit, was ein inhaltlicher Wunschbaustein sein könnte, der Sie in der Praxis auch tatsächlich weiterbringt. Sie sind ganz frei, wofür Sie sich entscheiden. Es kann auch sein, dass Sie keinen Wunsch haben. Auch das ist absolut okay. Ich möchte Ihnen aber auf alle Fälle die Gelegenheit geben, Ihre inhaltlichen Wünsche einzubringen, sofern Sie welche haben. Ihre Wunschbausteine wandern im Anschluss in meinen Zauberhut – und bei passender Gelegenheit werde ich Ihnen Ihren Wunschbaustein aus dem Hut herbeizaubern.

Die einzigen beiden Bedingungen, die ich als Zauberer zum Gelingen meiner Zauberkünste stellen muss, sind:

- *Erstens: Ihr Wunschbaustein sollte im weitesten Sinne mit unserem Seminarthema zu tun haben.*
- *Zweitens: Sie sollen sich zu zweit auf einen Wunschbaustein einigen. Diskutieren Sie also bitte aus, welcher Wunschbaustein Ihnen beiden am meisten am Herzen liegt.*

Nehmen Sie sich hierfür in Ruhe zehn Minuten Zeit und halten Sie Ihren Wunschbaustein gut lesbar auf einer Moderationskarte fest. Wir werden im Anschluss alle Wunschbausteine reihum vorstellen und an der Pinnwand festhalten."

Abb.: Pinnwand Wunschbausteine

Anschließend werden die Wunschbausteine kurz von den Teilnehmern vorgestellt und die Karten an der Pinnwand befestigt. Als Trainer achte ich darauf, inhaltlich ähnliche Karten bereits während der Vorstellung zusammenzufassen. Im Anschluss sortiere ich die Karten für mich an der Pinnwand. In der Regel tauchen Karten auf, die bereits als Inhalt vorgesehen waren. Stelle ich fest, dass zu einzelnen Themen sehr großes Interesse vorhanden ist, baue ich diesen Baustein aus. Bei den anderen Karten überlege ich mir, wann ich diese wie ausführlich wo einbauen, d.h., aus dem Hut zaubern kann. Hier bietet es sich beispielsweise an, als kleiner Aufmerksamkeitswecker zwischendurch einen Kurzüberblick über drei Wunschbausteine zu geben. Wichtige Themen halte ich für die Teilnehmer auf einem eigenen Flipchart fest, bei kleineren Themen bzw. Themen, die ich nur übersichtsartig ansprechen möchte, notiere ich häufig ein paar Stichworte direkt zur jeweiligen Wunschbausteinkarte auf die Pinnwand, sodass die Teilnehmer auch im Fotoprotokoll ihren Wunschbaustein dokumentiert haben.

Die Frage, die sich Ihnen bei dieser Methode vermutlich stellt, ist: Was mache ich denn mit Wunschbausteinen, mit denen ich selbst wenig anfangen kann? Wer als Trainer eine solch offene Frage an die Teilnehmer stellt, muss natürlich damit rechnen, dass Themen genannt werden, an die Sie im Vorfeld nicht gedacht haben. Nutzen Sie diese Methode deshalb nur, wenn Sie sich absolut sicher mit Ihrem Seminarthema fühlen und auch bereit sind, das ein oder andere Thema noch mal selbst kurz nachzurecherchieren. Diese Methode bietet sich wirklich nur an, wenn Sie viel Erfahrung im jeweiligen Themenbereich mitbringen. Setzen Sie sich also nicht selbst unnötig unter Druck!

Varianten

Falls eine Auswahl aus den Karten zu treffen ist, bietet es sich an, diese Methode mit einer Punktfrage zu kombinieren, um die Anzahl der Wunschbausteine überschaubar zu halten und gleichzeitig sicherzustellen, dass diejenigen Wunschbausteine „herbeigezaubert" werden, die die meisten Teilnehmer für interessant erachten. Hierzu erhält jeder Teilnehmer drei Klebepunkte. Diese Punkte soll er an die Wunschbausteine an der Pinnwand kleben, die ihn am meisten interessieren. Die Abfrage erfolgt „anonym", d.h. mit umgedrehter Pinnwand, sodass jeder frei von den Blicken der anderen und des Trainers abstimmen kann. Jeder Teilnehmer darf mit seinen Punkten frei verfahren, also auch seinen eigenen Wunschbaustein bepunkten bzw. auch „häufeln", d.h., mehrere oder alle seiner Punkte für einen Baustein verwenden. Am Schluss der Punktfrage dreht der Trainer die Pinnwand um und ermittelt durch Abzählen die drei Wunschbausteine mit den meisten Punkten. Diese werden deutlich hervorgehoben. Bei Patt-Situationen bietet es sich an, die Teilnehmer kurz mit Handzeichen entscheiden zu lassen, welche der punktgleichen Bausteine sie bevorzugen.

Worauf achten?

- Der Trainer sollte das „weiße Kaninchen" bei der Anmoderation an die Leine legen, das bedeutet, einen Rahmen für die Wunschbausteine in dem Sinne vorgeben, dass sich die gewünschten Inhalte noch im weitesten Sinne an das Seminarthema anlehnen. Ansonsten besteht die Gefahr, dass sich die Teilnehmer ein Thema einfallen lassen, das sie zwar gerade beschäftigt, das aber keinerlei Bezug zum angedachten Workshop hat.
- Wichtig ist auch, dass der Trainer sich ein Vetorecht vorbehält, falls Themen inhaltlich nicht passend oder methodisch nicht umsetzbar sind. Dieses „Vetorecht" sollte unbedingt bereits bei der Klärung der Spielregeln erwähnt werden: *„Der Zauberer zaubert gerne und verrät auch nur ungern seine Zaubertricks. Was allerdings passieren kann: Das ein oder andere Kaninchen kann sich als zu dick erweisen, um aus dem Hut gezaubert werden zu können. Da kann auch der größte Zauberer nichts machen. Dies tritt aber Gott sei Dank nur in seltenen Fällen auf, und der Zauberer wird beim Aufdecken Ihrer Wünsche erkennen, ob die Hutöffnung für das ein oder andere Thema vielleicht zu eng geraten ist."*

- Falls der Trainer eine Reduktion der Wunschbausteine auf eine bestimmte Anzahl im Auge hat, sollte er dies bereits bei der Anmoderation des weißen Kaninchens kundtun, sodass die Teilnehmer wissen, dass nicht alle ihre Themen herbeigezaubert werden können.

Praxistipp

- Voraussetzung für das weiße Kaninchen ist, dass die Teilnehmer zumindest einen groben Überblick und somit auch Einblick in das Seminarthema haben. Sonst fällt es ihnen zu Beginn des Seminars zu schwer, sich konkret zu überlegen, welchen inhaltlichen Wunschbaustein sie gerne hätten. Der Trainer kann diesen Einblick unterstützen, indem er vorab den angedachten inhaltlichen Rahmen erläutert und auch Beispiele nennt, welche Themen unter Umständen von Interesse für die Teilnehmer sein könnten.
- Ein Zylinder und/oder ein Zauberstab, mit dem die Wunschbausteine jeweils aus dem Hut gezaubert werden, bieten einen netten Rahmen und symbolisieren den Teilnehmern zugleich, dass der Trainer ihre Wünsche mit Tatkraft umzusetzen versucht.

Warum fördert diese Methode die Nachhaltigkeit?

Die Methode „Das weiße Kaninchen" fördert die Nachhaltigkeit, da sich die Teilnehmer zu Beginn des Seminars mit dem Seminarthema auseinandersetzen und sich in eine aktive Rolle als Mitgestalter des Workshops begeben. Somit übernehmen sie von Anfang an Mitverantwortung für das Seminar und haben zudem die Möglichkeit, ein Thema, das ihnen auf dem Herzen liegt, in das Seminar einzubringen. Für den Trainer bietet diese Methode die Möglichkeit, Inhalte aufzugreifen, die im echten Interesse der Teilnehmer liegen, was per se die Nachhaltigkeit fördert.

17. Vorhang auf – Rollenklärung

„Mache Dir selbst zuerst klar, was Du sein möchtest; und dann tue, was Du zu tun hast."
– Epiktet –

Kurzbeschreibung

Der Trainer klärt mithilfe der Theatermetapher gemeinsam mit den Teilnehmern gegenseitige Erwartungen und Rollen.

Ziele

- Die Teilnehmer sollen ihre in vielen Seminaren oft aufgezwungene Konsumentenhaltung verlassen – zugunsten einer aktiven Mitgestalterrolle mit Eigenverantwortung.
- Die Rolle des Trainers als Lernprozessbegleiter und Unterstützer soll deutlich werden.
- Die Teilnehmer lernen die Theatermetapher als hilfreiches Instrument zur Klärung von Rollen und Anforderungen auch für die Zeit nach dem Seminar kennen.

Zeit

- 15 Minuten

Material

- unterstützend können die Flipcharts „Theatermetapher" und „Vorhang auf – unsere Rollen als Trainer und Teilnehmer" eingesetzt werden

Gruppengröße

- unbegrenzt

Überblick

- Der Trainer stellt die Theatermetapher vor.
- Der Trainer verdeutlicht seine Rolle als Lernbegleiter und weist auf die aktive Rolle der Teilnehmer hin.
- Jeder Teilnehmer reflektiert für sich, wie er seine Rolle im Seminar ausgestalten möchte, um einen individuellen Lerngewinn sicherzustellen.

Vorgehen

„Liebe Seminarteilnehmer, haben Sie sich auch schon mal gefragt, wer eigentlich festlegt, was von uns in bestimmten Rollen erwartet wird? Ich habe Ihnen eine Theaterbühne als Bild mitgebracht, die ich Ihnen gerne zeigen möchte. Woher weiß das Publikum, wer der Held und wer der Böse ist? Woher wissen die Schauspieler auf der Bühne generell, wie sie sich zu verhalten haben? Und was hat diese Bühne mit unserem Seminar zu tun?

Ich würde Ihnen gerne die sogenannte Theatermetapher vorstellen, da ich denke, dass sie nicht nur für unser Seminar zur Klärung unserer Rollen hilfreich ist, sondern Ihnen hoffentlich auch nach dem Seminar in der einen oder anderen Situation Unterstützung geben kann. Und zwar kann uns das Theater als hilfreiches Bild dienen, Situationen und Rollen zu klären. Jeder von uns besetzt im Privat- und Berufsleben viele verschiedene Bühnen mit unterschiedlichsten Rollen. Im Berufsleben haben wir beispielsweise die Rolle des Angestellten, die Rolle des Kollegen, des Fachexperten oder des Abteilungsleiters inne. Im Privatleben sind wir vielleicht Ehemann oder Ehefrau, Vater oder Mutter, Patenonkel, Leiter der Jugendgruppe, bester Freund, guter Nachbar und noch vieles mehr. All das sind Rollen, die wir einnehmen. Was denken Sie: Was bedeutet der Begriff ‚Rolle'? Was verbirgt sich dahinter?"

An dieser Stelle gebe ich den Teilnehmern kurz Zeit zum Nachdenken und lasse sie auch einige Antworten in den Raum werfen, bevor ich fortfahre: *„Hinter einer Rolle verbergen sich nichts anderes als Erwartungen, die automatisch mit dieser Rolle verbunden sind und die an uns gerichtet werden. Vom Kollegen wird beispielsweise erwartet, dass er sich hilfsbereit zeigt, Telefon- und Urlaubsvertretungen übernimmt und als Ansprechpartner für Fachliches fungiert. Vom Patenonkel wird erwartet, dass er sich um sein Patenkind kümmert, mit ihm Zeit verbringt, gemeinsame Unternehmungen startet, auch mal tröstet und zuhört,* *wenn es Streit mit den Eltern gibt, die Geburtstage nicht vergisst. Vom Angestellten wird erwartet, dass er zum Wohl der Firma agiert und auch mal bereit ist, Überstunden zu machen. Vom Ehemann und Vater wird erwartet, dass er zum Familienunterhalt beiträgt, aber abends und am Wochenende auch Zeit für die Familie hat. Und hier offenbart sich schon ein Dilemma, das uns häufig begegnet: Aufgrund der Vielzahl der Rollen und unterschiedlichen Bühnen, die wir in unserem Leben besetzen, prasseln auch viele Erwartungen auf uns ein, die wir in der Regel gar nicht alle erfüllen können. Häufig sind es zu viele Erwartungen oder die Erwartungen widersprechen sich, sodass Rollenkonflikte auftreten. Die Theatermetapher hilft nun dabei, sich klar zu werden, welche Bühnen man besetzt, welche Rollen man dort einnimmt und ob man sich im Einklang befindet.*

Gerade wenn Situationen schwieriger werden oder man das Gefühl hat, dass zu viele Erwartungen auf einen einprasseln und man unter Druck gerät, kann der ‚Theaterblick' wieder für Klarheit sorgen: Hilfreiche Fragen können beispielsweise sein: Was wird hier gerade für ein Stück gespielt? Wer ist der Regisseur des Ganzen? Wer spielt die Haupt-, wer die Nebenrollen? Wer entscheidet, ob es ein Drama oder eine Komödie ist? Habe ich das Stück vielleicht schon mal mit anderer Besetzung gespielt, finde mich aber in der gleichen Rolle auf anderer Bühne wieder?

Warum ich Ihnen dies alles erzähle? Nun, ich möchte gerne, dass wir auch für unseren Workshop unsere Rollen vorab klären. Nicht, dass Sie am Ende enttäuscht sind, dass das Stück gar nicht so läuft, wie Sie es sich vorgestellt haben oder Sie vielleicht eine Rolle aufgezwungen bekommen haben, in der Sie sich nicht wohlgefühlt haben. Wie ich Ihnen bereits erläutert habe, ist unser gemeinsames Ziel, dass Sie für sich langfristig etwas aus dieser Weiterbildung mitnehmen können. Damit dies gelingt, müssen wir aber beide, Sie als Teilnehmer und ich als Trainer, unsere Rollen an diesem Ziel ausrichten. Deshalb Vorhang auf und Rollen klären!"

An dieser Stelle decke ich das Flipchart „Vorhang auf – unsere Rollen als Trainer und Teilnehmer" auf und erläutere es (siehe Flipchart-Abb.). *„Damit unser Workshop erfolgreich wird, müssen wir beide, Sie als Teilnehmer und ich als Trainer, aktiv werden und Verantwortung übernehmen. Ich möchte für Sie gerne Lernbegleiter, Prozessunterstützer und Ermöglicher sein, d.h., ich werde alles dafür tun, Sie in Ihrem Lernprozess optimal zu unterstützen und voranzubringen. Ihnen bringt das Seminar am meisten, wenn Sie sich aus der in Seminaren oft vorherrschenden Konsumentenhaltung rausbegeben und stattdessen die Rolle des eigenverantwortlichen Teilnehmers und aktiven Gestalters*

Abb.: Flipchart Vorhang auf

einnehmen! Überlegen Sie bitte auch noch mal in Ruhe für sich, welche Erwartungen Sie sowohl an mich als Trainer haben als auch welche Erwartungen Sie an sich und Ihre Kollegen richten. Was sind wichtige Punkte zur Rollenfestlegung, die wir ergänzend auf dem Flipchart festhalten sollen? Überlegen Sie zwei, drei Minuten und dann schauen wir, was wir aus Ihrer Sicht ergänzen sollen. Überlegen Sie dabei vor allem, wie Sie Ihre Rolle in den kommenden Tagen ausgestalten möchten, um für sich den größtmöglichen Lerngewinn mitnehmen zu können."

Nach einer kurzen Bedenkzeit frage ich in die Runde, welche Erwartungen bzw. Rollenmerkmale noch ergänzt werden sollen. Wenn ein Vorschlag der Teilnehmer vom Großteil der Gruppe Zustimmung findet, wird er auf dem Flipchart notiert.

Varianten

Anstatt das Flipchart mithilfe einer Zuruffrage zu ergänzen, können die Teilnehmer auch auf einer Vorlage festhalten, wie sie persönlich ihre Rolle im Seminar ausgestalten möchten.

Worauf achten?

Der Trainer sollte darauf achten, dass die Rollenklärung nicht in eine „Wunschveranstaltung" abdriftet, in der die Teilnehmer äußern bzw. einfordern, was sie alles vom Trainer erwarten.

Praxistipp

- Die Übung gelingt besonders gut, wenn der Trainer auf die beidseitige Verantwortung für das erfolgreiche Gelingen des Workshops hinweist. Sowohl Trainer als auch Teilnehmer übernehmen beide Verantwortung, jeder in seiner Rolle.
- Hilfreich ist es, wenn der Trainer auch zwischendurch die Teilnehmer an ihre Rollen im Sinne von aktiven Gestaltern erinnert und sie auch immer mal wieder fragt, wie er sie als ihr Lernbegleiter unterstützen kann. Die Eigenverantwortung der Teilnehmer sollte nicht nur in der Rollenklärung „abgehandelt“ werden, sondern sich als roter Faden durch das gesamte Seminar ziehen, etwa indem den Teilnehmern an bestimmten Stellen des Seminars Möglichkeiten aufgezeigt werden, wie weiter vorgegangen werden kann – und sie dann selbst in der Gruppe diskutieren und entscheiden können, welche Vorgehensweise sie für sinnvoller erachten.

Warum fördert diese Methode die Nachhaltigkeit?

Die Methode „Vorhang auf – Rollenklärung“ fördert die Nachhaltigkeit, da sie die Teilnehmer dazu bringt, sich mit ihrer aktiven Rolle als Seminargestalter und Mitverantwortliche für ihren eigenen Lernprozess auseinanderzusetzen.

Hintergrund

Eine Rolle ist nicht anderes als Erwartungen, die an uns gerichtet werden. Aufgrund der Vielzahl der Rollen, die wir im Privat- und Berufsleben innehaben und aufgrund der Vielzahl an Erwartungen, mit denen wir konfrontiert sind, sind Rollenkonflikte der Normal- und nicht der Ausnahmefall. Deshalb ist es wichtig, dass wir unsere Rollen klar definieren und uns überlegen, welchen Anforderungen wir gerecht werden möchten und können. Auch die Klärung der Rollen in der Weiterbildung sorgt für Transparenz und geklärte Verantwortungsbereiche.

Querverweis

Mehr Informationen zu den veränderten Rollenverständnissen für mehr Nachhaltigkeit von Trainer, Teilnehmer und Auftraggeber finden sich in Baustein 2.

18. Let's talk about

„Was man nicht bespricht, das bedenkt man auch nicht richtig."
– Johann Wolfgang von Goethe –

Kurzbeschreibung

Die Teilnehmer besprechen im Zweierteam alles, was ihnen in Bezug auf das Seminarthema und ihrer persönlichen Entwicklung am Herzen liegt.

Ziele

- Jeder Teilnehmer macht sich Gedanken, mit welchen Erwartungen er persönlich in den Workshop startet.
- Der Zweiertausch regt das Nachdenken in Bezug auf Veränderungswünsche und Ziele an.
- Jeder Teilnehmer macht sich zu Beginn des Seminars mit einem Seminarkollegen näher bekannt.
- Der persönliche Austausch im Zweierteam legt den Grundstein für eine vertrauensvolle Atmosphäre im Seminar.

Zeit

- 10 bis 20 Minuten

Material

- nicht nötig

Gruppengröße

- unbegrenzt

Überblick

- Der Trainer erläutert die Aufgabe.
- Die Teilnehmer finden sich zu zweit zusammen.
- Die Teilnehmer haben zehn bis fünfzehn Minuten Zeit, im Zweieraustausch all das zu besprechen, was ihnen in Bezug auf das Seminar und ihrer persönlichen Entwicklung wichtig erscheint.
- Der Trainer fragt abschließend in die Runde, ob der ein oder andere seine Gedanken und Erkenntnisse äußern möchte.

Vorgehen

„Liebe Seminarteilnehmer, Johann Wolfgang von Goethe hat den schönen Satz geprägt: ‚Was man nicht bespricht, das bedenkt man auch nicht richtig.' Damit Sie zur Einstimmung in unser Seminar das ein oder andere nicht nur bedenken, sondern auch besprechen können, sollen Sie die folgenden zehn Minuten dafür nutzen können, alles, was Ihnen persönlich in Bezug auf das Seminarthema auf dem Herzen liegt, mit einem Kollegen auszutauschen. Machen Sie sich am besten zunächst für sich allein ein paar Gedanken, mit welchen Erwartungen Sie für sich in das Seminar starten, worauf Sie sich freuen, worauf eher nicht, was vielleicht mögliche persönliche Ziele oder Veränderungswünsche sein könnten. Sie sind ganz frei, was Sie bedenken und besprechen möchten, lassen Sie Ihren Gedanken in Bezug auf unser Seminarthema einfach freien Lauf und dann: Let's talk about!"

Die Teilnehmer klären am besten als Erstes, mit wem sie zusammenarbeiten wollen. Sobald jeder einen Partner gefunden hat, erinnere ich die Teilnehmer noch mal daran, dass sich jeder zunächst für sich seine Gedanken machen soll, bevor sie in den Austausch gehen. Anschließend gebe ich eine Endzeit vor, bis zu der sich alle wieder im Plenum eingefunden haben sollen. Wer möchte, kann dann von seinen „Let's-talk-about-Inhalten" berichten.

Varianten

Die Teilnehmer werden gebeten, in ihrer Zweiergruppe drei Schlagworte festzuhalten, über die sie sich unterhalten haben. Die Schlagworte werden anschließend im Plenum von allen Gruppen in je einem Satz vorgestellt und erläutert. Häufig weise ich die Teilnehmer darauf hin, dass sie beim Aussuchen der Schlagworte gerne kreativ sein dürfen. So finden sich häufig interessante Wortspiele, die für viel Lachen beim Vortragen führen.

Worauf achten?

Als Trainer sollten Sie Abstand zu den Zweiergrüppchen halten. Die Teilnehmer sollen sich ganz frei fühlen und das besprechen, was ihnen durch den Kopf geht, ohne den Eindruck haben zu müssen, es hört jemand zu.

Praxistipp

Die Methode ist hervorragend dazu geeignet, das Kennenlernen zu verstärken und den ersten Austausch anzuregen. Ideal ist es deshalb, wenn sich für die Zweiergruppen Personen zusammenfinden, die sich bislang nicht kannten bzw. noch nicht so gut kennen. Alternativ kann diese Übung aber auch dazu dienen, Teilnehmer bereits mit ihren Lernpartnern zusammenzubringen. Diese Zweierteams können dann, falls keine Änderungen gewünscht wird, den gesamten Workshop bestimmte Übungen gemeinsam bestreiten.

Warum fördert diese Methode die Nachhaltigkeit?

Die Methode „Let's talk about" fördert die Nachhaltigkeit, weil sie den Teilnehmern einerseits die Möglichkeit gibt, sich klar zu werden, mit welchen Gedanken sie in das Seminar starten, und andererseits diese Gedanken auch auszudrücken und von einer Person hierzu Feedback zu erhalten. Zudem intensiviert sie das Kennenlernen unter den Teilnehmern, sodass von Anfang an die Grundlage für eine gute Vertrauensbasis in der Gruppe gelegt wird.

19. Sperrmüll-Tag

„In einem aufgeräumten Zimmer ist auch die Seele aufgeräumt."
– Ernst von Feuchtersleben –

Kurzbeschreibung

Die Teilnehmer klären für sich, welche Punkte der eigenen Unzufriedenheit sie in Bezug auf das Seminarthema nach dem Seminar zum Sperrmüll gebracht, also beseitigt haben wollen.

Ziele

- Die Teilnehmer sollen sich bewusst werden, dass sie selbst Einfluss auf viele Dinge haben, mit denen sie unzufrieden sind.
- Die Teilnehmer sollen lernen, sich regelmäßig Zeit zur „Entrümpelung" zu nehmen.
- Die Teilnehmer sollen zu Beginn des Seminars Platz schaffen für neue Gedanken und Einstellungen.

Zeit

- 15 bis 20 Minuten

Material

- Vorlage, auf der die Teilnehmer ihre persönlichen Gedanken festhalten können
- Gruppengröße unbegrenzt

Überblick

- Der Trainer erläutert den Teilnehmern, was es mit dem Sperrmüll-Tag auf sich hat.
- Jeder Teilnehmer überlegt für sich, welche Punkte der eigenen Unzufriedenheit er in Bezug auf das Seminarthema „entrümpeln" möchte.
- Jeder hält seine Gedanken für sich persönlich schriftlich fest.
- Der Trainer fragt abschließend im Plenum, ob der ein oder andere offenlegen möchte, was er für den Sperrmüll-Tag zur Entrümpelung angemeldet hat.

Vorgehen

„Achtung, Achtung, liebe Seminarteilnehmer: Hiermit möchte ich verkünden, dass der große Sperrmülltag ‚Souveränität in der Beratung' (hier das jeweils aktuelle Seminarthema einfügen) *zufälligerweise genau zum Zeitpunkt unseres Seminars ansteht. Leider läuft schon heute, genauer gesagt, in einer knappen halben Stunde die Frist zur Anmeldung ab. Das heißt, nur das, was Sie bis dahin für den Sperrmüll angemeldet haben, wird auch tatsächlich von unserem professionellen Entsorgungstrupp mitgenommen. Höchste Zeit also, sich Gedanken zu machen, was Sie dringend entrümpeln sollten. Zunächst teile ich Ihnen die ‚Anmeldung zum Sperrmüll'-Karte aus.*

Bitte überlegen Sie nun in den nächsten fünf bis zehn Minuten, welches Ihre größten Punkte der eigenen Unzufriedenheit beim Thema ‚Souveränität in der Beratung' sind. Und dieses ‚Ich bin am meisten unzufrieden mit mir mit …' melden Sie umgehend zum Sperrmüll an. Schreiben Sie den oder die beiden größten persönlichen Unzufriedenheitsfaktoren einfach auf die Sperrmüllkarte – und schon nimmt alles seinen Lauf. Während des Seminars werden wir gemeinsam entrümpeln – und die lästige Angewohnheit, Eigenschaft, Verhaltensweise oder was auch immer Sie da zum Sperrmüll angemeldet haben, wird abgeholt – und Sie haben wieder jede Menge Platz für neue Gedanken, Ideen und Einstellungen. Nahezu perfekt als Einstieg für dieses Seminar!"

Die Teilnehmer erhalten nun fünf bis zehn Minuten Zeit, sich ihre persönlich größten Unzufriedenheitsfaktoren zu notieren. Wer möchte, kann anschließend im Plenum seine Punkte nennen. Während des Seminars erinnere ich die Teilnehmer immer wieder daran, was sie eigentlich auf den Sperrmüll bringen wollten und ermuntere sie, diese Dinge auch tatsächlich hinter sich zu lassen.

Varianten

Der beschriebene Ablauf bietet sich als Einstieg in das Seminar an. Die Methode kann allerdings auch ausgebaut werden. Hierzu lasse ich die Teilnehmer reihum ihre Sperrmüll-Karte vorstellen und alle Karten an einer Pinnwand sammeln (Wichtig dabei: Bereits bei der Anmoderation darauf hinweisen, dass die persönlichen Unzufriedenheitsfaktoren im Anschluss offengelegt werden). Die Karten kann ich nun entweder für mich als Trainer als Hinweis nehmen, wo jeder Teilnehmer seine individuellen Übungs- bzw. Feedback-Themen hat und die Einzelnen während des Seminars gezielt in diesen Bereichen unterstützen. Oder es bietet sich an, dass die Teilnehmer zu zweit zusammengehen und sich gemeinsam für ihre beiden Sperrmüll-Karten überlegen, wie es gelingen kann, die Unzufriedenheit in Zufriedenheit zu ändern. Die Punkte werden dann direkt an die Pinnwand zu den jeweiligen Karten geschrieben und die Übungspartner haben die Aufgabe, sich während des Seminars gegenseitig zu unterstützen, an diesen Punkten zu arbeiten.

Worauf achten?

Bei dieser Übung gilt es darauf zu achten, dass die Teilnehmer nur Dinge notieren, die sie selbst auch ändern können. Hierauf sollte in der Anmoderation hingewiesen werden. Ich mache dies aber in der Regel erst im zweiten Schritt, wenn die meisten Teilnehmer sich bereits ihre persönlichen Unzufriedenheitsfaktoren notiert haben. Und zwar beispielsweise wie folgt: *„Bitte überlegen Sie auch, ob Sie sich Dinge notiert haben, die Sie persönlich auch ändern können – es bringt ja nichts, wenn Sie den Chef oder einen Kollegen als größten Unzufriedenheitsfaktor notiert haben, da es eher unwahrscheinlich ist, dass dieser im Laufe unseres Seminars tatsächlich zum Sperrmüll gebracht werden kann."*

Warum dieser Hinweis erst im zweiten Schritt? Die Teilnehmer beginnen auf meine Nachfrage hin zu überlegen, ob die Punkte, die sie bereits notiert haben, auch tatsächlich in ihrem Einflussbereich liegen. Dadurch erkennen die Teilnehmer, welches die Dinge sind, die sie auch tatsächlich ändern können und welches die Dinge sind, die nicht in ihrem eigenen Einflussbereich liegen. Dies ist für manche Teilnehmer, die viel negative Energie in Dinge hineinstecken, die sie selbst nicht ändern können, oft eine bereichernde Erkenntnis.

Praxistipp

Die Methode lässt sich auch ideal dazu nutzen, die Teilnehmer darauf hinzuweisen, dass sie sich regelmäßig die Zeit zur Entrümpelung nehmen sollen. Erst wenn ausgemistet wird, ist auch wieder Platz für Neues vorhanden. Dies betrifft nicht nur den Kleiderschrank, die Garage oder den Schreibtisch, sondern auch Verhaltensweisen oder Gedankengänge, an die wir uns gewöhnt haben, mit denen wir aber unzufrieden sind. Häufig denken wir, dass wir viele Dinge einfach hinnehmen müssen. Dem ist aber nicht so. Auf vieles haben wir selbst Einfluss – und vieles mit dem wir unzufrieden sind, können wir auch tatsächlich ändern, wenn wir aktiv werden.

Warum fördert diese Methode die Nachhaltigkeit?

Die Methode „Sperrmüll-Tag" fördert die Nachhaltigkeit, da die Teilnehmer zunächst konkret formulieren, womit sie unzufrieden sind. Dies ist schon mal ein wichtiger erster Schritt auf dem Weg zu Verhaltensänderungen. Die Methode ermöglicht den Teilnehmern zudem zu erkennen, dass sie sich von bestimmten Unzufriedenheitsfaktoren trennen können, wenn sie sich dies vornehmen.

Querverweise

Diese Methode lässt sich hervorragend mit den Methoden zum nachhaltigkeitsorientierten Ausklang verknüpfen. Bevor die Teilnehmer sich einen konkreten Vorsatz für die Zeit nach dem Seminar vornehmen, sollen sie zunächst noch mal nachschauen, welche Punkte der persönlichen Unzufriedenheit sie zu Beginn des Seminars „zum Sperrmüll" angemeldet hatten.

20. Energiekonto auftanken

„Positive Energie ist das Ergebnis der inneren Einstellung und nicht das Resultat externer Faktoren." – Unbekannt –

Kurzbeschreibung

Die Teilnehmer lernen, wie sie in Stresszeiten und zu Beginn des Workshops ihr Energiekonto auffüllen können.

Ziele

- Die Teilnehmer starten mit positiver Energie in den Workshop.
- Die Teilnehmer lernen auch für die Zeit nach dem Workshop eine Möglichkeit kennen, wie sie bei Bedarf ihr Energiekonto auffüllen können.

Zeit

- 15 bis 20 Minuten

Material

- nicht nötig, es können aber grüne und rote Legosteine bzw. das Flipchart „Energiekonto" zur Visualisierung eingesetzt werden

Gruppengröße

- unbegrenzt

Überblick

- Der Trainer lässt jeden Teilnehmer zunächst seinen aktuellen Kontostand auf dem Energiekonto schätzen.
- Der Trainer erläutert und symbolisiert das persönliche Energiekonto mithilfe von Legosteinen oder des Flipcharts „Energiekonto".
- Die Teilnehmer lernen Möglichkeiten kennen, wie sie ihr persönliches Energiekonto auffüllen können.
- Jeder Teilnehmer bekommt zehn Minuten Zeit, sein Energiekonto zu füllen.
- Der Trainer fragt im Plenum, ob der ein oder andere erzählen möchte, wie er sein Energiekonto gefüllt hat.

Vorgehen

„Liebe Seminarteilnehmer, sicherlich fällt es Ihnen zu Beginn unseres Workshops gar nicht so leicht, den Alltag hinter sich zu lassen und sich ausschließlich auf das Seminar zu konzentrieren. Vermutlich geht Ihnen noch der ein oder andere Gedanken aus der Arbeit oder der Familie durch den Kopf und Sie denken an den ein oder anderen Punkt, der dringend erledigt werden muss. Das ist ganz normal – und sicherlich auch ein Phänomen, dass Sie aus Ihrem Alltag kennen: Häufig gelingt es uns aufgrund der ständigen Erreichbarkeit und der Vielzahl von Mails und Informationen, die auf uns einprasseln, gar nicht mehr, uns ganz auf eine Sache zu konzentrieren und unsere Energie auf das Anstehende zu fokussieren. Viele Dinge in unserem Alltag kosten uns Energie, hin und wieder sammelt sich auch jede Menge negative Energie bei uns an. Ich möchte Ihnen jetzt eine Methode vorstellen, mit der Sie Ihr persönliches Energiekonto zwischendurch wieder aufladen können. Dieses werden wir auch ausprobieren, damit Sie mit neuer Energie und freiem Kopf in unseren Workshop starten können.

Stellen Sie sich hierzu bitte vor, dass Ihr persönliches Energiekonto aus zehn Energiebausteinen besteht." Hier zeige ich entweder das Flipchart „Energiekonto" oder symbolisiere mit zehn roten bzw. zehn grünen Legosteinen das Konto.

Abb.: Flipchart Energiekonto

„Ihr Konto kann ganz auf ‚grün' stehen, d.h., es ist prall gefüllt mit positiver Energie. Sie sind blendender Laune und bersten vor Energie, besser könnte es nicht laufen. Es gibt nichts, was Sie in Ihrem Energieschub bremst."

Hier fülle ich das angedachte Konto mit zehn grünen Legosteinen als Symbol für positive Energie. *„Häufig ist es jedoch so, dass eine kleine oder größere Sache Ihr positives Energiekonto beeinträchtigt. Das kann beispielsweise eine Terminsache sein, die Sie unter Druck setzt oder vielleicht auch eine kleine Meinungsverschiedenheit in der Familie. Ihr Kontostand vermeldet dann nicht mehr 100 Prozent positive Energie, sondern vielleicht nur noch 80 oder 90."*

An dieser Stelle tausche ich ein oder zwei grüne durch die entsprechende Anzahl roter Legosteine als Symbol für negative Energie aus. *„Und dann gibt es leider auch noch die Tage, an denen Ihr Energiekonto kaum mehr einen positiven Saldo aufweist. Sie sind kurz davor, in den Dispokredit abzurutschen. Zu Hause hängt seit Wochen der Haussegen schief, mit Ihrem besten Freund haben Sie sich wegen einer Lappalie verkracht, Sie schieben seit Tagen Überstunden und sehen kein Land in Sicht, da kündigt auch noch das Kratzen im Hals eine Erkältung an – draußen regnet es und beim Aufschließen Ihres Autos fällt Ihnen auf, dass Ihnen heute Nacht jemand den Seitenspiegel abgefahren hat. Zwar ist es erst acht Uhr morgens, aber Ihr persönliches Energiekonto steht auf 0."* Ich tausche nun alle grünen Legosteine durch rote aus.

„Bevor ich Ihnen zeige, wie Sie Ihr Energiekonto in solchen Situationen wieder ins Grüne bringen, sollen Sie zunächst einmal einschätzen, wie der aktuelle Kontostand Ihres persönlichen Energiekontos ist. Wenn Ihr persönlicher Energiebankberater in diesem Moment in seinen Computer schauen würde: Wie viel Prozent positive Energie würde er in genau diesem Moment auf Ihrem Konto gutgeschrieben sehen? Bitte überlegen Sie einen Moment und nennen Sie dann die Prozentzahl für die positive Energie auf Ihrem Konto. Sie müssen für Ihren Kontostand aber keinerlei Erklärung abliefern."

Die Teilnehmer erhalten nun einen Moment Zeit zu überlegen. Reihum wird dann von jedem seine Prozentzahl der positiven Energie genannt. Dann fahre ich fort: *„Okay, ich sehe schon, die positiven Energien sind ungleich verteilt und können auf alle Fälle noch aufgestockt werden. Sie fragen sich jetzt sicher, wie das gelingen kann. Nun, wir alle haben es zwar nicht immer in der Hand, wenn unser Energiekonto sich mit negativer Energie füllt, die roten Legosteine werden uns manchmal regelrecht aufgedrängt. Aber: Wir alle haben es zumindest in der Hand, unser Energiekonto jederzeit wieder mit grünen Legosteinen und viel positiver Energie aufzufüllen. Und ich glaube, für einen schwungvollen Start ins Seminar und zum Entfernen sämtlicher störender Gedanken sollten wir das jetzt einfach mal probieren. Das hat auch den Vorteil, dass Sie lernen, wie Sie Ihr Energiekonto jederzeit wieder füllen können. Zwar gibt* es kein Patentrezept zum Auffüllen des Energiekontos, aber ich werde Ihnen fünf Möglichkeiten vorstellen. Vielleicht ist eine davon ja auch für Sie geeignet bzw. bringt Sie zumindest auf Ideen, welche Ihre ideale Energiekonto-Auffüllmethode ist:

1. Das persönliche Energiekonto lässt sich beispielsweise auffüllen über die Erinnerung an eine glückliche Situation, die Sie selbst erlebt haben oder die Sie sich in Gedanken vorstellen. Schließen Sie hierfür kurz die Augen und holen Sie sich Ihr ‚festes Glücksbild' in Gedanken zu sich. Das kann die Hängematte am Karibikstrand, der Sonnenaufgang am Berggipfel oder das Lächeln Ihres Kindes sein. Suchen Sie sich eine Situation, ein Bild heraus und speichern Sie dieses als Ihr persönliches Glücksbild ab.

2. Gehen Sie für fünf Minuten raus an die frische Luft. Bewegen Sie sich, atmen Sie gleichmäßig und tief ein und aus und versuchen Sie, alles um Sie herum mit allen Sinnen wahrzunehmen. Wie ist das Wetter, wie riecht die Luft? Spüren Sie den Wind oder die Sonne auf Ihrer Haut? Welche Geräusche umgeben Sie?

3. Gönnen Sie sich eine Tasse Kaffee oder Tee, suchen Sie sich einen ruhigen Ort und genießen Sie Ihr Getränk ohne Störung und ganz bewusst. Versuchen Sie dabei an nichts zu denken, gönnen Sie sich fünf Minuten Auszeit. Sobald sich ein störender Gedanke hereindrängt, sagen Sie sich: Stopp, jetzt nicht!

4. Greifen Sie zum Telefon und rufen Sie jemanden an, mit dem Sie gerne plaudern. Unterhalten Sie sich für fünf Minuten über etwas Privates, vielleicht planen Sie ja auch eine gemeinsame Unternehmung. Was immer es ist: Lachen Sie und freuen Sie sich mit Ihrem Gesprächspartner.

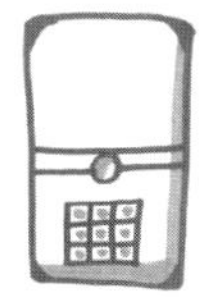

5. Suchen Sie sich in Gedanken einen Song heraus, bei dem Sie automatisch lächeln und gute Laune bekommen. Hören Sie den Song entweder in Ihrem Kopf, singen Sie leise mit oder hören Sie das Lied tatsächlich an. Tauchen Sie für zwei, drei Minuten ganz in die Musik ein.

So, das sind einige Möglichkeiten, sein Energiekonto zwischendurch wieder zu füllen. Eine Mini-Finanzspritze für Ihr Energiekonto ist es häufig schon, ruhig einzuatmen, die Luft zwei Sekunden anzuhalten und bewusst auszuatmen. Beim Ausatmen führen Sie einfach ein kurzes Selbstgespräch, wie: ‚Mir geht's gut!' Das wiederholen Sie ein paar Mal und schon füllt sich Ihr Energiekonto wieder etwas auf.

Vermutlich fallen Ihnen auch noch ganz andere Ideen ein, positive Energie zu tanken. Wichtig ist, dass Sie für sich eine individuelle Methode finden, mit der Sie Ihr persönliches Energiekonto zwischendurch auffüllen können. Nehmen Sie sich jetzt einfach einmal fünf Minuten Zeit. Vielleicht hat Ihnen eine meiner Methoden spontan zugesagt, dann probieren Sie die einfach aus, vielleicht nutzen Sie aber auch die Zeit, sich zu überlegen, was Ihnen zwischendurch gut tun könnte. In zehn Minuten treffen wir uns wieder hier, bis dahin nutzen Sie die Zeit, Ihr Energiekonto zu füllen."

Die Teilnehmer erhalten nun zehn Minuten Zeit zur freien Verfügung. Anschließend frage ich im Plenum im ersten Schritt reihum, ob und um wie viel Prozent die positive Energie bei jedem gestiegen ist. Im zweiten Schritt frage ich in die Runde, wer erläutern möchte, wie er sein Energiekonto zu füllen versucht hat. Die Antworten können auf einem Flipchart festgehalten werden, sodass die Teilnehmer eine Vielzahl von Möglichkeiten zum Auffüllen des persönlichen Energiekontos gesammelt und dokumentiert haben.

Varianten

Wer über ausreichend viele Legosteine verfügt, kann die Teilnehmer auch ihr individuelles Energiekonto aus Legosteinen zusammenstellen lassen, anstatt den Kontostand über die Prozentzahl zu nennen. Dies hat den Vorteil, dass es die Teilnehmer in Bewegung bringt und die Energiebausteine im wahrsten Sinne des Wortes greifbarer werden.

Worauf achten?

Verdeutlichen Sie den Teilnehmern, dass jeder seine ganz individuelle Art des Auffüllens seines Energiekontos finden muss. Hilfreich kann dabei sein, erst einmal im Plenum zu fragen, wer zwischendurch wie entspannt bzw. Energie tankt, bevor Sie als Trainer Beispiele nennen.

Praxistipp

Der Trainer kann das Bild des Energiekontos immer mal wieder aufgreifen. Wirken die Teilnehmer abends erschöpft, weist er auf das dringend zu füllende Energiekonto hin, wird zwischendurch eine Aktivierung eingebaut, kann dies auch damit kommentiert werden, dass das Energiekonto von allen zwischendurch wieder gefüllt wird. Durch die Wiederholungen lernen die Teilnehmer, sich selbst immer mal wieder zu fragen, wie ihr Energiekonto im Moment aussieht. Dies führt zu einem bewussteren Umgang mit den eigenen Energieressourcen und lehrt die Teilnehmer zudem, dass sie auf sich achten müssen und auch in schwierigen Situationen die Möglichkeit und die Verpflichtung haben, ihr Energiekonto selbstständig wieder aufzufüllen.

Warum fördert diese Methode die Nachhaltigkeit?

Die Methode fördert die Nachhaltigkeit, da sie den Teilnehmern ermöglicht, störende Gedanken und Impulse von außerhalb auszublenden und sich ganz auf das Seminar zu konzentrieren. Die Teilnehmer lernen zudem, wie viel Einfluss sie auf ihre persönliche Energiebilanz haben und können sich so motivierter auf das Kommende einlassen. Da diese Methode auch in der Zeit nach dem Seminar von Teilnehmern noch häufig angewandt wird, tritt oft ein „Überlagerungs-Erinnerungs-Effekt" ein: Die Teilnehmer können sich besonders an dieses Seminar erinnern, da ihnen das Energiekonto im Gedächtnis geblieben ist.

21. Zeit für neue Perspektiven

„Um klar zu sehen, genügt oft ein Wechsel der Blickrichtung."
– Antoine de Saint-Exupéry –

Kurzbeschreibung

Die Teilnehmer lernen eine für sie herausfordernde Situation bewusst aus anderer Perspektive zu betrachten.

Ziele

- Die Teilnehmer sollen erkennen, dass es keine Probleme an sich gibt, sondern nur verschiedene und vielfältige Sichtweisen auf die Wirklichkeit.
- Die Teilnehmer sollen eingefahrene Denkmuster verlassen.
- Die Teilnehmer sollen sich öffnen für neue Erfahrungen.

Zeit

- je nach Ausgestaltung 15-45 Minuten (nur Vorlesen der Geschichte und Kernbotschaft klären: 15 Minuten; mit Übung zusätzliche 30 Minuten für den Austausch der Zweierteams)

Material

- die Geschichte „Die Blinden und der Elefant" (Sie finden die Geschichte auf Seite 345)

Gruppengröße

- unbegrenzt

Überblick

- Die Teilnehmer überlegen sich eine herausfordernde Situation, für die sie in diesem Seminar Unterstützung bekommen möchten und halten diese mit einem Stichwort für sich fest.
- Der Trainer liest die Geschichte „Die Blinden und der Elefant" vor.
- Die Teilnehmer überlegen im Plenum, was ihnen die Geschichte sagen kann.
- Die Teilnehmer gehen zu zweit zusammen und erzählen sich gegenseitig von ihrer herausfordernden Situation.
- Der Gesprächspartner schlägt die Perspektive eines an der Situation Beteiligten vor und beide spekulieren, wie dieser die Situation aus seiner Perspektive beschreiben würde.

- Das Zweierteam wechselt die Rollen.
- Der Trainer erläutert zusammenfassend die Kernbotschaft des Perspektivenwechsels.

Vorgehen

„Liebe Seminarteilnehmer, heute möchte ich mit Ihnen ein kleines Experiment wagen, das dazu dient, Ihnen neue Sichtweisen zu eröffnen. Keine Sorge, das Experiment läuft ganz schmerzfrei ab, es werden sich idealerweise bei Ihnen einige Gedankengänge neu sortieren, mit unerwünschten Nebenwirkungen müssen Sie aber nicht rechnen. Hört sich das spannend genug an? Gut, dann würde ich Sie bitten, dass Sie sich eine herausfordernde Situation überlegen, die Sie aktuell beschäftigt oder in letzter Zeit beschäftigt hat. Das kann sowohl eine berufliche als auch eine private Sache sein, das spielt für unser Experiment keine Rolle. Sie sollten aber bereit sein, über diese Situation mit einem Seminarkollegen zu diskutieren, d.h., es sollte kein Thema sein, dass Sie lieber für sich behalten möchten. Andererseits müssen Sie Ihr Thema auch nicht in der Gruppe offenlegen. Es reicht, wenn Sie dies mit einer Person Ihres Vertrauens hier im Seminar besprechen. Jetzt fragen Sie sich vermutlich, welche Situation hierfür geeignet ist und welche eher nicht. Im Prinzip sind alle Situationen geeignet, die Sie gedanklich beschäftigen, über die Sie noch mal nachgedacht haben, bei der Sie beispielsweise nicht genau wissen, wie Sie sich verhalten sollen oder Situationen, in denen Sie sich über eine andere Person geärgert haben. Das kann etwas Kleines, wie eine Auseinandersetzung mit einem Nachbarn sein, ebenso wie ein Thema, das Sie schon länger und intensiv beschäftigt, etwa eine wichtige Entscheidung, die ansteht, bei der Sie aber noch nicht wissen, wie sie sich entscheiden sollen."

Je nach Seminarthema bitte ich die Teilnehmer, sich eine herausfordernde Situation im aktuellen Veränderungsprozess, eine schwierige Situation im Team oder einen Konflikt herauszusuchen, sodass die herausfordernde Situation einen Bezug zum Seminarthema hat. Dies ist jedoch nicht zwingend erforderlich.

Sobald jeder Teilnehmer eine für ihn herausfordernde Situation gefunden hat, bitte ich alle, sich ihre Situation in einem Schlagwort oder kurzen Satz auf einer Karte zu notieren. Diese Karte sollen die Teilnehmer zunächst beiseitelegen. Anschließend lese ich die Geschichte „Die Blinden und der Elefant" (siehe S. 345) vor, lasse die Geschichte kurz wirken und frage in die Runde, was die Geschichte wohl aussagen mag. In der Regel kommen hier einige Wortmeldungen, die sehr unterschiedlich ausfallen können. Ich rege die Teilnehmer an, dass jeder für sich die Geschichte auf seine Art und Weise interpretiert. Die Teilnehmer sollen nun zu zweit zusammengehen, ihre Karten mit dem Schlagwort mitnehmen und festlegen, wer von den beiden beginnen möchte. Person A erhält drei bis fünf Minuten Zeit, in der sie ihre Situation dem Gesprächspartner beschreibt. Dieser soll sich zunächst auf das Zuhören konzentrieren und lediglich Verständnisfragen stellen. Nach fünf Minuten gebe ich ein Signal. Nun sollen beide Gesprächspartner überlegen, wie sich die gleiche Situation aus einer anderen Perspektive beschreiben lässt. Dies kann entweder eine Person sein, die darin involviert ist, zum Beispiel der Konfliktgegner oder aber eine außenstehende Person, die davon nur gehört hat, etwa der beste Freund. Zunächst soll derjenige, der die Situation eingebracht hat, versuchen, die Geschichte aus der Perspektive der entsprechenden Person zu beschreiben. Das fällt häufig schwer. Hier soll der Gesprächspartner unterstützen und Anregungen geben: *„So wie ich die Situation verstanden habe, könnte ich mir vorstellen, dass ..., vielleicht könnte es aber auch sein ...“* Hierbei geht es vor allem darum, sich in die Schuhe des anderen zu begeben und zu versuchen, dessen Perspektive einzunehmen. Dabei darf viel spekuliert werden und die Geschichte anders als in der ersten Fassung interpretiert und dargestellt werden.

Hierzu haben die Teilnehmer fünf bis zehn Minuten Zeit. Anschließend wechseln die Rollen, d.h., Person B erzählt nun zunächst ihre Situation, im Anschluss daran versuchen beide, die Situation aus der Perspektive eines anderen zu erzählen. Zwischendurch werfe ich als Trainer ein, dass die Teilnehmer kurz auch an die Geschichte „Die Blinden und der Elefant“ denken sollen und sich vorstellen, dass nun die herausfordernde Situation aus der Sichtweise von jemandem erzählt wird, der an einer ganz anderen Stelle des Elefanten steht als man selbst.

Die Teilnehmer kommen danach wieder im Plenum zusammen und ich frage, wie es sich für sie angefühlt hat, als ihre herausfordernde Situation auf einmal aus anderer Perspektive beschrieben wurde. Jeder soll zunächst kurz für sich nachdenken, dann sammle ich einige Antworten im Plenum, bevor ich ein kurzes Fazit ziehe:

„Liebe Seminarteilnehmer, ich hatte Sie ja zu Anfang unserer Übung um Bereitschaft gebeten, sich auf ein kleines Experiment einzulassen. Sie haben sich daraufhin in einer für Sie herausfordernden Situation in die Perspektive eines anderen begeben. Ebenso wie in der Geschichte ‚Die Blinden und der Elefant‘ gibt es nämlich immer mehr als eine Wahrheit. Jeder von uns konstruiert sich seine eigene Wirklichkeit und ist überzeugt davon, dass seine Sicht der Dinge richtig ist. Schließlich hat er sie

ja selbst so erlebt, ertastet, erfühlt. Die große Kunst besteht darin, zu akzeptieren, dass andere an unterschiedlichen Stellen des Elefanten stehen und die Dinge häufig anders als wir erleben. Nun bringt es wenig zu versuchen, den anderen zu überzeugen, dass meine Sicht der Dinge richtiger ist als seine. Viel besser ist es, die Sicht des anderen zu akzeptieren – denn aus seiner Perspektive hat er ja auch recht – und die Vielzahl der Perspektiven zusammenzutragen für eine Gesamtsicht.

Der Perspektivenwechsel sollte Ihnen zeigen, dass wir in schwierigen, komplexen Situationen häufig in einen Tunnelblick geraten. Es fällt uns schwer, die Situation neutral und von allen Seiten zu beleuchten. Hier kann ein Perspektivenwechsel oft sehr hilfreich sein. Fragen Sie sich also in schwierigen Situationen auch einmal, wie wohl ihr Gegenüber die Situation erlebt und beschreiben würde oder was Ihnen ein bester Freund raten würde. Und bevor Sie sich das nächste Mal in eine Diskussion bezüglich des richtigen Standpunktes einlassen, denken Sie einfach kurz an den Elefanten und akzeptieren Sie, dass Sie aktuell scheinbar an unterschiedlichen Stellen stehen."

Worauf achten?

Geben Sie den Teilnehmern ausreichend Zeit, sich eine Situation zu überlegen. Falls den Teilnehmern nichts Aktuelles einfällt, kann es auch eine Situation aus der Vergangenheit sein. Alternativ können sich die Teilnehmer darauf verständigen, nur eine Situation im Zweierteam zu besprechen.

Praxistipp

Die Geschichte „Die Blinden und der Elefant" kommt in jedem Seminar gut an. Ihr großer Vorteil liegt darin, dass sie sich in vielen Seminaren, ob das Thema Persönlichkeit, Kommunikation, Konflikt oder Veränderung ist, einsetzen lässt. Manchmal ist es nicht erforderlich, den Einsatz bewusst zu planen. Ich habe die Geschichte immer parat und häufig ergibt es sich aus der Situation heraus, dass unterschiedliche Sichtweisen der Teilnehmer eine Rolle spielen und heftig diskutiert werden. Dann kann die Geschichte spontan eingesetzt sehr hilfreich sein. Eine Visualisierung oder ein kleiner Stoff-Elefant erhöhen zudem den Erinnerungswert.

Warum fördert diese Methode die Nachhaltigkeit?

Die Methode „Zeit für neue Perspektiven" fördert die Nachhaltigkeit, da sie die Teilnehmer lehrt, dass es keine Wirklichkeit an sich gibt, sondern sich jeder seine eigene Wirklichkeit konstruiert. Diese Erkenntnis hilft dabei, die Meinungen anderer wertzuschätzen und anzuerkennen.

Dadurch lassen sich Konflikte vermeiden und Verhaltensänderungen selbstbewusster herbeiführen.

Hintergrund

Der Perspektivenwechsel ist eine im Coaching häufig verwendete Methode, da sie den Klienten dazu bringt, den in schwierigen Situationen häufig erfolgenden Tunnelblick aufzuheben und die eigene Wahrnehmung zu überprüfen.

Querverweis

Die Geschichte „Die Blinden und der Elefant" finden Sie unter den „Top Ten meiner liebsten nachhaltigen Metaphern und Geschichten" (siehe S. 345).

22. Unter Strom – was sind meine Themen?

„Wer nicht auf seine Weise denkt, denkt überhaupt nicht."

– Oscar Wilde –

Kurzbeschreibung

Die Teilnehmer „spüren" zu Beginn des Seminars mithilfe einer fiktiven Stromleitung auf dem Boden nach, welche der Seminarthemen für sie eine besondere Bedeutung haben und tauschen sich über ihre Assoziationen und Gefühle mit den Kollegen aus.

Ziele

- Die Teilnehmer erkennen, welche Seminarthemen für sie eine besondere Relevanz besitzen.
- Die Teilnehmer werden sich ihrer Assoziationen und Gefühle in Bezug auf bestimmte Themen bewusst.
- Die Teilnehmer diskutieren und besprechen untereinander ihre Erfahrungen mit bestimmten Themen.

Zeit

- 15 bis 30 Minuten

Material

- Moderationskarten, Seil oder Ähnliches zur Symbolisierung der Stromleitung (nicht zwingend erforderlich, auch Moderationskarten können als Stromlinie aufgereiht werden)

Gruppengröße

- nicht mehr Teilnehmer, als sich entlang des „Seils" problemlos links und rechts unter Wahrung der Distanzzone positionieren können

Überblick

- Der Trainer moderiert die Aufgabe an.
- Die Teilnehmer verteilen sich entlang der fiktiven Stromleitung im Raum und spüren jeweils nach, welche Relevanz die angesprochenen Themen für sie haben.
- Die Teilnehmer tauschen sich zu ihren Assoziationen und Erfahrungen aus.
- Im Plenum wird kurz angesprochen, wie die Übung auf die Teilnehmer gewirkt hat.

Vorgehen „Liebe Seminarteilnehmer, sicherlich haben Sie auch schon festgestellt, dass unterschiedliche Themen für Sie je nach Situation eine unterschiedliche Bedeutung haben. Wenn Sie sich aktuell in einer Konfliktsituation befinden, schlägt Ihr Herz beim Thema ‚Konflikt' sicher etwas bewegter als beim Thema ‚Widerstand bei Veränderungen'. Steht bei Ihnen hingegen gerade eine weitreichende Veränderung an, weckt dieses Thema bei Ihnen vermutlich heftige Reaktionen. Welche Bedeutung bestimmte Themen für uns haben, hängt aber nicht immer nur von der aktuellen Situation, sondern auch von unseren Erfahrungen ab. Manchmal ist es uns nicht immer bewusst, welche Themen ‚unsere' Themen sind, hier spielt sich vieles im Unterbewusstsein ab.

Um Sie nun perfekt auf unseren Workshop einzustimmen, würde ich Sie alle gerne ‚unter Strom' setzen, um zu schauen, welche Themen bei Ihnen welche Assoziationen und Gedanken hervorrufen. Wie das funktioniert? Nun, ich lege Ihnen hier auf dem Boden eine Hochspannungsleitung. Bitte passen Sie gut auf, diese nicht direkt zu berühren, es herrscht Stromschlag-Gefahr!"

Nun lege ich das Seil quer durch den Raum. Das Seil funktioniere ich nun mithilfe von Moderationskarten in eine „Stromleitung" mit unterschiedlichen Gefahrenbereichen um. Ein Seilende umwickle ich mit einer grünen Moderationskarte, befestige diese gut und schreibe auf eine weitere grüne Karte „Niedrigspannung" und lege diese daneben. Das andere Ende des Seils wird mit einer roten Karte gekennzeichnet und mit „Hochspannung" beschrieben. In die Mitte des Seils umwickle ich eine gelbe Karte und schreibe auf eine weitere gelbe Karte „Achtung – Übergang in den Gefahrenbereich". Anschließend bitte ich alle Teilnehmer aufzustehen und sich rund um das Seil zu positionieren. Sobald sich alle positioniert haben, betätige ich den Lichtschalter und lasse das Licht im Raum einmal an-/aus- bzw. aus-/angehen. Mit diesem symbolischen Akt wird das Seil „unter Strom" gesetzt.

„Liebe Teilnehmer, bitte passen Sie nun sehr gut auf, unsere Stromleitung ist aktiviert. Kommen Sie ihr auf keinen Fall zu nahe, damit nichts passiert. Wie Sie aber sehen, ist die Gefahr eines gefährlichen Stromschlags nicht an allen Stellen gleich groß. Hier, auf dieser Seite der Stromleitung (ich gehe zum grün gekennzeichneten Seilende) *fließt nur ganz wenig Strom durch die Leitung. Würden Sie die Leitung berühren, würden Sie nur ein ganz leichtes, kaum spürbares Kribbeln fühlen. Die Stromintensität nimmt jedoch zu, je mehr Sie sich in diese Richtung bewegen* (ich laufe entlang des Seils langsam Richtung Mitte und bleibe neben der gelben Karte stehen). *An dieser Stelle ist der Übergang in den Gefahrenbereich, hier spüren Sie einen leichten Stromschlag, der*

Sie zurückzucken lässt. Und je mehr Sie sich jetzt in Richtung des Hochspannungsbereichs bewegen, desto mehr Strom fließt durch die Leitung. Ab hier (ich positioniere mich zwischen gelber und roter Markierung) *besteht Lebensgefahr! Passen Sie also gut auf.*

Meine Bitte ist nun, dass Sie nachspüren, welche unserer Seminarthemen Sie wie stark unter Strom setzen. Ich werde Ihnen nach und nach einige Themen nennen. Woran denken Sie als Erstes, wenn ich Ihnen dieses Thema nenne? Welche Bilder, Gefühle und Assoziationen tauchen bei Ihnen auf? Wie fühlt sich das für Sie an? Sie dürfen ganz subjektiv und spontan reagieren! Spüren Sie anschließend nach, wie stark Sie das Thema unter Strom setzt. Spüren Sie nichts, ein leichtes Kribbeln, ein deutliches Kribbeln oder sogar eine heftige Erregung? Positionieren Sie sich bitte an der entsprechenden Stelle des Seils und spüren Sie nach, ob Sie an dieser Stelle richtig stehen. Laufen Sie ein paar Schritte mehr in Richtung Hoch- oder Niedrigspannung und achten Sie darauf, wie sich das anfühlt. Finden Sie die Stelle, die sich für Sie richtig anfühlt.

Sobald alle ihre Stelle gefunden haben, tauschen Sie sich bitte mit einem Ihrer Nachbarn aus. Erklären Sie, was Sie mit diesem Thema verbinden und warum Sie sich an dieser Stelle positioniert haben. Fragen Sie nach, welche Assoziationen und Erfahrungen er mit diesem Thema verbindet und warum er sich für diese Stromstärke entschieden hat. Falls Sie beide merken, dass Sie sich in der Einschätzung der Stromstärke stark unterscheiden, positionieren Sie sich neu und suchen Sie das Gespräch mit den dort Stehenden."

Nun rufe ich nach und nach die Seminarthemen in den Raum und bitte die Teilnehmer zunächst in sich selbst nachzuspüren, sich dann zu positionieren und sobald sich alle positioniert haben, sich mit dem Nebenstehenden auszutauschen und gegebenenfalls neu zu positionieren. Hilfreiche Formulierungen für das Nachspüren sind beispielsweise:

- Welche Assoziationen ruft das Thema x bei Ihnen hervor?
- Welche Erfahrungen haben Sie mit diesem Thema gesammelt? Denken Sie sowohl an positive, aber auch an negative Erlebnisse.
- Welches Bild taucht als Erstes bei Ihnen auf, wenn Sie an das Thema x denken?
- Wie fühlt sich das Thema für Sie an?
- Welche Gefühle tauchen bei Ihnen auf, wenn Sie an Thema x denken?
- Wie stark setzt Sie das Thema unter Strom?
- Welche Bedeutung hat das Thema für Sie? Warum?

Haben sich alle Teilnehmer ausgetauscht und positioniert, können sie gefragt werden, was sie mit diesem Thema verbinden, welche Bedeutung das Thema für sie hat, warum sie sich an dieser Stelle positioniert haben etc. In der Regel lasse ich die Teilnehmer in der Reihenfolge von Niedrig- bis Hochspannung antworten. Nach einigen Durchläufen kommen alle wieder im Plenum zusammen und tauschen sich aus, wie sie diese Übung erlebt haben.

Varianten

Für „Unter Strom" benötigt man nicht unbedingt ein Seil. Es können beispielsweise auch Bambusstöcke (günstig im Baumarkt erhältlich) oder eine Paketschnur verwendet werden. Ebenso können Moderationskarten hintereinander gereiht die Stromleitung symbolisieren. Unterschiedliche Farben geben dann die verschiedenen Stromstärken an.

Worauf achten?

Ich achte darauf, dass die Teilnehmer ausreichend Zeit haben, in sich hineinzuspüren und innere Bilder hervorzurufen. Das Nachspüren funktioniert besser, wenn die Teilnehmer hierzu die Augen schließen und zunächst vor ihrem inneren Auge Gefühle und Assoziationen hervorrufen, bevor sie sich wieder mit geöffneten Augen an der Stromleitung positionieren. Solange soll es ganz ruhig im Raum sein. Erst wenn alle stehen, gebe ich das Signal für den Austausch untereinander. Ruhe- und Austauschphasen sollten sich deutlich voneinander abgrenzen. Hier kann man auch gut mit einem akustischen Signal (Glocke, Triangel, Pfeifen etc.) arbeiten.

Praxistipp

- Halten Sie auf einem Flipchart fest, worüber sich die Teilnehmer austauschen sollen bzw. können. So kann jeder zwischendurch kurz nachlesen, worauf es ankommt.
- Häufig sind die Teilnehmer erstaunt, dass die Übung tatsächlich „funktioniert", sich also unterschiedliche Themen tatsächlich unterschiedlich „stark unter Strom" anfühlen. Geben Sie den Teilnehmern die Möglichkeit, dies anzusprechen, erklären Sie aber erst im Nachgang etwas dazu. Sobald Sie beginnen, die Methode im Vorfeld rational zu erklären, wird sie in der Regel nicht mehr, zumindest nicht mehr so gut, funktionieren.

Warum fördert diese Methode die Nachhaltigkeit?

Die Methode bringt die Teilnehmer dazu, sich mit dem Seminarthema auf eine andere Art und Weise als sonst üblich auseinanderzusetzen. Die Übung weckt Gefühle und Assoziationen und regt dazu an, sich intensiver auf bestimmte Themen einzulassen.

23. Rucksack auf

„Wir glauben, Erfahrungen zu machen, aber die Erfahrungen machen uns."
– Eugène Ionesco –

Kurzbeschreibung

Die Teilnehmer öffnen ihren Rucksack mit Erfahrungen, die sie in Bezug auf das Seminarthema gemacht haben.

Ziele

- Die Übung bringt die Teilnehmer zum Nachdenken, welche positiven und negativen Erfahrungen sie in Bezug auf das Seminarthema mitbringen.
- Im Austausch sollen die Teilnehmer erkennen, wie vielfältig die Erfahrungen sind und wie subjektiv ihre eigene Erfahrungswelt ist.
- Die Methode erzeugt eine vertrauensvolle Gruppenatmosphäre.

Zeit

- 20 bis 45 Minuten (abhängig von der Art der Durchführung)

Material

- nicht unbedingt notwendig, ggf. Flipchart zur Visualisierung des Arbeitsauftrages

Gruppengröße

- unbegrenzt bei Eigenreflexion; soll jeder Teilnehmer von seinen Erfahrungen berichten, ist eine Gruppengröße bis maximal 15 empfehlenswert

Überblick

- Der Trainer erläutert den Ablauf der Übung.
- Die Teilnehmer haben drei Minuten Zeit, sich zu überlegen, welche prägenden Erfahrungen sie in Bezug auf das Seminarthema gesammelt haben.
- *Variante 1*: Jeder Teilnehmer erzählt in ein bis zwei Minuten im Plenum von seinen Erfahrungen.
- *Variante 2*: Die Teilnehmer gehen in einen Zweier- oder Dreieraustausch und erzählen sich gegenseitig von ihren Erfahrungen. Der Trainer lässt anschließend im Plenum zwei oder drei Freiwillige exemplarisch von ihren Erfahrungen berichten.

Vorgehen

„Liebe Seminarteilnehmer, unabhängig von Ihren unterschiedlichen Seminarvorerfahrungen ist es heute garantiert nicht das erste Mal, dass Sie mit diesem Thema zu tun haben. Alle von Ihnen haben schon persönliche Erfahrungen gesammelt, das ein oder andere gelesen oder gehört, ausprobiert, mitbekommen, intensiv selbst erfahren, erfolgreich gemeistert, gnadenlos gescheitert – wie immer Ihre Erfahrungen aussehen, ich würde Sie bitten, dass Sie Ihren Rucksack mit Ihren gesammelten Erfahrungen zu unserem Thema öffnen und auspacken! Lassen Sie bitte zunächst Revue passieren, was sich mittlerweile in Ihrem Rucksack zum Thema x angesammelt hat und auch, wie das dorthin gelangt ist. Vielleicht erinnern Sie sich noch an Ihren allerersten Kontakt, vielleicht auch an eine sehr prägende Erfahrung – nehmen Sie sich einfach zur Einstimmung in unser Seminar drei Minuten Zeit, in Ruhe zu überlegen, welche Erfahrungen Sie gesammelt haben und erzählen Sie uns anschließend kurz in ein bis zwei Minuten, was Ihnen in besonderer Erinnerung geblieben ist."

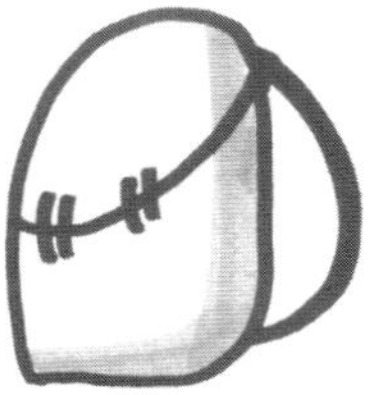

Worauf achten?

Als Trainer sollten Sie in der Anmoderation darauf achten, ob Sie generell nach allen Erfahrungen, den prägendsten Erfahrungen oder dem schönsten/schlimmsten Erlebnis fragen. Hier bietet sich eine große Auswahl an. Vorsicht ist nur beim „schlimmsten Erlebnis" geboten: Wenn, dann sollte der Erzähler darüber auch im Nachhinein lachen können, ansonsten erzeugt man zu Beginn des Seminars eine sehr negative und somit auch lernkontraproduktive Stimmung.

Praxistipp

- Geben Sie vor Beginn der Erzählrunde nochmals die Zeit von ein bis maximal zwei Minuten vor und achten Sie darauf, dass sich die Erzähldauer nicht nach und nach ausdehnt. Bei persönlichen Erlebnissen kann es sonst passieren, dass die Zeit weit überschritten wird und die Übung zu lange dauert.
- Tipp: Nutzen Sie eine große Sanduhr, die die Teilnehmer jeweils selbst umdrehen können. Somit müssen Sie nicht ständig als „Zeitermahner" einschreiten und die Teilnehmer haben das Gefühl, die Souveränität über die Zeit in ihren Händen zu halten.

Warum fördert diese Methode die Nachhaltigkeit?

Die Methode „Rucksack auf" fördert die Nachhaltigkeit, da sie die Teilnehmer dazu bringt, sich ihre Vorerfahrungen zu dem Thema zu verdeutlichen, sich diese in Erinnerung zu rufen und zu artikulieren. Somit erfolgt eine erste gedankliche und persönliche Auseinandersetzung mit dem Thema. Die Erlebnisse der anderen regen ebenfalls zum Nachdenken an und fördern eine vertraute Gruppenatmosphäre.

24. Das Bild, das am treffendsten beschreibt

„Wir lernten sehr schnell, dass unkomplizierte Bilder, die das Gefühl ansprachen, das richtige Rezept waren, um zu kommunizieren."

– Anita Roddick –

Kurzbeschreibung

Jeder Teilnehmer sucht aus einer Fülle von Bildern dasjenige heraus, das ihn in Bezug auf das Seminarthema persönlich am meisten anspricht.

Ziele

- Die Teilnehmer sollen sich Erfahrungen und Erlebnisse zu einem Thema bewusst machen.
- Erfahrungen lassen sich nicht immer einfach in Worten vermitteln; die Bilder können oft leichter Gefühle und Ereignisse symbolisieren.
- Die entstehende Bilderwand weckt bei jedem Teilnehmer unterschiedliche Eindrücke, die häufig intensiv zum Nachdenken anregen.
- Persönliche Erfahrungen, individuelle Einstellungen, Meinungen und Ansichten erhalten durch die Bilder ein Ausdrucksmedium, das in die Tiefe geht.

Zeit

- 30 bis 40 Minuten (5 Minuten Einführung, 5 Minuten Zeit für Auswahl, 2 Minuten für jeden Teilnehmer zur Vorstellung)

Material

- Pinnwand „Das Bild, das am treffendsten beschreibt", beidseitiges Klebeband zum Befestigen der Bilder an der Pinnwand bzw. Kreppband, Bilder

Gruppengröße

- 12 bis 15, bei größeren Gruppen die Teilnehmer zu zweit oder zu dritt gemeinsam ein Bild auswählen lassen

Überblick

- Der Trainer legt eine Auswahl von Bildern oder Fotos im Raum aus.

- Die Teilnehmer begutachten alle Bilder und suchen dasjenige heraus, das für sie am treffendsten beschreibt bzw. das sie in Bezug auf das Thema persönlich am meisten anspricht.
- Im Plenum stellen die Teilnehmer reihum ihre ausgesuchten Bilder vor, kleben ihr Bild jeweils an die Pinnwand und erläutern kurz, warum sie sich für dieses Bild entschieden haben.
- Der Trainer notiert unter dem jeweiligen Bild an der Pinnwand die Schlagworte, die die Teilnehmer als Begründung für die Auswahl genannt haben.

Vorgehen

Die Methode lässt sich folgendermaßen anmoderieren:
„Liebe Teilnehmer, wie Sie bereits gesehen haben, habe ich für Sie einen bunten Strauß an Bildern mit unterschiedlichen Motiven mitgebracht. Ich bitte Sie, dass Sie sich die Bilder in Ruhe betrachten, stehen Sie auf, laufen Sie herum und lassen Sie Ihren Blick schweifen. Suchen Sie sich dann bitte das Bild heraus, das Ihrer Meinung nach am treffendsten beschreibt, wie sich für Sie der Wandel vom Kollegen zum Vorgesetzten anfühlt, also das Bild, das für Sie ganz persönlich das widerspiegelt, was Sie dabei empfinden und wie Sie diesen Rollenwechsel wahrnehmen. Sobald Sie Ihr Bild gefunden haben, nehmen Sie es bitte heraus und überlegen Sie kurz, warum Sie dieses Bild gewählt haben. Sobald jeder sein Bild gefunden hat, kleben wir die Bilder reihum an die Pinnwand. Jeder sollte dabei kurz begründen, warum er genau dieses Bild ausgesucht hat."

Die Teilnehmer erhalten anschließend rund fünf Minuten Zeit, sich ihre Bilder auszusuchen. Hin und wieder kann es vorkommen, dass sich zwei Teilnehmer für dasselbe Bild entscheiden. Dann sollen sie sich einigen, wer dieses Bild nimmt und wer sich ein weiteres heraussucht. Bei der Vorstellung frage ich aber auch denjenigen, der das Nachsehen hatte, warum er sich als Erstes auch für dieses Bild entschieden hat – und schreibe dessen Begründung ebenso stichwortartig unter das entsprechende Bild.

Abb.: Pinnwand Treffendes Bild

Der Trainer sollte bei der Notierung der Auswahlsbegründung der Teilnehmer darauf achten, möglichst wortwörtlich die Schlagworte zu notieren bzw. nachzuhaken: *„Darf ich das so bzw. wie darf ich das festhalten?"*

Worauf achten?

Die Methode gewinnt, wenn der Trainer die Schlagworte, die die Teilnehmer nennen, unter die jeweiligen Bilder schreibt. So stehen am Schluss die Bilder nicht nur für sich, sondern ergeben in Kombinationen mit den Schlagworten ein sehr buntes, kontrastreiches Gesamtbild zum jeweiligen Thema, das ohne weitere Erläuterungen für sich spricht.

Praxistipp

Nutzen Sie zum Befestigen der Bilder keine Nadeln, sondern am besten Kreppband, das auf der Rückseite der Bilder zum Einsatz kommt.

Falls die Teilnehmer einen sehr persönlichen Bezug zum Thema haben, wird im Anschluss an diese Übung häufig gefragt, ob sie „ihr" Bild behalten dürfen. Für bestimmte Veranstaltungen bringe ich deshalb immer die Bildersammlung doppelt mit, sodass jeder sein Wunschbild als Erinnerungsanker mit nach Hause nehmen kann.

Warum fördert diese Methode die Nachhaltigkeit?

„Das Bild, das am treffendsten beschreibt" fördert die Nachhaltigkeit, weil die Teilnehmer mithilfe der Bilder Gefühle und Ereignisse besser als mit Worten ausdrücken und verdeutlichen können. Bilder sind hervorragend geeignet, Erfahrungen und Emotionen zu transportieren. Jeder Teilnehmer interpretiert jedes Bild aus seiner persönlichen Perspektive. Dadurch werden unterbewusste Denkprozesse angeregt, die zu einer intensiven Auseinandersetzung mit dem Thema und somit auch einem lang anhaltenden Effekt führen: Die Bilder prägen sich ein!

Hintergrund

- Ein Bild sagt mehr als tausend Worte. Dies macht sich auch diese Methode zu eigen. Pinnwände mit von den Teilnehmern herausgesuchten Bildern prägen häufig das gesamte Seminar und bringen die Teilnehmer weitaus mehr zum Nachdenken, als dies ein gesprochener Input könnte.
- Mittlerweile finden sich verschiedene Bildersammlungen für Trainer und Dozenten auf dem Markt. Welche davon gefallen, ist sehr subjektiv. Ich selbst arbeite am liebsten mit den Bildersammlungen des Deutschen Katechetenvereins e.V. (www.katecheten-verein.de – dort unter „Shop" – „Bilder und Medien" – „Fotos"). Insbesondere die Bilderserie „Gefühle zeigen" hat eine hervorragende Vielfalt an ansprechenden Motiven, die für jedes Seminarthema eingesetzt werden können.

25. Meine größte Herausforderung

„Zu fragen bin ich da, nicht zu antworten."
– Henrik Ibsen –

Kurzbeschreibung

Die Teilnehmer stellen ihre persönlichen Praxisfragen und -herausforderungen, die sie in Bezug auf das Seminarthema haben.

Ziele

- Das Seminar beantwortet den Teilnehmern ihre individuellen Praxisfragen.
- Der Trainer erhält zu Beginn des Seminars einen Orientierungsrahmen an die Hand, welche Themen den Teilnehmern besonders am Herzen liegen.
- Die Teilnehmer erkennen, dass sie tatsächlich Mitgestalter des Seminars sind.

Zeit

- 30 bis 40 Minuten für die Fragensammlung
- die Zeit für die Fragenbeantwortung ist abhängig von der Art der Vorgehensweise, siehe Querverweise

Material

- Moderationskarten, Pinnwand „Unsere individuellen Fragen und Herausforderungen"

Gruppengröße

- unbegrenzt; ab 12 Teilnehmern empfiehlt es sich aber, dass die Teilnehmer zu zweit oder zu dritt ihre Praxisfragen einbringen, um die Anzahl der Praxisfragen nicht zu umfangreich werden zu lassen – wobei dies abhängig davon ist, wie viel Zeit der Trainer im Seminar für die Beantwortung bereitstellen möchte

Überblick

- Der Trainer moderiert die Praxisfragensammlung an.
- Jeder Teilnehmer überlegt für sich, welche individuellen Fragen ihm in Bezug auf das Seminarthema am Herzen liegen.
- Jeder schreibt seine individuellen Fragen jeweils stichwortartig auf eine Moderationskarte.

- Im Plenum werden die einzelnen Fragen reihum vorgestellt und an die Pinnwand geheftet.

Vorgehen

„Liebe Teilnehmer, natürlich könnte ich Ihnen in den folgenden Stunden und Tagen jede Menge zu unserem Seminarthema erzählen und vorstellen. Einiges davon interessiert sie vielleicht, anderes garantiert nicht. Mir ist es jedoch wichtig, dass ich Ihnen Antworten auf die Fragen gebe, die Ihnen tatsächlich auf dem Herzen liegen. Häufig beantworten nämlich Trainer in Workshops Fragen, die die Teilnehmer gar nicht haben. Bei uns soll das andersherum sein, das heißt, Sie bringen als Erstes Ihre ganz individuellen Praxisfragen in unser Seminar ein – und ich verspreche Ihnen, dass wir im Laufe des Seminars für alle Fragen Antworten bzw. Tipps finden werden.

Nehmen Sie sich deshalb ruhig zehn Minuten Zeit und überlegen Sie, welches Ihre konkreten Fragen und Herausforderungen in Bezug auf unser Seminarthema sind. Halten Sie bitte Ihre jeweilige Frage oder Herausforderung stichwortartig auf einer Moderationskarte fest. Nehmen Sie bitte je Frage eine neue Karte. Sobald alle ihre Fragen festgehalten haben, stellen wir diese reihum im Plenum vor. Achten Sie bitte darauf, Ihre Fragen bzw. Herausforderungen so konkret wie möglich zu erläutern, damit wir uns genau vorstellen können, worauf Ihre Frage abzielt."

Um den Teilnehmern Druck zu nehmen, auf der Stelle eine Frage parat zu haben, erläutere ich im Anschluss, dass keiner die Verpflichtung hat, unbedingt eine Frage einzureichen. Nur diejenigen, die tatsächlich ein Thema auf dem Herzen haben, haben die Gelegenheit, nicht den Zwang, dieses auch einzubringen. Zudem ist der Hinweis hilfreich, dass die Sammlung der Fragen mit dieser Übung nicht abgeschlossen ist. Wer möchte, kann seine Frage auch noch später, beispielsweise am nächsten Morgen, nachreichen. Hierzu frage ich in der Morgenrunde immer noch mal gezielt nach, ob dem ein oder anderen über die Nacht noch ein Thema eingefallen ist, das er gerne einbringen möchte.

Vorstellung der Karten

Für die Moderationskarten selbst reichen Schlagworte, bei der Vorstellung der Karten sollte sich der Trainer aber Notizen zu den Erläuterungen der Teilnehmer machen, sodass er im Anschluss noch weiß, wer welche Karte eingebracht hat und welches spezifische Anliegen sich dahinter verbirgt. Wichtig ist auch, sich vorab zu überlegen, ob jeder bereits detailliert seine Frage erläutert oder erst mal nur einen groben Überblick gibt. Ersteres bietet sich nur an, wenn die Fragen im Anschluss auch direkt beantwortet werden. Ansonsten ist es sinnvoll, mit einer „Redebegrenzung" zu arbeiten, zum Beispiel jedem für die kurze Erläuterung seiner Frage maximal eine Minute zu Verfügung zu stellen. Es reicht ein erster Eindruck, um später entscheiden zu können, auf welche Art die Fragen am besten weiterbearbeitet werden. Die detailliertere Erläuterung ist erst dann sinnvoll, wenn danach direkt Antworten oder Tipps für die jeweiligen Fragen und Herausforderungen gesammelt werden.

Abb.: Pinnwand
Fragen und Herausforderungen

Anschließende Sortierung der Fragen

Die Teilnehmer können ihre Karten zunächst unsortiert an die Pinnwand heften. In einer ruhigen Minute bzw. nach Seminarschluss clustere ich die Karten in der Regel in vier Kategorien:

1. Wird während des Seminars automatisch angesprochen
2. Beantworte ich selbst kurz und knapp
3. Ist geeignet für einen Ideenwettbewerb (vgl. Methode 44 – nachhaltige Methoden während des Trainings)
4. Ist geeignet für eine Praxisvernissage (vgl. Methode 45 – nachhaltige Methoden während des Trainings)

Anschließend überschlage ich grob die Zeit, die ich für die jeweilige Beantwortungsart benötige und plane die entsprechenden Zeiten und Methoden für das weitere Seminar ein.

Worauf achten?

- Die Fragen sollten immer konkret formuliert werden, Oberbegriffe reichen für die Erläuterungen nicht aus. Je spezifischer und konkreter die Situationen beschrieben werden, desto besser können passende Antworten gefunden werden.
- Die Teilnehmer sollten darauf aufmerksam gemacht werden, gut zuzuhören, sodass jeder im Anschluss noch grob weiß, welche Fragestellung sich hinter den einzelnen Karten verbirgt, da die Karten teilweise gemeinsam beantwortet werden.

Praxistipp

- Bei mir gibt es mittlerweile kein Seminar mehr ohne Sammlung der individuellen Fragen und Herausforderungen! Meiner Meinung nach bringt diese Methode mit den größten Nutzen im Hinblick auf einen langfristigen Lerngewinn der Teilnehmer für die Praxis.
- Bei Bedarf (z.B. größerer Teilnehmerzahl) lässt sich die Anzahl der einzureichenden Fragen begrenzen. Die Erfahrung zeigt jedoch, dass die Teilnehmer selten mehr als zwei, maximal drei Themen einbringen, die sie ernsthaft beschäftigen. Insofern verzichte in in der Regel immer auf eine Begrenzung, da es mir wichtiger ist, dass alle Teilnehmer auch tatsächlich alle Fragen einbringen können, die ihnen auf dem Herzen liegen.

Warum fördert diese Methode die Nachhaltigkeit?

Die Methode „Meine größte Herausforderung" fördert die Nachhaltigkeit, da sie sicherstellt, dass im Seminar diejenigen Themen behandelt werden, die den Teilnehmern auf dem Herzen liegen. Mit dieser Methode hat jeder Teilnehmer die Möglichkeit, seine ganz individuelle Fragestellung aus der Praxis einzubringen und hierzu Antworten und Tipps zu erhalten.

Querverweise

Wie lassen sich die gesammelten Fragen während des Seminars beantworten? Beispielsweise mithilfe des „Ideenwettbewerbs" oder der „Praxisvernissage" (vgl. Methoden 44 und 45).

Nachhaltige Methoden im Seminarverlauf – b) während des Trainings

Ziel

Nachhaltige Impulse setzen, die langfristig Wirkung erzeugen.

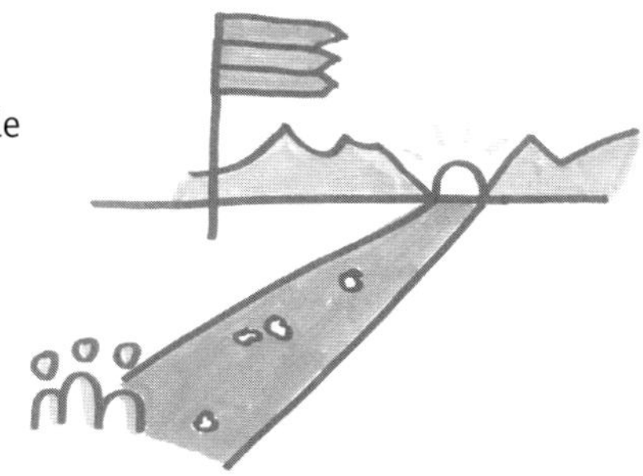

Übersicht

Mein Tipp

Achten Sie auf die Bedürfnisse der Teilnehmer und bleiben Sie spontan. Methoden sind nur Mittel zum Zweck; verfallen Sie nicht in die „Immer-neu-immer-noch-aufregender-Dynamik". Häufig sind es die einfachen Interventionen die die Teilnehmer erreichen und langfristig etwas bewirken!

26. Bogenschießen

„Sobald der Geist auf ein Ziel gerichtet ist, kommt ihm vieles entgegen."
– Johann Wolfgang von Goethe –

Kurzbeschreibung

Jeder Teilnehmer setzt sich ein persönliches Ziel und hält dieses Lernziel fest im Fokus.

Ziele

- Die Teilnehmer setzen sich ein Lernziel.
- Die Teilnehmer lernen, ihr Ziel schrittweise zu verfolgen.
- Lernfortschritte werden transparent gemacht.

Zeit

- immer wieder kurze fünf- bis zehnminütige Sequenzen parallel zum Seminar

Material

- Vorlage zum Festhalten des Lernziels und des „Flugverlaufs"

Gruppengröße

- unbegrenzt

Überblick

- Jeder Teilnehmer setzt sich ein persönliches und/oder fachliches Ziel, das er mit dem Workshop erreichen möchte.
- Das Ziel wird schriftlich festgehalten.
- Die Teilnehmer schätzen ein, wo sie aktuell in Bezug auf den Grad der Zielerreichung stehen.
- Die Teilnehmer planen einen nächsten Schritt, der sie einen Schritt weiter auf dem Weg zur Zielerreichung bringen soll.
- Regelmäßig wird reflektiert, der Verlauf des Lernprozesses festgehalten und weitere Schritte des Zielweges geplant.

Vorgehen

„Liebe Seminarteilnehmer, ich denke, am meisten Nutzen ziehen Sie aus unserem Seminar, wenn Sie sich ein persönliches Ziel setzen, das Sie mit der Weiterbildung erreichen möchten. Dies kann sowohl ein persönliches Ziel als auch ein fachliches Ziel sein. Nehmen Sie sich bitte in Ruhe die Zeit, sich zu überlegen, was Sie in diesem Seminar erreichen

möchten und halten Sie Ihr Ziel konkret und positiv formuliert erst mal in Gedanken fest.“ (Nähere Hinweise, worauf die Teilnehmer bei der Zielformulierung achten sollen, finden sich in Methode 14, „Wunschziel erreicht“.)

Anschließend teile ich den Teilnehmern eine Vorlage aus, auf der sie ihr Ziel und den Weg dorthin festhalten können. Hierfür ist der „Nachhaltigkeits-Bestseller“ (Methode 27) ideal geeignet. Dann fahre ich fort:

„Liebe Teilnehmer, sehen Sie das Anvisieren Ihres Ziels wie einen gelungenen Bogenschuss. Fixieren Sie zunächst fest Ihr Ziel, halten Sie dieses immer im Fokus, konzentrieren Sie sich auf den angedachten Bogenverlauf und dann kontrollieren Sie schrittweise, wie Ihr Bogen ins Schwarze trifft. Beim Bogenschießen kann man nur erfolgreich sein, wenn man sich konzentriert und sich fest auf sein Ziel fokussiert. Und genau das sollen Sie während unseres Seminars auch machen, um ins Schwarze zu treffen. Schreiben Sie hierzu bitte zunächst Ihr anvisiertes Ziel auf die Scheibe, dann zeichnen Sie bitte den Flugverlauf Ihres Bogens von jetzt (Abschuss) bis zum Ziel (ins Schwarze treffen) auf. Markieren Sie bitte deutlich, wo sich Ihr Bogen aktuell befindet, was Sie denken, wie viel Meter Sie auf Ihrem Zielweg schon zurückgelegt haben. Schreiben Sie die Prozentzahl daneben, also beispielsweise 30%, wenn Sie vermuten, dass Sie sich Ihrem Ziel schon aus einer guten Distanz heran annähern. 0% wenn Sie glauben, dass Sie Ihren Zielweg von Anfang an neu gehen müssen. Markieren Sie die erste Überprüfung Ihres Flugweges bitte mit der Zahl 1 und schreiben Sie sich unter der Flugkurve bei ‚Überprüfung 1‘ bitte auf, was Sie denken, welcher nächste Schritt Sie Ihrem Ziel näher bringen könnte, also Ihren Bogen ins Schwarze befördert.“

Nachdem die Aufzeichnung und Dokumentation des Ziels erfolgt ist, soll jeder Teilnehmer im Plenum kurz vorstellen, welches Ziel er anvisiert hat und was er denkt, wo er aktuell auf seinem Zielweg steht. Im weiteren Verlauf des Seminars erfolgt regelmäßig eine Überprüfung und Dokumentation der „Flugkurve“.

Varianten

- Sie können die Teilnehmer ihr Ziel und den Verlauf des Bogens auch auf Flipcharts festhalten lassen. Die individuellen Flipcharts werden aufgehängt, sodass die Teilnehmer ihren Lernprozess immer vor Augen haben und diesen am Flipchart dokumentieren.
- Anstatt der Bogenschieß-Metapher können die Teilnehmer das Lernziel ebenso in Form eines Zielweges festhalten, auf dem die

einzelnen zurückgelegten Distanzen und Meilensteine, unter Umständen auch die bewältigten Hürden, dokumentiert werden.

- Die Teilnehmer können je nach Seminarinhalt sowohl ein fachliches als auch ein persönliches Ziel festlegen. Damit es übersichtlicher wird, sollen die Teilnehmer zwei unterschiedliche Farben nehmen, um die Flugverläufe zu dokumentieren bzw. zwei Flugkurven aufzeichnen.
- Für die regelmäßige Überprüfung und gegenseitige Unterstützung bietet es sich an, die Übung mit dem „guten Freund" (Methode 28) zu kombinieren, sodass die Teilnehmer zwischendurch auch immer wieder mit ihrem Lernpartner besprechen, wo sie aktuell auf ihrem Zielweg stehen und welche Maßnahme sie einen Schritt voranbringen könnte.

Worauf achten?

Achten Sie darauf, dass die Teilnehmer ihr Ziel positiv und konkret formulieren.

Praxistipp

Die Übung lebt von der Transparenz und Übersichtlichkeit der Darstellung. Stellen Sie deshalb den Teilnehmern eine geeignete Vorlage zur Verfügung, in der neben dem Ziel die zurückgelegten Distanzen und Entwicklungsschritte klar und eindeutig festgehalten werden können. Die fortlaufende Dokumentation des Lernprozesses und das sich langsame Annähern an das Lernziel motiviert ungemein.

Warum fördert diese Methode die Nachhaltigkeit?

Die Methode „Bogenschießen" fördert die Nachhaltigkeit, da sich die Teilnehmer ein individuelles Lernziel setzen und dieses während des Seminars fest im Fokus halten. Lernfortschritte werden transparent gemacht, sodass die Teilnehmer direkte Rückmeldung auf ihr Verhalten bekommen. Zudem lernen die Teilnehmer, sich Schritt für Schritt ihrem Lernziel anzunähern.

Querverweise

Die Übung „Bogenschießen" lässt sich gut mit „Wunschziel erreicht" oder „Blick in die Zukunft" (Methoden 14 und 15) kombinieren. Ebenso bietet es sich an, das „Bogenschießen" im Nachhaltigkeits-Bestseller (Methode 27) zu dokumentieren. Für die Zeit nach dem Training ist die Methode 64 „Mein persönliches Umsetzungsprojekt" die ideale Ergänzung.

27. Nachhaltigkeits-Bestseller

„Mache Dir selbst zuerst klar, was Du sein möchtest; und dann tue, was Du zu tun hast.“
– Epiktet –

Kurzbeschreibung

Die Teilnehmer halten in einem Transferbuch parallel zum Seminar ihre „Bestseller“, sprich die wichtigsten Erkenntnisse, fest und dokumentieren Lernprozess und Umsetzung.

Ziele

- Die Teilnehmer lernen, sich selbst zu reflektieren.
- Lernerfolge und -fortschritte werden schriftlich gesammelt festgehalten.
- Das Transferbuch dient als Unterstützung und Dokumentation des Lernprozesses auch über das Seminar hinaus.

Zeit

- parallel zum Seminar

Material

- geeignetes leeres Buch oder Heft

Gruppengröße

- unbegrenzt

Überblick

- Der Trainer erläutert den Sinn und die Handhabung des „Nachhaltigkeits-Bestsellers“.
- Die Bücher werden an die Teilnehmer verteilt.
- Zu Beginn und während des Seminars werden die Teilnehmer in Reflexionsrunden immer wieder angeleitet, das Buch zu nutzen, um ihre persönlichen Erkenntnisse zu protokollieren. Nach dem Seminar dient das Lernbuch zur Dokumentation des Umsetzungsvorhabens.

Vorgehen

Der Nachhaltigkeits-Bestseller ist ein wichtiges Instrument für Nachhaltigkeit. In ihm können alle Lernprozesse, -inhalte und Reflexionen festgehalten werden. Jeder Teilnehmer schreibt sich sozusagen seinen eigenen „Lern-Bestseller“. Die schriftliche Fixierung und fortlaufende

Dokumentation der persönlichen Erkenntnisse und der weiteren geplanten Schritte sind wichtig für den Lernerfolg. Ansonsten werden viele Lernprozesse nur in Gedanken vollzogen und in Reflexionsrunden kurz thematisiert, jedoch nicht schriftlich festgehalten, sodass die Ergebnisse schnell wieder vergessen sind. Ein hierfür vorgesehenes Lern- und Transferbuch macht jedem Teilnehmer seine individuellen Lernfortschritte transparent, fixiert diese und bringt damit eine andere Wertigkeit in die Weiterbildung.

Als Vorlage für den „Nachhaltigkeits-Bestseller" eignen sich leere Bücher, Hefte, Mappen, gebundene oder geheftete Blattsammlungen etc. Je wertiger die Vorlage, desto häufiger nutzen die Teilnehmer ihr Lernbuch auch nach der Weiterbildung.

Wie kann der Nachhaltigkeits-Bestseller im Workshop zum Einsatz kommen? Die Teilnehmer können darin ...

- zu Beginn Ziel und Pläne festhalten,
- Themen notieren, mit denen sie persönlich unzufrieden sind und die sie ändern möchten,
- Workshop-Inhalte mitschreiben,
- Übungen und Theorie-Inputs für sich reflektieren („Was war meine wichtigste Erkenntnis? Welchen Nutzen kann ich daraus ziehen? Was habe ich über mich gelernt? Was möchte ich umsetzen?"),
- in Morgen- bzw. Abendrunden den Workshop-Tag regelmäßig für sich rekapitulieren,
- den Austausch mit dem Lernpartner dokumentieren,
- zum Abschluss des Seminars ein Fazit ziehen,
- das Umsetzungsvorhaben und den Weg dorthin planen
- usw.

Varianten

Der Nachhaltigkeits-Bestseller kann auch zu einem reinen „Transfer-Buch" umgestaltet werden. Dann wird er erst zu Ende des Workshops in das Seminar integriert. Die Teilnehmer halten abschließend ihre wichtigsten Erkenntnisse und ihre Umsetzungsvorhaben darin fest. Die Fortschritte in der Umsetzung können im Anschluss fortlaufend dokumentiert werden, bis das persönliche Weiterbildungsziel erreicht ist.

Worauf achten?

- Falls Sie den Bestseller nicht ausschließlich als Transfer-Buch nutzen, dann achten Sie darauf, den Nachhaltigkeits-Bestseller so früh wie möglich in die Weiterbildung zu integrieren. Den Teilnehmern sollte bewusst sein, dass sie das Buch auch nach der Weiterbildung

nutzen sollen und sich entsprechend Mühe beim „Befüllen" des Buches geben.
- Animieren Sie die Teilnehmer regelmäßig, Reflexionen und Lernergebnisse festzuhalten. Planen Sie hierfür entsprechend Zeit ein, sodass der Nachhaltigkeits-Bestseller fester Bestandteil des Workshops wird.
- Nicht jeder Teilnehmer schreibt gerne und viel. Die Teilnehmer sind jedoch in der Gestaltung ihres Bestsellers frei. Manche arbeiten auch mit Skizzen, Bildern oder Modellen. Lassen Sie Ihre Teilnehmer kreativ werden und sich ihren persönlichen Bestseller erstellen. Der Nachhaltigkeits-Bestseller soll Spaß machen und nicht als reine Pflichtmaßnahme verstanden werden.

Praxistipp

Es gibt mittlerweile im Internet einige Anbieter, die individuelle Bücher/Hefte nach eigenen Wünschen drucken. Falls Sie häufiger mit dem Nachhaltigkeits-Bestseller arbeiten, lohnt sich eine solch personalisierte Vorlage. In dieser können Sie auch Lerninhalte oder Bilder integrieren sowie Blätter mit Reflexions- oder sonstigen Überschriften versehen.

Warum fördert diese Methode die Nachhaltigkeit?

Der „Nachhaltigkeits-Bestseller" fördert die Nachhaltigkeit, da alle Lernerkenntnisse und -fortschritte der Teilnehmer in einem persönlichen Buch dokumentiert werden. Die Teilnehmer können so schrittweise an persönlichen Veränderungsvorhaben arbeiten und haben ihr Ziel schriftlich vor Augen. Das Buch dient als „Sammelwerk" für Lernerkenntnisse und motiviert die Teilnehmer, sich selbst regelmäßig zu reflektieren und Änderungen in die Tat umzusetzen.

Hintergrund

Das schriftliche Festhalten von Lernzielen und Reflexionen ist wichtig, da das Aufschreiben die Verbindlichkeit erhöht, etwas tatsächlich umzusetzen, als wenn dies nur „im Kopf" einmal durchgedacht wurde. Gedanken sind schnell wieder vergessen, erst das Aufschreiben sorgt für Verankerung.

Querverweise

Nahezu alle Methoden lassen sich mit dem Nachhaltigkeits-Bestseller verbinden. So können Quintessenz und Lernerkenntnis einer jeden Methode im Bestseller festgehalten werden. Gerade für die Planung von Umsetzungsvorhaben ist der Bestseller ideal.

28. Mein guter Freund

„Kein Weg ist lang mit einem Freund an der Seite."

– Japanisches Sprichwort –

Kurzbeschreibung

Jeder Teilnehmer sucht sich einen Lernpartner für den gemeinsamen Lernprozess, für einen intensiven und offenen Austausch sowie für Unterstützung für die Umsetzung der gelernten Inhalte nach dem Seminar.

Ziele

- Die Teilnehmer unterstützen sich gegenseitig.
- Jeder Teilnehmer kann auf eine Vertrauensperson im Seminar zurückgreifen.
- Die Teilnehmer erhalten Unterstützung von ihrem Lernpartner für die Umsetzung der Inhalte nach dem Workshop.

Zeit

- 10 Minuten

Material

- nicht notwendig

Gruppengröße

- unbegrenzt

Überblick

- Der Trainer moderiert die Aufgabe an.
- Jeder Teilnehmer sucht sich einen Lern-Tandempartner.
- Während des Seminars erfolgen Übungen, Feedback-Gespräche und Reflexionen mit dem Lernpartner.
- Nach dem Workshop unterstützen sich die Lernpartner gegenseitig bei der Umsetzung der gelernten Inhalte nach dem Seminar.

Vorgehen

Den „guten Freund" moderiere ich gerne mit etwas Humor an, etwa wie folgt: *„Liebe Seminarteilnehmer, sicherlich haben Sie auch schon die Erfahrung gemacht, dass eine Weiterbildung ganz schön viel Arbeit ist. Man wird mit jeder Menge Theorie berieselt, sitzt stundenlang auf* *unbequemen Stühlen, muss sich mit einer Meute von Teilnehmerkollegen herumschlagen und zu guter Letzt nervt der Trainer gewaltig, weil er ständig irgendetwas von einem möchte. Wahrlich keine leichte Aufgabe! Um Ihnen die Arbeit ein wenig zu erleichtern und Ihnen Unterstützung für Ihren persönlichen Lernweg an die Hand zu geben, dürfen und sollen Sie sich unter Ihren Kollegen einen ‚guten Freund' heraussuchen, der vieles mit Ihnen gemeinsam bestreiten wird. Der ‚gute Freund' ist Ihr persönlicher Lernpartner, Sie bilden ein Lernteam und haben die Aufgabe, sich gegenseitig so weit wie möglich dabei zu unterstützen, dass Ihnen beiden die Weiterbildung langfristig etwas bringt. Das beginnt gleich nachdem Sie zusammengefunden haben. Sprechen Sie miteinander, tauschen Sie sich über Ihre Erfahrungen aus, geben Sie sich gegenseitig offenes Feedback, sprechen Sie Veränderungen an, klären Sie gemeinsam Herausforderungen und Probleme – und unterstützen Sie sich auch in der Zeit nach unserem Workshop, um Ihre persönlichen Lernziele tatsächlich zu erreichen. Und fast hätte ich es vergessen: Sie sollen auch eine gute Zeit miteinander haben, viel lachen und sich gegenseitig inspirieren."*

Damit die Teilnehmer nicht das Gefühl haben „Oh Gott, ich muss jetzt auf der Stelle jemanden finden, wen nehme ich denn da nur?", kündige ich den „guten Freund" in der Regel wie oben an und lasse ihnen einen halben Tag Zeit, um sich ohne Stress zusammenzufinden. Auch Dreiergruppen dürfen sich bilden (bzw. ist das manchmal aufgrund einer ungeraden Teilnehmeranzahl erforderlich).

Der „gute Freund" kann im weiteren Verlauf des Seminars immer wieder eingesetzt werden. Einerseits können Sie auf die Eigendynamik der Methode setzen. Hier reicht es oft aus, den guten Freund immer mal wieder anzusprechen und an die gegenseitige Unterstützung und die offenen Worte zu erinnern. Duos, die gut zusammenpassen und sich sympathisch sind, arbeiten dann von sich aus eng zusammen und gehen immer wieder in den Austausch. Andererseits sollten Sie den „guten Freund" auch immer wieder fest ins Seminar zu integrieren, etwa um sich nach Eigenreflexionen mit dem Lernpartner über die Erfahrungen auszutauschen, um sich gegenseitig bei der Formulierung von Lernzielen oder Einträgen in den Nachhaltigkeits-Bestseller (Methode 27) zu helfen oder um Umsetzungshindernisse gemeinsam zu besprechen etc. Der „gute Freund" ist eine Methode, die auf sehr vielfältige Art und Weise eingesetzt werden kann. Falls Sie mit ihr arbeiten, nutzen Sie ihre Vorteile unbedingt auch für den erfolgreichen Transfer: Das Lernteam wird dann gemeinsam in die Verantwortung genommen, sich bei der Umsetzung der Inhalte zu unterstützen.

Worauf achten?

Geben Sie den Teilnehmern Zeit, sich etwas besser kennenzulernen, bevor Sie den „guten Freund" ankündigen und die Auswahl der Tandempartner erfolgt. Je stimmiger die Lernpartner zusammenpassen, je besser sie sich verstehen und vertrauen, desto erfolgreicher der Lernprozess.

Praxistipp

Ein konstruktiver offener Austausch der Lernpartner kann manchmal weit mehr bewirken als ein guter Theorie-Input. Geben Sie deshalb während des Workshops immer wieder Gelegenheit, sich im Zweierteam auszutauschen.

Warum fördert diese Methode die Nachhaltigkeit?

Die Methode „Ein guter Freund" fördert die Nachhaltigkeit, da die Teilnehmer für ihren Lernprozess neben dem Trainer eine zusätzliche Vertrauensperson gewinnen. Zudem kann der Tandempartner als Unterstützer in der Zeit nach dem Workshop aktiv werden und bei der Umsetzung der gelernten Inhalte und der Überwindung des einen oder anderen Stolpersteins behilflich sein.

Hintergrund

Der gegenseitige Austausch der Lernpartner untereinander führt automatisch zu einer Wissenssicherung und Wissenserweiterung. Die Teilnehmer versuchen, Erlebtes und Gehörtes in eigene Worte zu fassen, geben diese in eigenen Formulierungen wieder und erhalten hierzu Rückmeldung von ihrem Gesprächspartner. Dieser Austausch fördert den Erinnerungswert und führt zu einer aktiven und kritischen Auseinandersetzung mit den Inhalten.

Querverweis

Der „gute Freund" lässt sich mit nahezu jeder Methode kombinieren.

29. Reflexionsschleifen – für Verinnerlichung sorgen

„Selbstentwicklung ist verbunden mit der Erkenntnis des eigenen Wertes."
– Moshe Feldenkrais –

Kurzbeschreibung

Die Teilnehmer reflektieren regelmäßig ihr Verhalten und setzen Veränderungen um.

Ziele

- Die Teilnehmer setzen sich Ziele und machen sich einen Plan zur Verwirklichung.
- Die Teilnehmer lernen, sich selbst regelmäßig zu hinterfragen.
- Die Teilnehmer werden in die Lage versetzt, sich persönlich und kontinuierlich weiterzuentwickeln.

Zeit

- kleinere Reflexionsschleifen: 5 bis 10 Minuten, größere Reflexionsschleifen 15 bis 30 Minuten

Material

- nicht erforderlich; die Reflexionsschleifen lassen sich aber sehr gut mit dem „Nachhaltigkeits-Bestseller" (Methode 27) verbinden. Die Qualität der Reflexionsschleifen steigt, wenn Lernerkenntnisse schriftlich festgehalten werden.

Gruppengröße

- unbegrenzt

Überblick

- Die Teilnehmer lernen, sich selbst zu hinterfragen.
- Der Trainer moderiert während des Seminars mehrfach Reflexionsübungen an.
- Die Teilnehmer reflektieren ihr Verhalten.
- Die Erkenntnisse werden (idealerweise) schriftlich festgehalten.

Vorgehen

Die Reflexionsschleifen sind weniger eine einzelne Methode als vielmehr ein kontinuierliches didaktisches Vorgehen zur Erzielung eines nachhaltigen Lerneffektes. Die Teilnehmer sollen ihre eigenen Lernprozesse bewusst wahrnehmen und lernen, persönliche Lern- und Veränderungsprozesse kontinuierlich und selbstständig anzustoßen und umzusetzen. Das Seminar bietet den Platz zum Kennenlernen und Ausprobieren, um die Reflexionsschleifen nach dem Seminar für den Transfer selbstständig umsetzen zu können. Und zwar erfolgt Lernen und persönliche Veränderung in Zyklen.

1. Die Teilnehmer üben, experimentieren, sammeln Erfahrungen.
2. Die Teilnehmer beobachten sich selbst auf einer Metaebene und reflektieren, wie und warum sie sich so und nicht anders mit welchen Auswirkungen verhalten haben.
3. Die Teilnehmer überlegen sich, wie sie ihr Verhalten optimieren können und planen einen nächsten Umsetzungsschritt. Die Überlegungen hierzu werden idealerweise schriftlich festgehalten.
4. Die Verhaltensänderung wird wiederum ausprobiert, die Teilnehmer reflektieren sich erneut selbst und ziehen eine Schlussfolgerung, was sie gelernt haben und wie sie ihr Verhalten noch weiter optimieren usw.

Die Reflexionsschleifen erfüllen im Training eine wichtige Funktion: Dort können die Teilnehmer in Übungen mit anschließenden Reflexionen trainieren, ihr eigenes Verhalten kritisch wahrzunehmen. Erst wenn sie solche Reflexionsschleifen verinnerlicht haben, ist die Wahrscheinlichkeit groß, auch im Arbeitsalltag Veränderungen konsequent umzusetzen. Die Teilnehmer agieren nämlich nicht im luftleeren Raum. Geplante Veränderungen haben auch Auswirkungen auf das umgebende System, das wiederum auf die Veränderungen nicht immer gewünscht reagiert. In diesem Fall ist es hilfreich, wenn die Teilnehmer ihr eigenes Verhalten bewusst beobachten und sich selbst sozusagen rückmelden, wie erfolgreich ihr Verhalten in diesem Fall war und was sie beim nächsten Mal noch besser oder anders machen können, um den gewünschten Effekt zu erzielen. Die Teilnehmer sollen im Workshop lernen, neue Verhaltensweisen tatsächlich auszuprobieren und die Erfahrungen damit bewusst wahrzunehmen. Die Teilnehmer bewegen sich kontinuierlich in einer Lernschleife, die vom Planen einer Verhaltensänderung über Ausprobieren und Umsetzen derselben bis hin zur Reflexion des Verhaltens und erneutem Planen weiterer Schritte verläuft.

Worauf achten?

Sorgen Sie bei den Reflexionen für Abwechslung. Diese werden häufig in Einzelarbeit erfolgen, da die Teilnehmer lernen sollen, ihr Verhalten zu reflektieren. Um sich selbst aber kritisch wahrnehmen zu können, ist das Feedback von außen durch den Lernpartner und die Gruppe gerade am Anfang enorm wichtig. Auch die schriftliche Fixierung hilft, Fortschritte festzuhalten.

Praxistipp

- Erläutern Sie Ihren Teilnehmern, warum die Reflexionen so wichtig für einen nachhaltigen Lerneffekt sind. Machen Sie die Lernschleife unbedingt transparent, damit die Teilnehmer erkennen, dass ohne die einzelnen Schritte kein selbstständiges Lernen erfolgen kann.
- „Verwirren" Sie zwischendurch Ihre Teilnehmer mit vermeintlich abstrusen Reflexionsfragen, wie z.B.:
  - *Wenn wir den Papierkorb fragen würden, wie hätte er Ihr Verhalten wahrgenommen?*
  - *Wenn Ihnen Ihr ärgster Feind unter Folterandrohung ein Lob zu Ihrem Verhalten in dieser Situation machen müsste, was würde er loben?*
  - *Was müssten Sie tun, um Ihr gewünschtes Verhalten zu torpedieren?*

Die Teilnehmer sollen die wiederkehrenden Reflexionen nicht als lästige Pflicht empfinden, sondern erkennen, wie wichtig diese sind – und dass das Lernen und das Ausprobieren neuer Verhaltensweisen auch Spaß machen darf.

Warum fördert diese Methode die Nachhaltigkeit?

Die „Reflexionsschleifen" sind weniger eine Methode als eine konkrete Umsetzung nachhaltiger Schulungen. Die Teilnehmer werden in die Lage versetzt, sich und ihr Verhalten zu hinterfragen und so kontinuierlich dazuzulernen und sich weiterzuentwickeln. Erst die Reflexionsschleifen sorgen dafür, dass die Teilnehmer selbstständig erkennen, was sie gelernt haben und wie sie dieses Wissen für sich nutzen können. Reflexionsschleifen sichern einen kontinuierlichen Lern- und Veränderungsprozess bei den Teilnehmern.

Hintergrund

Reflexion meint in diesem Falle, nach Ausprobieren eines Verhaltens bzw. einer Lernerfahrung bewusst einen Schritt zurückzutreten und sich zu überlegen, was die wichtigsten Erkenntnisse für sich und das weitere Handeln sind.

Querverweise

- Die Reflexionsschleifen lassen sich sehr gut mit der Methode 26 „Bogenschießen" verbinden. Die Teilnehmer können sich dann in mehreren Reflexionsschleifen ihrem persönlichen Ziel annähern.
- In der nachfolgenden Methode finden Sie einige Beispiele für gute Reflexionsfragen.

30. Die besten Reflexionsfragen

„Die Qualität der Fragen, die wir uns stellen, bestimmt die Qualität unseres Lebens."
– Anthony Robbins –

Kurzbeschreibung

Enthält eine Auswahl guter Reflexionsfragen.

Ziele

- Trainer können auf eine Sammlung guter Reflexionsfragen zurückgreifen.
- Reflexionsrunden lassen sich jederzeit spontan durchführen.
- Die Qualität der Reflexionen erhöht sich über die Qualität der Fragen.

Zeit

- variabel

Material

- nicht notwendig

Gruppengröße

- unbegrenzt

Überblick

- Der Trainer gibt den Teilnehmern im Seminar immer wieder die Gelegenheit, die Übungen und sich selbst zu reflektieren.
- Falls mit dem Nachhaltigkeits-Bestseller (Methode 27) gearbeitet wird, bietet es sich an, dass die Teilnehmer ihre Reflexionen schriftlich fixieren.

Vorgehen

Eine Auswahl guter Reflexionsfragen

- Was hat Sie heute/gerade besonders beeindruckt?
- Welches Ereignis oder Erlebnis fällt Ihnen spontan ein, wenn Sie den heutigen Tag/die eben erlebte Übung Revue passieren lassen? Warum?
- Was lief bei Ihnen richtig gut?
- Womit waren Sie noch nicht zufrieden?
- Wenn Sie die Situation noch einmal erleben könnten: Was würden Sie anders machen? Wie würden Sie sich anstelle dessen verhalten?

- Was haben Sie heute/gerade über sich erfahren?
- Was ist Ihnen heute/soeben besonders über sich selbst klar geworden bzw. in Erinnerung gerufen worden?
- Welches Fazit ziehen Sie für sich?
- Was haben Sie (kennen-)gelernt, was Ihnen in Ihrem Berufsalltag von Nutzen sein kann?
- Was nehmen Sie sich konkret vor?

Praxistipp

Es kommt nicht darauf an, möglichst viele gute Reflexionsfragen zu stellen, sondern zu erkennen, welche Fragen die Teilnehmer in der aktuellen Situation einen Schritt weiterbringen. Das kann manchmal eine entscheidende Frage sein, die ein „Aha-Erlebnis" auslöst. Entwickeln Sie deshalb ein Gespür, wo ihre Teilnehmer stehen und was sie aktuell brauchen könnten (bzw. fragen Sie sie einfach :)).

Warum fördert diese Methode die Nachhaltigkeit?

Die Sammlung guter Reflexionsfragen erhöht die Nachhaltigkeit, da der Trainer die Qualität der Reflexionen steigern kann. Je besser die Fragen zur Reflexion ausgewählt sind, desto mehr lernen die Teilnehmer. Eine gute Reflexionsfrage kann wichtiger als manche Übung sein, da die Teilnehmer erst mithilfe der Reflexion erkennen, was sie gelernt haben.

Hintergrund/ Literaturtipp

- Friebe, Jörg: Reflexion im Training. managerSeminare, 2. Aufl. 2012.

Querverweis

Lässt sich sehr gut mit dem Nachhaltigkeits-Bestseller (Methode 27) kombinieren.

31. Mir geht ein Licht auf

„Erfahrungen vererben sich nicht. Jeder muss sie alleine machen."
– Kurt Tucholsky –

Kurzbeschreibung

Die Teilnehmer bilden eigene Kernsätze mit den für sie persönlich wichtigsten Erkenntnissen. Das „Licht-Aufgehen" kann symbolisch mit dem Anzünden eines Streichholzes oder einer Wunderkerze verbunden werden.

Ziele

- Die Teilnehmer fassen ihre Lernerfahrungen in eigene Worte.
- Die persönlich formulierten Kernsätze dienen als Erinnerungsanker.
- Streichholz oder Wunderkerze verstärken den Lerneffekt.

Zeit

- 30 bis 45 Minuten

Material

- Streichhölzer und Wunderkerzen, es geht aber auch ohne

Gruppengröße

- unbegrenzt

Überblick

- Der Trainer erläutert die Übung.
- Jeder Teilnehmer versucht, seine wichtigsten Erkenntnisse in drei einprägsamen, individuellen Kernsätzen zu formulieren.
- Der Trainer bzw. der Lernpartner leisten dabei Hilfestellung.
- Im Plenum wiederholt jeder Teilnehmer seine Kernsätze und zündet symbolisch dazu ein Streichholz oder eine Wunderkerze an.
- Der Trainer lässt im Anschluss an die Übung die individuellen Kernsätze häufiger von den Teilnehmern wiederholen, sodass sich die Kernsätze in das Gedächtnis der Teilnehmer „einbrennen".
- Zusätzlich kann jeder Teilnehmer, sobald ihm zwischendurch ein Licht aufgegangen ist, während des Workshops spontan zu Streichholz oder Wunderkerze greifen und seine Erkenntnis den anderen kundtun.

Vorgehen *„Liebe Seminarteilnehmer, sicherlich raucht Ihnen schon der Kopf von all dem, was Sie hier gehört, gelernt und ausprobiert haben. Da ist es an der Zeit, ein wenig Licht ins Dunkel zu bringen. Ich möchte, dass Sie den Workshop noch mal für sich Revue passieren lassen und sich die drei für Sie persönlich wichtigsten Erkenntnisse heraussuchen. Was hat Sie nachhaltig beeindruckt? Was haben Sie gelernt und möchten Sie nicht vergessen? Was möchten Sie umsetzen? Versuchen Sie, Ihre individuellen Erkenntnisse in drei einprägsamen Kernsätzen zu formulieren. Achten Sie darauf, dass die Sätze eher kurz und einfach gehalten werden. Einleiten sollen Sie Ihre drei Kernbotschaften mit dem Satz ‚Mir geht ein Licht auf ...'. Überlegen Sie zunächst, wie Ihre Kernbotschaften lauten und diskutieren Sie anschließend mit Ihrem Lernpartner, ob Sie diese bereits optimal formuliert haben oder sich die ein oder andere Formulierung noch einprägsamer gestalten lässt. Ziel unserer Übung ist es, dass Sie für sich die drei wichtigsten Erkenntnisse in drei prägnante Kernbotschaften verpacken. Diese werden wir so oft wie möglich wiederholen, sodass sich diese fest in Ihre Gedanken einbrennen und Sie diese auch im Alltag spontan in der ein oder anderen passenden Situation abrufen können."*

Die Teilnehmer erhalten ca. zwanzig Minuten Zeit, sich ihre Kernsätze zu überlegen und mit ihrem Lernpartner zu diskutieren. Sobald alle wieder im Plenum versammelt sind, erhält jeder Teilnehmer ein Streichholz oder eine Wunderkerze. Reihum werden die Lichter angezündet und jeder Teilnehmer nennt laut seine drei Kernbotschaften *„Mir geht ein Licht auf, weil ich erstens ..., zweitens und drittens ..."*. Auch im weiteren Verlauf des Seminars werden die Teilnehmer immer wieder aufgefordert, ihre Kernbotschaften zu wiederholen, sodass sich diese gut einprägen.

Im Anschluss an die „Mir geht ein Licht auf"-Runde kann der Trainer fortfahren:

„Liebe Teilnehmer, ich hoffe, dass Ihnen über Ihre drei Kernsätze hinaus auch noch das ein oder andere Licht spontan aufgeht. Sobald dies der Fall ist und Sie diesen besonderen Moment für alle festhalten wollen, greifen Sie einfach stante pede zu den Wunderkerzen, die ich hier vorne für Sie bereitgelegt habe. Zünden Sie Ihre Kerze an und erläutern Sie uns, warum Ihnen gerade ein Licht aufgegangen ist. Wir anderen sind gespannt zu hören, welchen magischen Moment Sie mit uns teilen möchten. Und damit uns solche magischen Momente nicht verloren gehen, seien Sie spontan – unterbrechen Sie die Übung, den Input oder was auch immer und erleuchten Sie uns alle. Gute Ideen müssen spontan heraus!"

Varianten

Die Methode kann auch ausschließlich dazu genutzt werden, dass jeder Teilnehmer spontan zu Wunderkerze oder Streichholz greift, wenn ihm während des Workshops eine wichtige Erkenntnis kommt. Die anderen halten in ihrem Tun inne und der „Erleuchtete" tut seine Erkenntnis den anderen kund. Hierzu die Methode gleich zu Beginn des Seminars vorstellen.

Worauf achten?

- Die Kernbotschaften prägen sich leichter an, wenn sie knackig und einprägsam formuliert sind. Es sollen kurze Sätze mit einfachen Worten sein. Unterstützen Sie Ihre Teilnehmer bzw. lassen Sie die Teilnehmer ihre persönlichen Kernbotschaften mit ihren Lernpartner optimieren.
- Zünden Sie auch als Trainer selbst immer dann ein Streichholz oder eine Wunderkerze an, wenn Sie das Gefühl haben, einen „Wow-Moment" der Teilnehmer mitzuerleben.

Praxistipp

Wenn es der Raum ermöglicht, so nutzen Sie die Kombination von Aufzählung und Anzünden eines Lichtes. Die persönlichen Kernbotschaften verankern sich intensiver. Als schönes Abschlussritual kann der Raum verdunkelt werden, alle Teilnehmer stehen mit Wunderkerzen im Kreis, reihum zündet jeder seine Wunderkerze an und spricht laut seine drei persönlichen Kernbotschaften.

Warum fördert diese Methode die Nachhaltigkeit?

Die Methode „Mir geht ein Licht auf" fördert die Nachhaltigkeit, da die Teilnehmer ihr erworbenes Wissen in eigenen Worten zusammenfassen. Die Formulierung individueller Kernsätze dient dazu, dass sich jeder Teilnehmer seine wichtigsten Erkenntnisse komprimiert merken kann. Die persönlichen und prägnanten Kernsätze werden durch mehrmalige Wiederholung fest im Gedächtnis der Teilnehmer abgespeichert und können so in einzelnen Situationen im Alltag automatisch abgerufen werden.

Querverweis

Die Methode lässt sich gut mit „1-2-3 – keine Hexerei" (Methode 39) sowie dem „Nachhaltigkeits-Bestseller" (Methode 27) kombinieren.

32. Wow – Lauschen erlaubt!

*„Wessen wir am meisten im Leben bedürfen ist jemand,
der uns dazu bringt, das zu tun, wozu wir fähig sind."*
– Ralph Waldo Emerson –

Kurzbeschreibung

Der Trainer achtet während und auch abseits des offiziellen Workshop-Geschehens auf „Wow-Aussagen" der Teilnehmer und hält die wertvollen Gedanken und Ideen spontan fest.

Ziele

- Wertvolle Erkenntnisse und Ideen werden aufgedeckt und festgehalten.
- Den Teilnehmern wird widergespiegelt, wann sie am Kern der Dinge sind.
- Der Trainer macht wichtige Themen und Einstellungen der Teilnehmer für alle transparent.

Zeit

- offen

Material

- Flipchart oder Pinnwand zum Festhalten und Sammeln der „Wow-Momente"

Gruppengröße

- unbegrenzt

Überblick

- Der Trainer achtet auf „Wow-Aussagen" der Teilnehmer.
- Die Aussagen und Ideen werden vom Trainer spontan notiert.
- Der Trainer spiegelt die „Wow-Momente" sofort oder gesammelt zu einem/mehreren Zeitpunkten im Workshop den Teilnehmern wider.
- Die „Wow-Momente" werden gemeinsam im Plenum besprochen.

Vorgehen

Häufig äußern die Teilnehmer während des Seminars wertvolle Gedanken und gute Ideen. Aussagen, bei denen sie am Kern der Dinge sind. Häufig gehen solche Wow-Momente aber im Geschehen unter, da sie meist abseits des aktuellen Hauptthemas erfolgen. Als Trainer denkt man sich noch „Wow, das war eine gute Einschätzung" und konzentriert sich dann aber wieder auf die Fortführung der Reflexionsrunde oder des Inputs. Ab jetzt ist allerdings „Lauschen erlaubt", denn die „Wow-Momente" sind es wert, festgehalten zu werden. Achten Sie deshalb in Zukunft darauf, immer einen Stift und einen Zettel griffbereit zu haben und wertvolle Gedanken und Erkenntnisse mitzunotieren und den Teilnehmern widerzuspiegeln. Dies können Aussagen sein, die Prozesse und Erkenntnisse innerhalb der Gruppe treffend beschreiben, dies können ebenso Bemerkungen sein, die das Verhalten Einzelner auf den Punkt bringen oder es können Aussagen sein, die verdeutlichen, wie eine Gruppe (Team, Bereich, Unternehmen) „tickt". Seien Sie aufmerksam und fangen Sie die Besonderheiten des Augenblicks ein.

Varianten

Auch die Teilnehmer können aufgefordert werden, genau zuzuhören und ihre persönlichen Wow-Momente festzuhalten. Hierfür kann der Trainer ein Flipchart in eine Ecke des Raums stellen, wo jeder Teilnehmer seine „Wow-Momente" wann immer er möchte notieren kann. In der Abendrunde kann sich der Trainer mit den Teilnehmern um das Flipchart gruppieren und der Schreiber erläutert kurz, was er notiert hat und warum dies ein persönlicher Wow-Moment für ihn war.

Worauf achten?

Es gibt Situationen, in denen Lauschen erlaubt ist und es gibt Situationen, in denen die Privatsphäre beachtet werden sollte. Überraschen Sie Ihre Teilnehmer nicht mit Aussagen, die im Vertrauen erfolgt sind und heimlich „abgehört" wurden. Hier ist Fingerspitzengefühl gefragt. Faustregel: Ein Wow-Moment kann dann festgehalten werden, wenn der Teilnehmer sich von der Offenlegung nicht auf den Schlips getreten fühlt.

Praxistipp

Viele Wow-Momente sind es wert, entdeckt und festgehalten zu werden. Um dennoch die Vertraulichkeit zu wahren, geben Sie die Wow-Aussage ohne dessen Verfasser weiter. Wenn es nicht wichtig ist zu wissen, wer die Aussage getätigt hat, reicht die anonymisierte Spiegelung.

Warum fördert diese Methode die Nachhaltigkeit?

Die Methode „Wow – Lauschen erlaubt!" fördert die Nachhaltigkeit, da sie wichtige Erkenntnisse, Einstellungen und Themen der Teilnehmer erfasst, die häufig abseits des eigentlichen Seminargeschehens deutlich werden. Den Teilnehmern werden diese „Wow-Momente" bewusst gemacht, sodass sie spontan erfolgende oder unbewusste Erkenntnisse, Einstellungen, Glaubenssätze und unternehmenskulturspezifische Haltungen erkennen können.

Querverweise

Die Methode lässt sich gut mit der nachfolgenden Methode 33 „Anleitung zum Glücklichreichsein" verbinden. Gerade in unbewussten Momenten fallen häufig Aussagen, die auf persönliche Antreiber und Glaubenssätze hinweisen. Für die Teilnehmer kann es sehr hilfreich sein, darauf aufmerksam gemacht zu werden.

33. Anleitung zum Glücklichreichsein

„Das Glück Deines Lebens hängt von der Beschaffenheit Deiner Gedanken ab."
– Marc Aurel –

Kurzbeschreibung

Die Teilnehmer erkennen und hinterfragen ihre inneren Glaubenssätze.

Ziele

- Unbewusste Glaubenssätze werden aufgedeckt.
- Die Teilnehmer erkennen, wie innere Einstellungen ihr Verhalten und Denken beeinflussen.
- Die Teilnehmer lernen, wie sie ihre persönlichen Antreiber steuern können.

Zeit

- 90 bis 120 Minuten

Material

- Flipchart „persönliche Antreiber"

Gruppengröße

- unbegrenzt

Überblick

- Der Trainer erläutert den Teilnehmern Bedeutung und Inhalt von Glaubenssätzen und persönlichen Antreibern.
- Die Teilnehmer reflektieren in Einzelarbeit ihre persönlichen Glaubenssätze.
- Die Teilnehmer besprechen mit ihrem Lernpartner ihre Erkenntnisse.
- Der Trainer erklärt, wie sich destruktive Glaubenssätze umwandeln lassen.
- Die Teilnehmer versuchen im Zweierteam mit ihrem Lernpartner neue Glaubenssätze für sich zu finden.
- Im Plenum werden reihum die neu formulierten Glaubenssätze vorgestellt.

Vorgehen

„Liebe Seminarteilnehmer, vielleicht fragen Sie sich auch manchmal, warum Sie sich in bestimmten Situationen immer wieder gleich verhalten oder Sie wundern sich vielleicht, warum Kollegen und Bekannte manchmal wie ferngesteuert erscheinen, weil sie beispielsweise alles ganz perfekt machen wollen. Unser Verhalten wird häufig von inneren Antreibern geprägt, ohne dass wir uns deren bewusst sind. Innere Antreiber sind Glaubenssätze, die wir von unseren Eltern und unseren engsten Bezugspersonen gelernt und verinnerlicht haben. Als kleine Kinder sind wir auf die Fürsorge und Liebe unserer Eltern angewiesen und spüren sehr genau, welches Verhalten eher förderlich für Liebeszuwendungen ist und welches Verhalten von unseren Eltern eher weniger geschätzt wird. Aus den Anforderungen und den Erwartungen unserer Umgebung generieren wir unsere persönlichen inneren Antreiber, die unser Verhalten, unser Denken und unser Fühlen stark prägen – ohne dass uns dies bewusst ist. Manche dieser Antreiber stehen uns dann im Hier und Jetzt im Wege oder passen nicht zu der jeweiligen Situation. Deshalb ist es wichtig, sich seiner inneren Antreiber bewusst zu werden. Der amerikanische Transaktionsanalytiker Taibi Kahler hat fünf Antreiber definiert, die als typisch für die Selbststeuerung von Menschen gelten:

- *Der ‚Sei stark!'-Antreiber*
- *Der ‚Sei perfekt!'-Antreiber*
- *Der ‚Mach es allen recht!'-Antreiber*
- *Der ‚Beeil dich!'-Antreiber*
- *Der ‚Streng dich an!'-Antreiber*

Abb.: Flipchart Antreiber

Diese Antreiber haben durchaus ihr Gutes; sie sichern uns Anerkennung, Erfolg und Zuwendung. Nur wenn wir sie unreflektiert und unbeachtet lassen, kann es sein, dass sie unser Verhalten kontraproduktiv beeinflussen. Ich erläutere Ihnen die fünf Antreiber – vielleicht finden Sie sich ja in dem ein oder anderen Verhalten wieder."

Nun erläutere ich die verschiedenen Antreiber und nenne Beispiele für das jeweilige Verhalten. Die Teilnehmer sollen anschließend für sich selbst überlegen, ob sie sich in dem einen oder anderen Antreiber wiedererkennen. Dabei kann es hilfreich sein, den Teilnehmern typische Aussagen an die Hand zu geben, an denen sie ihre Antreiber identifizieren können.

Die Teilnehmer sollen sich dann mit ihrem Lernpartner über ihre Erkenntnisse und Vermutungen zu ihren inneren Antreibern austauschen. Im Anschluss kann jeder in einer Blitzlichtrunde seinen Hauptantreiber kurz vorstellen.

In der nun folgenden Runde sollen die Teilnehmer ausprobieren, wie sich manch destruktiver Glaubenssatz umwandeln lässt. Der Trainer fährt fort:

„Ich werde Ihnen nun einige Sätze vorstellen, die Sie Ihren inneren Antreibern entgegensetzen können. Solche Sätze nennt man ‚Erlauber'. Für den ‚Sei-stark!'-Antreiber können solche Erlauber sein:

- *Ich darf offen sein.*
- *Ich darf vertrauen.*
- *Ich darf anderen meine Wünsche mitteilen.*
- *Ich darf mir Hilfe holen und sie annehmen.*
- *Gefühle zu zeigen ist erlaubt und ein Zeichen von Stärke.*

Für den ‚Sei-perfekt!'-Antreiber sind Sätze geeignet, wie:

- *Ich darf Fehler machen und aus ihnen lernen.*
- *Manchmal sind 90 Prozent vollkommen ausreichend.*
- *Ich bin gut genug, so wie ich bin.*
- *Ich gebe mein Bestes, und das ist genug.*
- *So, wie ich bin, bin ich liebenswert.*

Für den ‚Mach-es-allen-recht!'-Antreiber sind erlaubende Sätze zum Beispiel:

- *Ich darf meine Bedürfnisse und Standpunkte ernst nehmen.*
- *Ich darf mich zumuten.*
- *Ich bin okay, auch wenn jemand unzufrieden mit mir ist. Davon geht die Welt nicht unter.*

- *Ich darf es auch mir selbst recht machen.*
- *Ich nehme Rücksicht auf mich und auf die anderen.*

Für den ‚Beeil-Dich!'-Antreiber Sätze wie:

- *Meine Zeit gehört mir.*
- *Ich darf mir die Zeit nehme, die ich brauche.*
- *Ich darf Pausen machen.*
- *Manches darf auch länger dauern.*
- *Ich darf meinen Rhythmus und meine Tagesform berücksichtigen.*

Und für den ‚Streng-Dich-an!'-Antreiber:

- *Meine Kraft gehört mir.*
- *Ich darf mir helfen lassen.*
- *Ich darf, was ich tue, gelassen, lustvoll und locker tun und vollenden.*
- *Auch was leicht geht und Freude macht, ist wertvoll.*
- *Ich darf mich über Erreichtes freuen und ausruhen.*

Bitte gehen Sie nun mit Ihrem Lernpartner zusammen und überlegen Sie sich, welche neue Glaubenssätze für Sie geeignet sind."

Im Plenum werden im Anschluss reihum die neu formulierten Glaubenssätze vorgestellt.

Varianten

Die Lernpartner können sich vorab auch gegenseitig einschätzen und Vermutungen äußern, welche Antreiber bei ihrem Kollegen wirken.

Worauf achten?

Lassen Sie die Teilnehmer sowohl ihre Glaubenssätze als auch die Erlauber schriftlich festhalten, sodass sie diese auch nach dem Seminar vor Augen haben.

Praxistipp

Die „Anleitung zum Glücklichreichsein" ist eine Methode, die lange bei den Teilnehmern nachwirkt, da sie unter die Oberfläche geht und den Teilnehmern wichtige Erkenntnisse zu ihrem Verhalten und Denken gibt. Bei erwünschten persönlichen Verhaltensänderungen unbedingt ausprobieren!

Warum fördert diese Methode die Nachhaltigkeit?

Die Methode „Anleitung zum Glücklichreichsein" fördert die Nachhaltigkeit, da die Teilnehmer sich mit ihren in der Regel unbewussten Glaubenssätzen auseinandersetzen und so erkennen können, warum sie sich häufig auf eine bestimmte Art und Weise verhalten. Diese Kenntnis hilft ihnen dabei, persönliche Veränderungen anzugehen und umzusetzen.

Hintergrund/ Literaturtipps

Das Konzept der inneren Antreiber stammt aus der Transaktionsanalyse. Die Antreiber sind ein Modell für innere Steuerungsmuster, die unser Denken, Fühlen und Verhalten stark beeinflussen, die uns aber häufig nicht bewusst sind. Unsere inneren Antreiber entstehen im Kindesalter und spiegeln im Prinzip die Stimme äußerer Autoritäten wider, vor allem der Eltern, aber auch prägender Lebensumstände. Unbewusst verinnerlichen wir deren Ansprüche und Erwartungen. Nähere Informationen hierzu finden sich in:

- Dehner, Ulrich/Dehner, Renate: Transaktionsanalyse im Coaching. Coachings professionalisieren mit Konzepten, Modellen und Techniken aus der Transaktionsanalyse. managerSeminare, 2013.
- Kälin, Karl/Müri, Peter: Sich und andere führen. Ott-Verlag, 2005.

34. Vom Kopf zum Bauch

*„Der Verstand kann uns sagen, was wir unterlassen sollen.
Aber das Herz kann uns sagen, was wir tun müssen."*

– Joseph Joubert –

Kurzbeschreibung

Die Teilnehmer lernen, in Entscheidungssituationen neben rationalen Argumenten auch ihrer Intuition zu vertrauen.

Ziele

- Die Teilnehmer erhalten Unterstützung in einer Entscheidungssituation.
- Die Teilnehmer nehmen ihr Bauchgefühl wieder bewusst wahr.
- Die Teilnehmer erfahren, wie sie bei Entscheidungen neben rationalen auch intuitive Elemente berücksichtigen.

Zeit

- 40 Minuten

Material

- Moderationskarten

Gruppengröße

- unbegrenzt

Überblick

- Der Trainer moderiert die Aufgabenstellung an.
- Die Teilnehmer gehen zu zweit zusammen.
- Person A schildert ihre Entscheidungssituation und die dazugehörigen Möglichkeiten.
- Person B notiert die Möglichkeiten auf Moderationskarten.
- Die Moderationskarten werden auf dem Boden ausgelegt.
- Der Entscheider soll nun „erfühlen", wie sich die verschiedenen Möglichkeiten für ihn anfühlen.
- In einer folgenden Runde können die Teilnehmer ihre Rollen wechseln.
- In einer Abschlussrunde kann jeder seine Erfahrungen mit der Methode schildern.

Vorgehen

„Liebe Seminarteilnehmer, für Ihre herausfordernde Entscheidungssituation möchte ich Ihnen nun eine Methode vorstellen, die nicht nur Ihren Kopf, sondern auch Ihr Bauchgefühl berücksichtigt. Diese Methode heißt ‚Vom Kopf zum Bauch'. Häufig ist es nämlich so, dass unser Verstand in wichtigen Situationen hervorragend funktioniert und wir lange Pro- und Contra-Listen aufstellen, was für die eine oder für die andere Variante spricht. Gerade analytisch-rationale Menschen nutzen eine solche Herangehensweise in Entscheidungssituationen. Und dann kann es dennoch passieren, dass sie sich mit ihrer Entscheidung unsicher sind. Das kann daran liegen, dass sie es verlernt haben, sich auf ihre Intuition zu verlassen und auch ihrem Bauchgefühl, nicht nur ihrem Verstand zu vertrauen. Mein Vorschlag ist, dass Sie sich einfach mal auf das folgende Experiment einlassen und schauen, was passiert und ob Ihnen Ihr Bauchgefühl etwas rückmeldet.

Bitte gehen Sie zu zweit, am besten mit Ihrem Lernpartner, zusammen. Schildern Sie Ihrem Kollegen die Entscheidungssituation, in der Sie sich befinden. Überlegen Sie dann gemeinsam, welche Möglichkeiten offen stehen, was überhaupt Ihre Optionen sind. Denken Sie dabei bitte auch an Optionen, die Ihnen vielleicht noch gar nicht bewusst geworden sind, wie z.B. ‚Gar nichts tun. Alles beim Alten lassen'.

Notieren Sie alle Entscheidungsmöglichkeiten stichwortartig auf Moderationskarten. Die Moderationskarten legen Sie anschließend auf dem Boden aus. Sie können diese danach anordnen, wie tief greifend die Auswirkungen für Sie bei der jeweiligen Option sind. So würde die Option ‚Alles beim Alten lassen' ganz nah bei Ihnen liegen und die Option, die die weitreichendsten oder vielleicht auch unvorhersehbarsten Konsequenzen hat, weit weg von Ihnen. Letztlich sind Sie aber frei, wie Sie die Optionen anordnen. Achten Sie nur auf ausreichend Zwischenraum. Dann gehen Sie mit Ihrem Lernpartner von Option zu Option. Schildern Sie ihm jeweils noch mal kurz, was sich hinter der jeweiligen Option verbirgt – und dann schauen Sie, wie sie sich für Sie anfühlt. Achten Sie darauf, bei welcher der Karten Sie lieber stehen und welche Ihnen eher Unbehagen verursacht. Können Sie Ihrem Lernpartner Ihre Assoziationen und Gefühle bei den verschiedenen Optionen beschreiben? Eher positiv, eher negativ? Vielleicht finden Sie auch Farboptionen, die widerspiegeln, was Sie empfinden. Ihr Lernpartner kann diesen Prozess des bewussten Wahrnehmens des Bauchgefühls fördern, indem er Sie beispielsweise fragt:

- *Was nimmst Du gerade wahr?*
- *Kannst Du die Gefühle in Worte fassen?*
- *Welche Assoziationen tauchen bei Dir auf?*

- *Was war Dein erster Gedanke, als Du mir diese Option beschrieben hast?*
- *Was kommt Dir spontan in den Sinn, wenn Du an diese Option denkst?*
- *Fühlt sich diese Option anders an als die vorherige? Falls ja, wie lässt sich das beschreiben?*
- *Wenn Du tief in Dich hineinhörst und Dir Zeit gibst: Ist diese Option für Dich eine tatsächliche Alternative?*
- *Auf einer Skala von 0 bis 100 – wie viel Prozent Zustimmung spürst Du für diese Alternative?"*

Die Teilnehmer gehen nun in die Zweierarbeit. Anschließend bietet sich eine Abschlussrunde zu den gemachten Erfahrungen an.

Varianten

Unter Umständen kann es hilfreich sein, wenn der Trainer exemplarisch eine Runde „Vom Kopf zum Bauch" mit einem Teilnehmer vorführt.

Worauf achten?

- Nicht alle Teilnehmer stehen einer solchen Methode sofort bejahend gegenüber. Appellieren Sie an Ihre Teilnehmer, den Mut zu haben, auch mal neue Erfahrungen zu sammeln. Aber wer nicht möchte, muss auch nicht.
- Achten Sie darauf, dass die Teilnehmer ausreichend Platz haben. Jedes Zweierteam sollte möglichst ungestört für sich arbeiten können. Eine ruhige, konzentrierte Atmosphäre ist wichtig.

Praxistipp

- Die Methode bietet sich an, wenn sich einige Teilnehmer tatsächlich in Entscheidungssituationen befinden bzw. verschiedene (Verhaltens-)Möglichkeiten abzuwägen haben.
- In schwierigen Entscheidungssituationen haben viele bereits das Für und Wider für die einzelnen Lösungen genau abgewogen, vielleicht sogar Pro- und Contra-Listen angefertigt – kommen aber dennoch mit einer rationalen Herangehensweise nicht weiter. Gerade für solche Personen kann „Vom Kopf zum Bauch" sehr hilfreich sein. Lassen Sie die Teilnehmer ruhig noch mal ihre Pro- und Contra-Listen mit rationalen Argumenten zusammenstellen und gehen erst dann in die Übung.

Warum fördert diese Methode die Nachhaltigkeit?

Die Methode „Vom Kopf zum Bauch" fördert die Nachhaltigkeit, da die Teilnehmer lernen, ihr Verhalten nicht nur rational zu betrachten, sondern auch intuitive und emotionale Aspekte zu würdigen. Dies ist wichtig zur konstruktiven Auseinandersetzung mit dem eigenen Verhalten und angestrebten Verhaltensänderungen.

Hintergrund

Unter Intuition verstehen wir Gedanken, die auf unserem Unterbewusstsein beruhen und ohne rationales Nachdenken zustande kommen. Der US-amerikanische Arzt und Psychiater Eric Berne definierte Intuition in den 1980er-Jahren wie folgt: „Eine Intuition ist Wissen, das auf Erfahrung beruht und durch direkten Kontakt mit dem Wahrgenommenen erworben wird, ohne dass der intuitiv Wahrnehmende sich oder anderen genau erklären kann, wie er zu der Schlussfolgerung gekommen ist." Und Albert Einstein sagte: „Die Intuition ist ein göttliches Geschenk. Der denkende Verstand ein treuer Diener. Es ist paradox, dass wir heutzutage angefangen haben, den Diener zu verehren und die göttliche Gabe zu entweihen."

35. Das Tier in mir

*„Wir brauchen uns nicht immer wieder zu ändern.
Es genügt vollkommen, wenn wir uns entfalten."*
– Ernst Ferstl –

Kurzbeschreibung Die Teilnehmer wecken in herausfordernden Situationen den „Tiger" in sich.

Ziele

- Die Teilnehmer setzen sich einen gedanklichen Anker, der ihnen in schwierigen Situationen Sicherheit gibt.
- Die Teilnehmer lernen, vermeintliche Schwächen in Stärken umzuwandeln.
- Die Teilnehmer stärken ihr Selbstbewusstsein.

Zeit

- 30 bis 40 Minuten

Material

- nicht unbedingt notwendig; es können aber Tierfiguren (Spielzeug) oder Tierbilder als Symbole eingesetzt werden

Gruppengröße

- unbegrenzt

Überblick

- Die Teilnehmer sollen sich ein Tier heraussuchen (entweder aus einer Sammlung von Tierfiguren oder in Gedanken), das ihr Verhalten in herausfordernden Situationen am besten beschreibt.
- Der Trainer erläutert, wie die Teilnehmer den Tiger in sich wecken können.
- Jeder Teilnehmer überlegt sich ein Lieblingstier, dessen Eigenschaften er in Zukunft in herausfordernden Situationen einsetzen möchte.

Vorgehen

„Liebe Seminarteilnehmer, heute möchte ich den Tiger in Ihnen wecken! Das hört sich vermutlich erst mal seltsam an, aber der Tiger soll Ihnen in herausfordernden Situationen Kraft und Selbstbewusstsein geben. Häufig ist es nämlich so, dass wir in Stress-Situationen unsere typischen Verhaltensweisen noch weiter ausbauen und vertiefen. Sind Sie ein eher initiativer, energiegeladener Mensch werden Sie in Situationen, die sich für Sie nicht okay anfühlen, vermutlich noch aktiver und versuchen wie ein Äffchen mit zu viel Koffein wieder alles in Ordnung zu bringen. Sind Sie ein eher aufgabenbezogener, gewissenhafter Mensch werden Sie in Stress-Situationen noch mehr zur Ameise, die nicht nach rechts und links blickt, sondern einfach stur ihre Aufgaben abarbeitet. Derweil wäre es für das Äffchen vermutlich sinnvoller, etwas Power herauszunehmen, Ruhe hereinzubringen und sich auf die Aufgabe zu konzentrieren. Für die Ameise hingegen wäre es vermutlich gut, ein wenig das Äffchen herauszukehren, nicht nur stur die Aufgabe abzuarbeiten, sondern auch die Menschen im Umfeld wahrzunehmen und diese von sich zu überzeugen. Ob Affe oder Ameise, ob Tiger oder Elefant, Sie wissen sicher selbst am besten, wie Sie sich in Stress-Situationen verhalten. Ich möchte Sie bitten, dass Sie sich ein Tier heraussuchen, das Ihr Verhalten in Stress-Situationen am besten beschreibt."

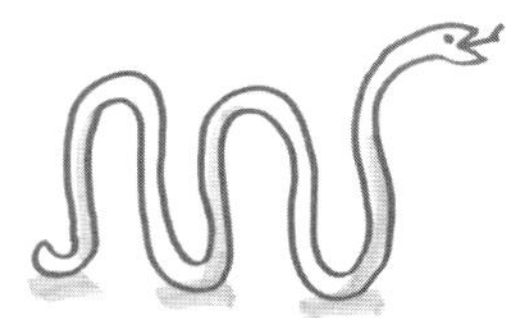

Die Teilnehmer erhalten nun fünf Minuten Zeit, sich ein Tier zu überlegen. Anschließend stellt jeder sein Tier sowie die dazugehörigen Verhaltenstendenzen in Stress-Situationen vor. Der Trainer kann nun seine Teilnehmer motivieren, in herausfordernden Situationen ein Wunschtier in sich zu wecken, das als Symbol dafür steht, wie sie sich in der jeweiligen Situation in Zukunft verhalten möchten:

„Liebe Seminarteilnehmer, was ich Ihnen nun mit auf den Weg geben möchte, ist, dass Sie nicht dazu verdonnert sind, immer wieder in die gleiche Verhaltensweise abzurutschen und immer wieder Ihr Stress-Tier herauszukehren. Sie dürfen und können auch ganz einfach den Tiger in sich wecken. Die Situation wird schwierig? Dann verwandeln Sie sich in Gedanken in einen Tiger, spannen Sie die Muskeln zum Sprung an und fahren Sie die Krallen aus. Wenn Sie aber eh gerne den Tiger hervorkehren, der die anderen mit seiner Power überfährt und dominiert, dann werden Sie ein wenig mehr zum schnurrenden sanften Kätzchen. Oder werden Sie zum Elefanten, innerlich ganz ruhig, langsam in Ihren Bewegungen und lassen Sie den Stress einfach an Ihrer dicken Haut abperlen. Am besten suchen Sie sich gleich ein neues Tier heraus, das Sie von nun an in Stress-Situationen ‚herauskehren' werden. Stellen Sie sich gedanklich genau vor, wie Sie das entsprechende Tier zum Leben erwecken. Es ist wichtig, dass ein festes Bild vor Ihrem inneren Auge auftaucht."

Die Teilnehmer erhalten wiederum Zeit, sich ein neues Tier herauszusuchen. Auch dieses wird samt der dazugehörigen Verhaltenseigenschaften im Plenum vorgestellt. Ein hilfreicher Satz kann dabei sein: *„Statt des Elefantens will ich zukünftig in Stress-Situationen den Tiger in mir wecken und selbstbewusst und kraftvoll meine Argumente vortragen."* Appellieren Sie anschließend an die Teilnehmer, ihr Tier in Gedanken immer bei sich zu tragen.

Varianten

Die Teilnehmer können sich auch untereinander ein Tier heraussuchen, von dem die Kollegen glauben, dass es der jeweiligen Person in herausfordernden Situationen hilfreich ist. In der Außenperspektive lässt sich oft leichter erkennen, welche zusätzlichen Verhaltensweisen zum Erfolg führen. Am Ende soll aber jeder für sich entscheiden, welches Tier ihn am treffendsten beschreibt bzw. hilfreich sein kann.

Worauf achten?

Achten Sie darauf, dass die Teilnehmer sich selbst gut einschätzen und auch für sich das passende Tier finden. Sie können hier gerne hilfreich unterstützen und Vorschläge machen. Kehren Sie dann immer zuerst die Stärken der jeweiligen Tiere hervor.

Praxistipp

- Anstatt mit Tierfiguren können Sie auch mit Bildern von Tieren arbeiten. Falls Sie die Methode öfters einsetzen, bieten sich hierfür beispielsweise Karten von Tier-Memorys an. Idealerweise können Sie dann den Teilnehmern ihr jeweiliges Wunschtier als Bild mitgeben, sodass diese ihr Tier immer bei sich tragen können.
- Lesen Sie zu dieser Methode auch mal die Geschichte „Der kleine Pinguin" (Seite 341) zur Einstimmung oder als Abschluss vor.

Warum fördert diese Methode die Nachhaltigkeit?

Die Methode „Das Tier in mir" fördert die Nachhaltigkeit, da sie den Teilnehmern einen gedanklichen Anker an die Hand gibt, der sie in herausfordernden Situationen an gewünschte Verhaltensweisen erinnert. Dadurch erkennen die Teilnehmer, dass sie in ihrem Verhalten flexibel sind und Verhaltensänderungen auch tatsächlich umsetzen können.

36. Notfall-Ambulanz

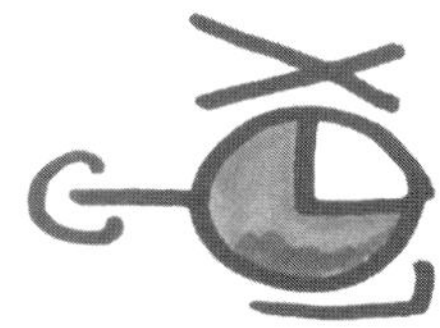

„Wer nicht weiß, wo er hin will, braucht sich nicht zu wundern, wenn er ganz woanders ankommt." – Mark Twain –

Kurzbeschreibung

Die Teilnehmer erstellen aus einer Metaebene heraus eine schnelle Situations-Analyse.

Ziele

- Die Teilnehmer lernen, sich auf eine Metaebene zu begeben.
- Die Teilnehmer können jede Situation kurz, schnell und sachlich analysieren.
- Die Teilnehmer gewinnen an Handlungskompetenz.

Zeit

- 10 bis 15 Minuten

Material

- Flipchart „Notfall-Ambulanz"

Gruppengröße

- unbegrenzt

Überblick

- Der Trainer erläutert Sinn und Vorgehensweise der „Notfall-Ambulanz".
- Die Teilnehmer stellen reihum eine aktuelle Situations-Analyse.
- Im weiteren Verlauf des Workshops fordert der Trainer die Teilnehmer zur Klärung der Situation immer mal wieder zur spontanen Situationsanalyse auf.

Vorgehen

„Liebe Seminarteilnehmer, ich merke gerade, dass die Diskussion etwas durcheinander gerät. Irgendwie scheinen wir uns in der letzten halben Stunde etwas verzettelt zu haben, oder doch nicht? Ich kann es gar nicht mehr richtig einschätzen. Das ist ein Fall für die ‚Notfall-Ambulanz'! Achtung, Achtung, ich setze einen Notruf ab. Bitte atmen Sie einmal tief durch und steigen Sie langsam auf den imaginären Aussichtsturm. Von dort oben können Sie als neutraler Beobachter auf uns, unseren Raum

und das Geschehen herabblicken. Lösen Sie sich von den Vorgängen hier in der Gruppe und versuchen Sie als Außenstehender die Lage einzuschätzen und objektiv zu beschreiben, wie sich die Situation aktuell gestaltet. Folgende Fragen können für die ,Notfall-Ambulanz' hilfreich sein:

- *Was passiert gerade in der Gruppe?*
- *Wer ist wie beteiligt?*
- *Wie lässt sich das aktuelle Geschehen in zwei Sätzen zusammenfassen?*
- *Was könnte der Gruppe helfen, einen Schritt voranzukommen?*

Bitte überlegen Sie kurz, wie Sie aus einer Metaebene heraus, also von ihrer Aussichtsplattform, die Situation kurz, treffend und neutral beschreiben würden. Anschließend hören wir uns ein paar der „Notfall-Ambulanzen" an und dann sehen wir hoffentlich wieder klarer."

Die Fragen für die „Notfall-Ambulanz" halte ich auf einem Flipchart fest, sodass die Teilnehmer diese vor Augen haben.

Abb.: Flipchart Notfall-Ambulanz

Dies erleichtert die Überlegungen. Die Teilnehmer erhalten ein paar Minuten zum Überlegen, dann frage ich entweder in die Runde, wer „Notfall-Ambulanz" spielen möchte oder lasse ein Blitzlicht starten, sodass jeder Teilnehmer seine objektive Situationsanalyse vorträgt, was für alle sehr interessant ist.

Nach der ersten Durchführung mit Erläuterung kann die „Notfall-Ambulanz" im weiteren Verlauf des Seminars immer mal spontan wieder eingesetzt werden, um Situationen schnell und objektiv zu analysieren.

Varianten

- Die Teilnehmer können ihre erste „Notfall-Ambulanz" auch gut in Zweier- oder Dreiergruppen üben. Im Plenum werden dann nur einige Situationsanalysen vorgestellt.
- Die Fragen für die „Notfall-Ambulanz" können natürlich je nach Einsatz variieren. So bieten sich beispielsweise zur Analyse von Übungen und Rollenspielen andere Fragen an.

Worauf achten?

Achten Sie bei der „Notfall-Ambulanz" unbedingt darauf, dass tatsächlich jeder nur die vorgegebenen Fragen in ein, maximal zwei Sätzen neutral beantwortet. Es sollen keine Wertungen, Argumente oder Diskussionen eingebracht werden.

Praxistipp

Sie können die „Notfall-Ambulanz" perfekt mit dem Ton eines Martinshorns oder mit einem Warnlicht kombinieren. Im weiteren Verlauf des Seminars reicht es dann, nur noch Ton oder Licht einzuspielen und die Teilnehmer wissen, dass die Situation aus einer Metaebene heraus analysiert werden soll.

Warum fördert diese Methode die Nachhaltigkeit?

Die „Notfall-Ambulanz" fördert die Nachhaltigkeit, da sie die Teilnehmer in die Lage versetzt, aus einer Metaebene heraus Situationen objektiv zu analysieren und zu bewerten. Die richtige Einschätzung einer Situation ist erste Voraussetzung zur weiteren Planung der Vorgehensweise. Die Teilnehmer gewinnen dadurch an Handlungskompetenz und können auch ihre eigenen Lernprozesse zielgerichteter angehen.

Hintergrund

Mit Metaebene wird die Fähigkeit beschrieben, aus einer übergeordneten Perspektive heraus Dinge wahrzunehmen. Ein in die Situation Involvierter nimmt diese aus einer Art Vogelperspektive wahr und betrachtet das Geschehen mit einer gewissen Distanz und in seiner Gesamtheit.

37. Fünf Fragen – fünf Antworten

„Wir werden uns verbessern und mutiger und aktiver werden, wenn wir es als richtig erkennen, auf das zu schauen, was wir nicht wissen."

– Sokrates –

Kurzbeschreibung

Die Teilnehmer gehen in die Eigenreflexion und beantworten fünf Fragen in jeweils einem Satz.

Ziele

- Die Teilnehmer setzen sich mit dem Seminar und dessen Inhalten auseinander.
- Die Teilnehmer lernen, sich und ihr Umfeld reflektiert wahrzunehmen.
- Der Trainer erhält Feedback zum Seminar.

Zeit

- 20 Minuten

Material

- Flipchart „Fünf Fragen, fünf Antworten" zur Visualisierung der Aufgabenstellung

Gruppengröße

- bis 16 Teilnehmer; bei größeren Gruppen kann die Reflexion anstatt im Plenum im Gruppenaustausch erfolgen

Überblick

- Der Trainer erläutert die Fragestellung.
- Die Teilnehmer sollen fünf Fragen zum Seminar beantworten.
  - Was hat mich gerade/heute/gestern nachhaltig beeindruckt?
  - Was habe ich über mich selbst gelernt?
  - Was möchte ich noch lernen?
  - Was läuft im Seminar optimal?
  - Was könnte im Seminar noch besser laufen?
- Jeder erhält drei Minuten Zeit zur Reflexion.
- Reihum beantwortet jeder Teilnehmer die fünf Fragen in jeweils einem Satz.
- Der Trainer kann ein Abschluss-Feedback geben.

Vorgehen

„Liebe Seminarteilnehmer, es ist an der Zeit, dass Sie für sich zwischendurch kurz rekapitulieren, wo Sie aktuell stehen und wie die letzten Stunden liefen. Ich habe für Sie fünf Fragen vorbereitet – und auf diese fünf Fragen hätte ich gerne von Ihnen auch fünf Antworten. Deswegen überlegen Sie bitte kurz für sich:

- *Was hat mich gerade/heute/gestern nachhaltig beeindruckt?*
- *Was habe ich über mich selbst gelernt?*
- *Was möchte ich noch lernen?*
- *Was läuft im Seminar optimal?*
- *Was könnte im Seminar noch besser laufen?"*

Abb.: Flipchart
Fünf Fragen

Die Teilnehmer erhalten ein bis zwei Minuten Zeit für die Reflexion, dann können Antworten entweder per Zuruf oder per Blitzlicht gegeben werden. Falls Sie mit den „Fünf Fragen" arbeiten, dann lassen Sie die Teilnehmer im Workshop regelmäßig diese Fragen beantworten, sodass diese lernen, den eigenen Lernprozess zu beobachten und sich diesen bewusst zu machen.

Varianten

- Spielen Sie mit der Auswahl der Fragen – hier bieten sich vielfältige Möglichkeiten an. Die Methode kann auch gut für Reflexionen nach Übungen bzw. Morgen- oder Abendrunden genutzt werden.
- Lassen Sie zwischendurch die Teilnehmer für ihre Sitznachbarn überlegen und antworten, also z.B: „Ich könnte mir vorstellen, was Dich am meisten beeindruckt hat, war ..." etc. Dieser Austausch kann entweder im Plenum, aber auch gut unter den Lernpartnern erfolgen.

Worauf achten?

Die Übung heißt nicht durch Zufall „Fünf Fragen – fünf Antworten". Die Methode ist für eine regelmäßige, dafür aber auch kurze Reflexion gedacht. Achten Sie deshalb darauf, dass die Teilnehmer ihre Antworten tatsächlich nur in jeweils einem Satz wiedergeben.

Praxistipp

Moderieren Sie die „Fünf Fragen – fünf Antworten" ruhig auf eine humorvolle Weise an. Es gibt kaum etwas Schlimmeres im Seminar als erzwungene Reflexionsrunden, in denen jeder krampfhaft versucht, etwas möglichst Kluges zu sagen. Die Teilnehmer dürfen bei den „Fünf Fragen" zwischendurch ruhig lachen, sie sollen aber auch spielerisch lernen, gut zu reflektieren und Dinge auf den Punkt zu bringen. Loben Sie deshalb gute konkrete Antworten bzw. greifen Sie auch unterstützend ein, wenn ein Teilnehmer nicht weiter weiß oder sich bei der Formulierung schwertut, z.B. mit der Hilfe: *„Aus meiner Sicht könnte ich mir vorstellen, dass Sie …"*

Warum fördert diese Methode die Nachhaltigkeit?

Die Methode „Fünf Fragen – fünf Antworten" fördert die Nachhaltigkeit, da sie den Teilnehmern die Gelegenheit gibt, sich mit dem Seminar kritisch auseinanderzusetzen und sich selbst zu reflektieren. Die Antworten helfen dem Trainer, den Lernprozess auf die Bedürfnisse der Teilnehmer auszurichten.

Querverweise

Die Methode lässt sich gut mit Methode 27 „Nachhaltigkeits-Bestseller" kombinieren. Die Teilnehmer halten dann die Antworten auf die ersten drei Fragen schriftlich im Buch fest, sodass sie ihren Lernprozess kontinuierlich dokumentieren.

38. Für Überraschung sorgen

„Der Geist, der um eine Idee reicher geworden ist, kehrt nie mehr zu seiner ursprünglichen Dimension zurück." – Oliver W. Holmes –

Kurzbeschreibung

Überraschungsmomente und vermeintlich paradoxe Beispiele wecken Aufmerksamkeit und lösen die Teilnehmer aus automatischen Denkstrukturen.

Ziele

- Die Überraschungsbeispiele sorgen für Irritation und Aufmerksamkeit.
- Die Teilnehmer verlassen ihre gewohnten Denkbahnen.
- Gewohnheitsmuster werden aufgedeckt und Platz für neue Gedanken geschaffen.

Zeit

- kurze, fünfminütige Sequenzen – können immer mal wieder eingesetzt werden

Material

- nicht notwendig

Gruppengröße

- unbegrenzt

Überblick

- Der Trainer überlegt sich ein Überraschungsmoment oder ein paradoxes Beispiel.
- Das Überraschungsbeispiel wird unkommentiert eingebaut.
- Die Teilnehmer reagieren in der Regel mit Irritation.
- Aufmerksamkeit und Interesse sind geweckt – gemeinsam können neue Denkwege beschritten werden.

Vorgehen

Inhalte, die von den Teilnehmern als interessant und überraschend eingestuft werden, lassen sich leichter und dauerhafter merken. Nutzen Sie deshalb als Trainer immer mal wieder die Möglichkeit, ihre Teilnehmer zu überraschen. Der Überraschungseffekt sorgt für Aufmerksamkeit, die Teilnehmer verlassen ihre gewohnten Denkstrukturen und

Inhalte werden quasi über das Hintertürchen tief in das Gehirn eingegraben und dadurch ein nachhaltiger Lernerfolg erzielt.

Beispiele für Überraschungsmomente in Workshops:
- Übertragung/Vergleiche von beruflichen Themen ins Private
- Übertragung/Vergleiche von Menschen aufs Tierreich bzw. vom Tierreich auf den Menschen
- kurze Filmsequenzen
- 9-Punkt-Rätsel oder ähnliche Knobelaufgaben (Rädchen drehen ...)
- überraschende Gegenstände mitbringen und die Teilnehmer raten lassen, was dieser Gegenstand mit dem Seminar zu tun hat (Fahrrad, Kleiderbügel, ...)
- einen Externen als Überraschungsgast ins Seminar einladen
- einen zufälligen Gast (Akademieteilnehmer, Hotelgast, Kollege aus dem Unternehmen) ins Seminar bitten und nach dessen Meinung fragen
- Seminarraum verlasen und auf Exkursion/in die Natur/in die Stadt gehen

Worauf achten?

Übertreiben Sie nicht mit den Überraschungsmomenten, sondern setzen Sie diese gezielt ein. „Für Überraschung sorgen" ist immer dann angebracht, wenn Sie
- den Teilnehmer wichtige Inhalte mit auf den Weg geben möchten,
- die Gedanken der Teilnehmer für Neues öffnen möchten
- und Sie zwischendurch die Aufmerksamkeit wieder steigern wollen.

Praxistipp

Legen Sie sich nach und nach ein kleines Archiv für Überraschungsbeispiele an. Diese fallen einem meist spontan ein – und eher selten wenn man an der Vorbereitung sitzt und gezielt danach sucht. Notieren Sie sich spontane Ideen in Ihrem Archiv, sodass Sie darauf zurückgreifen können, wenn es an die Vorbereitung oder den spontanen Einsatz im Seminar geht.

Warum fördert diese Methode die Nachhaltigkeit?

„Für Überraschung sorgen" fördert die Nachhaltigkeit, da es das „In-Bahnen-Denken" der Teilnehmer unterbricht. Diese rutschen raus aus üblichen Denkstrukturen, sind zunächst irritiert und erkennen dann ihre Automatismen. Die Aufmerksamkeit der Teilnehmer wird geschärft, die Teilnehmer sind hellwach und bereit, sich auf neue Ideen und Vorgehensweisen einzulassen.

Hintergrund

„Für Überraschung sorgen" ist eine Methode, die auf Erkenntnissen der Neurodidaktik fußt. Demnach ist unser Gehirn aufnahmebereiter, wenn der Lerninhalt als überraschend und außergewöhnlich empfunden wird. Registriert das Gehirn „interessant" wird der Neurotransmitter Dopamin ausgeschüttet, was positive Emotionen erzeugt. Inhalte die von solch positiven Gefühlen begleitet werden, werden schneller und dauerhafter ins Langzeitgedächtnis überführt.

39. 1-2-3 – keine Hexerei

„Die richtige Information zum richtigen Zeitpunkt macht neun Zehntel der Schlacht." – Napoleon –

Kurzbeschreibung

Der Trainer zählt den Teilnehmern wiederkehrend die drei Kernbotschaften des Seminars auf.

Ziele

- Der Trainer setzt Prioritäten.
- Die Teilnehmer können sich auf die Kernbotschaften fokussieren.
- Mithilfe des wiederholten Aufzählens der prägnant formulierten Kernbotschaften können die Teilnehmer sich diese leicht merken.

Zeit

- mehrfach kurze fünfminütige Sequenzen

Material

- nicht notwendig

Gruppengröße

- unbegrenzt

Überblick

- Der Trainer überlegt sich, wie er die wichtigsten Kernbotschaften des Workshops prägnant in drei Sätze fassen kann.
- Der Trainer zählt den Teilnehmern die drei Kernbotschaften während des Seminars immer wieder mit „Erstens ..., zweitens ... und drittens ..." auf.

Vorgehen

Die Schwierigkeit bei „1-2-3 – keine Hexerei" liegt darin, sich tatsächlich auf nur drei Kernbotschaften zu fokussieren. Das fällt vielen von uns schwer. Denken Sie aber daran, dass diese Methode zwar drei wichtige Kernpunkte zusammenfasst, dass das aber nicht heißt, dass die Teilnehmer die restlichen Botschaften und Inhalte des Seminars nicht wahrnehmen. Dennoch lohnt sich die Fokussierung, denn Sie können sicher sein, dass die drei Kernbotschaften auf alle Fälle hängen bleiben. Überlegen Sie sich deshalb vorab, wie Ihre drei Kernbotschaften lauten und wie Sie diese kurz und prägnant formulieren möchten. Nutzen Sie im Seminar möglichst viele Gelegenheiten, die Kernbotschaften aufzuzählen: *„Liebe Seminarteilnehmer, bitte denken Sie daran: Erstens ... zweitens ... und drittens ...“* Die Einschübe lassen sich zur Thema-Einführung, zur Wiederholung, nach der Mittagspause, zwischendurch, zur Abendrunde, zur Morgenrunde, kurzum immer wieder wiederholen. Spannen Sie dabei auch die Teilnehmer ein, bis tatsächlich alle Teilnehmer die Kernbotschaften verinnerlicht haben.

Varianten

Die „1-2-3 – keine Hexerei“ lässt sich in der Form abwandeln, dass nicht Sie als Trainer die Kernbotschaften vorgeben, sondern die Teilnehmer selbst ihre persönlichen Kernbotschaften entwickeln. Dies kann sowohl in der Einzelreflexion erfolgen als auch im Tandem mit dem Lernpartner oder in kleineren Gruppen. Fragen Sie Ihre Teilnehmer dann: *„Was sind für Sie die drei zentralen Botschaften des Seminars, die Sie mit nach Hause nehmen möchten? Bitte formulieren Sie diese kurz und prägnant in drei Sätzen!“* Und auch hier gilt: Mehrfach wiederholen lassen!

Worauf achten?

Überlegen Sie sich ruhig schon vorab, welche drei Kernsätze Sie Ihren Teilnehmern mit auf den Weg geben möchten. Aber kleben Sie nicht an Ihren vorbereiteten Kernsätzen, sondern schauen Sie zunächst, ob diese auch tatsächlich die Kernbotschaften für genau diese Teilnehmer sind. Seien Sie so flexibel, bestimmte Kernbotschaften umzuformulieren oder zu ergänzen. Je mehr Sie den Nerv der Teilnehmer bei der Auswahl und der Formulierung treffen, desto leichter bleiben die Kernsätze den Teilnehmern in Erinnerung.

Praxistipp

Zählen Sie die Kernbotschaften nicht nur auf, sondern schreiben Sie diese groß und deutlich auf und hängen Sie sie an die Wände im Seminarraum, sodass die die Teilnehmer sie immer vor Augen haben.

Warum fördert diese Methode die Nachhaltigkeit?

„Eins, zwei, drei – keine Hexerei“ fördert die Nachhaltigkeit, da die Methode den Blick der Teilnehmer auf die drei wichtigsten Aspekte des Workshops richtet. Je kürzer und prägnanter diese formuliert und je häufiger sie wiederholt werden, desto mehr prägen sie sich in das Gedächtnis der Teilnehmer ein. Der Trainer wird zudem dazu gebracht, sich selbst auf Kernbotschaften zu fokussieren und Prioritäten zu setzen. Zwar lässt sich selten ein ganzer Workshop in drei Sätzen zusammenfassen, aber wesentliche Punkte werden mit dieser Methode hervorgehoben.

Hintergrund Das regelmäßige Wiederholen der gleichen Informationen sichert die Wissensspeicherung in unserem Gehirn. Die Verbindungen zwischen den betroffenen Nervenzellen werden gefestigt, je öfter die beteiligten Neuronen Kontakt miteinander aufnehmen.

Querverweis Die Kernbotschaften lassen sich hervorragend im „Nachhaltigkeits-Besteller" dokumentieren (Methode 27).

40. In der Redaktion von „Wer wird Millionär?"

„Man muss viel gelernt haben, um über das, was man nicht weiß, fragen zu können." – Jean-Jaques Rousseau –

Kurzbeschreibung

Die Teilnehmer erschließen sich ein Thema selbstständig über Fragen.

Ziele

- Die Teilnehmer erarbeiten sich aktiv Wissen.
- Die Teilnehmer beschäftigen sich mit dem, was sie interessiert.
- Die Teilnehmer wandeln ihre „Konsumenten-Rolle" hin zur Rolle des aktiven Gestalters.

Zeit

- mindestens 40 Minuten

Material

- Moderationsbedarf, Pinnwand

Gruppengröße

- bei mehr als 12 Teilnehmern weitere Kleingruppen bilden

Überblick

- Der Trainer erläutert, wie „In der Redaktion von ‚Wer wird Millionär?'" funktioniert.
- Der Trainer gibt einen Theorie-Input/Überblick zu einem Thema.
- Die Teilnehmer gehen in Kleingruppen und sammeln Fragen, die sie unbedingt zu diesem Thema beantwortet haben möchten.
- Die Fragen werden vorgestellt und an einer Pinnwand gesammelt.
- Der Trainer versucht im weiteren Verlauf des Seminars alle Fragen allein oder gemeinsam mit den Teilnehmern zu beantworten.

Vorgehen

„Liebe Seminarteilnehmer, vermutlich kennen die meisten von Ihnen die Fernsehsendung ‚Wer wird Millionär?' mit Günther Jauch, oder? Auch wir wollen uns in der kommenden Stunde an interessante Fragen wagen. Zwar gibt es dafür keine Million zu gewinnen, aber sicherlich die eine

oder andere Erkenntnis, die Ihnen von Nutzen ist. Wie sieht das aus? Ich werde Ihnen einen kurzen Überblick zum Thema x geben. Bevor ich Sie danach mit Fakten und Beispielen zum Thema langweile, die Sie unter Umständen gar nicht interessieren, haben Sie die Möglichkeit, sich das Thema selbst über Fragen zu erschließen. Hierzu sollen Sie sich in Dreier- oder Vierergruppen zusammenschließen. Eine Gruppe sammelt die Fragen, die ihrer Ansicht nach bei diesem Thema unbedingt beantwortet werden müssen. Eine andere Gruppe sammelt die Fragen, die ausschließlich die Umsetzung des Themas in der Praxis betreffen, eine weitere Gruppe sammelt die Fragen, die das Thema aus einer sehr kritischen Perspektive heraus beleuchten und eine weitere Gruppe sammelt ihre verrückten, spontanen und persönlichen Fragen zum Thema. Ihre Fragen halten Sie bitte auf Moderationskarten fest. Jede Gruppe soll ca. fünf Fragen sammeln. Diese werden wir im Anschluss kurz vorstellent und an unserer Fragen-Pinnwand sammeln. Danach beginnt mein Part und ich werde mich bemühen, die Sie interessierenden Fragen zu beantworten und Ihre Neugier am Thema zu stillen."

Varianten

- Die Kleingruppen müssen sich nicht inhaltlich aufteilen. Je nach Thema können auch alle Untergruppen die Fragen einbringen, die sie interessieren bzw. die ihnen für die Umsetzung der Inhalte wichtig erscheinen.
- Die Methode kann bereits zu Beginn des Workshops erfolgen, um die Themen herauszufiltern, die den Teilnehmern am Herzen liegen.
- Als Trainer müssen Sie nicht alle Fragen selbst beantworten. Auch der „Ideenwettbewerb" und die „Praxisvernissage" (Methoden 44 und 45) bieten Möglichkeiten, in kurzer Zeit gute Ideen gemeinsam in der Gruppe zu sammeln und so bestimmte Fragen zu beantworten.

Worauf achten?

Legen Sie je nach vorhandener Zeit fest, wie viele Fragen die einzelnen Gruppen sammeln können. Ansonsten kann es Ihnen passieren, dass Sie zu viele Fragen erhalten, deren Beantwortung Ihren Zeitrahmen sprengt. Andererseits können Sie bei ausreichender Zeit auch alle Fragen der Teilnehmer sammeln und diese nach und nach beantworten.

Praxistipp

Die Übung ist auch für den Trainer überaus interessant. Es ist immer wieder spannend zu sehen, welche Fragen die Teilnehmer interessieren. Manches davon ist eher „Mainstream", anderes überraschend. Für alle sind die Vielfalt der Fragen und Perspektiven, aus denen heraus die Fragen entstanden sind, eine Bereicherung. Haben Sie deshalb den

Mut, sich auf das „Wagnis" einzulassen. Wenn Sie sich unsicher fühlen, ob Sie tatsächlich alle Fragen beantworten können, dann wandeln Sie die Methode in der Form ab, dass Sie die Teilnehmer je Gruppe fünf Fragen sammeln lassen und im Vorfeld ankündigen, die drei Ihnen am wichtigsten erscheinenden Fragen zu beantworten. Auch in der Redaktion von „Wer wird Millionär?" werden viele Fragen gesammelt, aber nicht alle schaffen es in die Sendung.

Warum fördert diese Methode die Nachhaltigkeit?

Die Methode „In der Redaktion von ‚Wer wird Millionär?'" fördert die Nachhaltigkeit, da sie die Teilnehmer dazu bringt, sich selbstständig einem Thema zu nähern. Die Teilnehmer verlassen ihre in Seminaren häufig auferlegte Konsumentenhaltung und setzen sich kritisch und aktiv mit einem Wissensgebiet auseinander.

Hintergrund

Das Interesse der Teilnehmer an einem Thema steigt, wenn diese die Möglichkeit haben, die inhaltlichen Themen mitzugestalten. Geben Sie deshalb Ihren Teilnehmer immer wieder die Gelegenheit, Ihre Wunschbausteine in das Seminar einfließen zu lassen.

41. Die große „Ja, aber"-Runde

„Wenn der Wind des Wandels weht, bauen die einen Mauern und die anderen Windmühlen." – Chinesisches Sprichwort –

Kurzbeschreibung

Die Teilnehmer sollen alle Einwände, die sie zu einem behandelten Thema haben, einbringen bzw. gezielt danach suchen.

Ziele

- Die Teilnehmer setzen sich kritisch mit dem Stoff auseinander.
- Kritik und Einwände werden in Worte gefasst.
- Kritikpunkte werden wenn möglich entkräftet und ausgeräumt.

Zeit

- 60 bis 90 Minuten

Material

- Moderationskarten, Stifte

Gruppengröße

- unbegrenzt

Überblick

- Der Trainer erläutert die Aufgabe.
- Die Teilnehmer gehen zu dritt zusammen, begeben sich in die Rolle des Kritikers und suchen alle „Ja, aber"-Einwände, die sie zum behandelten Stoff haben.
- Die Einwände werden stichwortartig auf Moderationskarten festgehalten.
- Im Plenum präsentieren die Gruppen ihre Einwände und legen diese am Boden aus.
- Die gesammelten Einwände werden durchgemischt und gleichmäßig auf die Dreiergruppen verteilt.
- Die Gruppen erhalten 30 Minuten Zeit, gute Argumente zu sammeln, um die Einwände zu entkräften.
- Jede Gruppe präsentiert ihre Argumente gegen die Einwände.
- Gruppe und Trainer unterstützen.
- Es folgt eine Abschlussrunde im Plenum.

Vorgehen

„Liebe Seminarteilnehmer, ich kann mir vorstellen, dass Sie unserem Thema nicht kritiklos gegenüberstehen, insbesondere wenn Sie an die Umsetzung der Inhalte in die Praxis denken. Theoretisch ist ja vieles möglich, aber ... Und genau diese ‚Ja, aber' sollen Sie sammeln, damit wir gemeinsam schauen können, welche davon ihre Berechtigung haben und welche sich auch leicht entkräften lassen. Bitte gehen Sie in Dreiergruppen zusammen und begeben Sie sich in die Rolle der Kritiker. Suchen Sie gemeinsam in der Gruppe alle ‚Ja, aber', die Sie zu unserem Thema und dessen Umsetzbarkeit haben. Halten Sie Ihre Einwände bitte stichwortartig auf Moderationskarten fest. Hierzu haben Sie zwanzig Minuten Zeit."

Sobald die Gruppen ihre Einwände festgehalten haben, werden diese im Plenum präsentiert und am Boden gesammelt. Die Karten werden dann durchgemischt gleichmäßig auf die Dreiergruppen verteilt. Jede Gruppe darf eigene, soll aber auf alle Fälle auch Karten der anderen Gruppen erhalten. In der zweiten Runde sollen die Gruppen nun gute Argumente sammeln, um die Einwände zu entkräften. Da dies häufig schwieriger ist, als die Einwände zu sammeln, bekommen die Gruppen hierfür dreißig Minuten Zeit. Anschließend präsentiert jede Gruppe ihre Argumente gegen die Einwände. Am besten begibt sich hierfür einer in die Position des Kritikers und wirft das „Ja, aber" laut in den Raum. Ein Teilnehmer der jeweiligen Gruppe nennt dann das oder die Argumente dagegen. Dann können Sie die Teilnehmer einschätzen lassen, ob der Einwand ihrer Meinung nach entkräftet werden konnte bzw. ob jemandem noch ein weiteres Argument einfällt. So werden die „Ja, aber" reihum diskutiert. Da das Argumentieren nicht immer leichtfällt, unterstützen Sie Ihre Teilnehmer so weit wie möglich. Im Anschluss bietet sich eine Abschlussrunde im Plenum an, wie die Teilnehmer die Übung erlebt haben.

Varianten

- Sie können alle „Ja, aber" zu einem Thema sammeln lassen oder die „Ja, aber" speziell auf die Umsetzung des Stoffes in der Praxis beziehen.
- Die Einwände können auch an Pinnwänden gesammelt werden, sodass die Teilnehmer ihre Gegenargumente ebenfalls auf Moderationskarten direkt rundherum pinnen können.

Worauf achten?

Die Übung hat nicht zum Ziel, alle „Ja, aber" restlos auszuräumen und zu beseitigen, sondern sich kritisch damit auseinanderzusetzen. Manche Einwände haben durchaus ihre Berechtigung. Die Teilnehmer sollen lernen, sich kritisch mit verschiedenen Positionen auseinanderzusetzen.

Praxistipp

Erläutern Sie Ihren Teilnehmern, warum kritische Sichtweisen durchaus ihre Berechtigung haben. Weisen Sie aber auch darauf hin, dass es immer einfacher ist, sich in die Rolle des Kritikers zu begeben als in die Rolle des konstruktiven Lösungssuchers. Deshalb sollen die Teilnehmer auch beide Rollen kennenlernen.

Warum fördert diese Methode die Nachhaltigkeit?

Die „Ja, aber"-Runde fördert die Nachhaltigkeit, da sie kritische Gedanken zu einem Thema transparent macht und dabei hilft, Zweifel auszuräumen. Die Teilnehmer lernen, Kritik und Bedenken ernst zu nehmen, diesen aber auch lösungsorientiert zu begegnen. Gerade im Hinblick auf Zweifel an der Umsetzbarkeit der gelernten Inhalte räumt die Methode Bedenken aus und stärkt die Bereitschaft zum Ausprobieren.

42. Ich leih Dir meinen Hut

„Jedes Ding hat drei Seiten: Eine, die Du siehst, eine, die ich sehe und eine, die wir beide nicht sehen." – Chinesisches Sprichwort –

Kurzbeschreibung

Die Teilnehmer betrachten eine Situation aus unterschiedlichen Perspektiven.

Ziele

- Die Teilnehmer lernen, sich mit unterschiedlichen Positionen auseinanderzusetzen.
- Die Teilnehmer erkennen, dass es für jedes Problem verschiedene Betrachtungsweisen gibt.
- Die Teilnehmer werden flexibler in ihrem Denken und Verhalten.

Zeit

- 40 bis 60 Minuten

Material

- Flipchart „Ich leih Dir meinen Hut", unterschiedlich farbige Moderationskarten, Stifte

Gruppengröße

- bei mehr als zwölf Teilnehmern statt Zweierteams Kleingruppen für die verschiedenen „Hüte" bilden

Überblick

- Der Trainer oder ein Teilnehmer schildert eine Situation bzw. legt ein Thema dar.
- Der Trainer erläutert die verschiedenen „Hüte", sprich Sichtweisen, aus denen die Situation heraus betrachtet werden kann.
- Die Teilnehmer gehen zu zweit zusammen.
- Die verschiedenen Hüte (können mit verschiedenfarbigen Moderationskarten symbolisiert werden) werden auf die Zweierteams verteilt.
- Die Zweierteams betrachten die Situation mit „ihrem Hut" und suchen entsprechende Argumente.

- Alle diskutieren und besprechen die Situation. Dabei versuchen die Zweierteams immer aus ihrer Perspektive heraus zu argumentieren.
- Im Plenum erfolgt eine kurze Abschlussrunde zu den Erfahrungen während und mit der Übung.

Vorgehen

„Liebe Seminarteilnehmer, nichts ist schwieriger zu entkräften als eine einmal feststehende Meinung. Häufig sind wir mit unserer Meinung zu einem Thema schnell festgefahren und suchen vordergründig unsere Meinung durch angeblich rationale Argumente zu stützen. Meist werfen wir nur einen Blick auf eine Situation und sind uns sofort sicher, zu wissen, wie der Hase läuft. Heute wollen wir jedoch einmal anders vorgehen und zwar sollen Sie lernen, ein Thema bzw. eine Situation aus unterschiedlichen Perspektiven zu betrachten. Bitte gehen Sie hierfür zu zweit zusammen. Jede Zweiergruppe leiht sich nun in Gedanken einen Hut, den Sie symbolisch aufsetzen und unter welchem Sie eine Situation analysieren und Argumente für Ihre Sichtweise sammeln. Die möglichen Hüte habe ich Ihnen auf verschiedenfarbigen Moderationskarten festgehalten. Und zwar gibt es

- *den weißen Hut: Dieser steht für analytisches Denken. Konzentrieren Sie sich bei Ihren Argumenten ausschließlich auf Zahlen, Daten und Fakten.*
- *den roten Hut: Dieser steht für Gefühle, Empfindungen und persönliche Meinungen. Konzentrieren Sie sich bei der Analyse der Situation auf eine subjektiv-emotionale Herangehensweise.*
- *den schwarzen Hut: Dieser steht für eine kritische, skeptische und ängstliche Sichtweise. Begeben Sie sich in die Rolle des Zweiflers, negativen Kritikers und Risikovermeiders.*
- *den gelben Hut: Dieser steht für den Optimisten. Gehen Sie davon aus, dass immer das Bestmögliche eintritt und argumentieren Sie entsprechend mit Engagement und ohne Zweifel.*
- *den grünen Hut: Dieser steht für den kreativen Ideengeber. Wagen Sie neue verrückte Ideen, denken Sie um die Ecke und seien Sie mutig.*
- *den blauen Hut: Dieser steht für Übersicht und Transparenz. Versuchen Sie, sich auf eine Metaebene zu begeben, das Thema in seiner Gesamtheit zu verstehen und alle Einzelaspekte moderierend in die Diskussion einfließen zu lassen."*

Sobald die Rollen verteilt sind, sollen sich die Zweierteams aus ihrer Perspektive heraus dem jeweiligen Thema bzw. der jeweiligen Situation nähern und Argumente für ihre Sichtweise sammeln. Für die Teilnehmer ist es hilfreich, wenn die Hüte und deren Denkweise auf einem Flipchart zum Nachlesen festgehalten sind.

Abb.: Flipchart Hüte

Anschließend startet die Diskussion. Reihum dürfen die Zweierteams zunächst die Situation aus ihrer Perspektive heraus schildern und später im Laufe der Diskussion entsprechend „unter" ihrem Hut argumentieren.

Im Anschluss bietet sich eine Abschlussrunde an, in der jeder Teilnehmer seine Erlebnisse mit der Übung und die daraus gezogenen Erkenntnisse offenlegen kann.

Varianten

- Falls die Zeit reicht, ist es sinnvoll, die „Hüte" zu tauschen und eine zweite Diskussionsrunde zu starten, in der nun jedes Zweierteam aus seiner neuen Perspektive heraus argumentieren soll.
- Die Hüte müssen nicht auf alle Teilnehmer verteilt werden. Statt Zweierteams können die Teilnehmer auch einzeln aktiv werden. Die restlichen Teilnehmer bilden dann das Diskussionspublikum und schildern im Anschluss ihre Beobachtungen.
- Sie müssen nicht immer alle sechs Hüte vergeben, oft reicht auch schon die Rolle des Analysten, des Kritikers und des Emotionalen.

Worauf achten?

Achten Sie darauf, dass die Teilnehmer ihre Hüte aufbehalten, das heißt, auch im Eifer des Gefechts nur aus ihrer Perspektive heraus argumentieren.

Praxistipp

Setzen Sie die Methode ruhig auch mal spontan ein, wenn Teilnehmer sehr schnell einseitig argumentieren oder wenn ein Thema bzw. eine Situation heftig und kontrovers diskutiert werden.

Warum fördert diese Methode die Nachhaltigkeit?

Die Methode „Ich leih Dir meinen Hut" fördert die Nachhaltigkeit, da sie die Teilnehmer lehrt, dass es mehr als eine Wirklichkeit gibt. Die Teilnehmer lernen, Situationen aus mehreren Perspektiven heraus zu betrachten. Dadurch können sie Herausforderungen besser einschätzen und zielorientierter handeln.

Hintergrund

Das Sechs-Hut-Denken (engl. „Six Thinking Hats") ist eine auf Edward de Bono zurückgehende Kreativitätstechnik. Es handelt sich dabei um eine Gruppendiskussion, bei der die Gruppenmitglieder durch verschiedenfarbige Hüte repräsentierte Rollen einnehmen. Jeder Hut entspricht einer Denkweise oder einem Blickwinkel, wodurch sichergestellt wird, das alle wesentlichen Denkmodi für eine Entscheidung berücksichtigt werden. Die Denkhüte nutzen die menschliche Fähigkeit des Verstellens. Da alle Teilnehmer eine Rolle spielen, sind offenere Diskussionen möglich, als wenn jeder Teilnehmer „er selbst" ist.

Querverweise

Der Perspektivenwechsel spielt bereits in Methode 21 „Zeit für neue Perspektiven" eine Rolle. Beide Methoden lassen sich auch gut kombinieren.

43. Auf der Suche nach dem Schokoladenherz

„Wenn es ein Geheimnis des Erfolges gibt, so ist es dies: Den Standpunkt der anderen verstehen und die Welt mit ihren Augen sehen."

– Henry Ford –

Kurzbeschreibung

Ein schwieriges, Probleme verursachendes Verhalten von Kollegen oder Teammitgliedern wird von einem Teilnehmer beschrieben. Alle machen sich daran, das Verhalten zu verstehen und die gute Absicht oder den persönlichen Mehrwert dahinter zu ergründen.

Ziele

- Die Teilnehmer erkennen, dass jedes Handeln aus einem bestimmten Beweggrund heraus passiert.
- Die Teilnehmer lernen, das Verhalten anderer zu verstehen und kritisch zu hinterfragen.
- Die Teilnehmer können herausfordernde Situationen mit anderen besser meistern.

Zeit

- 40 bis 60 Minuten

Material

- nicht unbedingt erforderlich

Gruppengröße

- bei mehr als 12 Teilnehmern die Teilnehmer in mehrere Gruppen aufteilen

Überblick

- Der Trainer erläutert, dass hinter jedem Verhalten ein Beweggrund steckt.
- Die Teilnehmer überlegen sich, ob sie eine herausfordernde Situation aufgrund des Verhaltens eines Kollegens/Teammitglieds erleben.
- Die Situation und das Verhalten werden den anderen Teilnehmern geschildert.
- Gemeinsam wird überlegt, welche Gründe es für dieses Verhalten („persönlicher Mehrwert") geben kann.

Vorgehen

„Liebe Seminarteilnehmer, gemeinsam möchte ich mich mit Ihnen auf die Suche nach dem Schokoladenherz machen. ‚Ja wie, ist denn schon wieder Ostern?‘, werden Sie sich fragen. Aber keine Sorge, wir wollen uns eher symbolisch auf die Suche machen. Das Schokoladenherz soll Ihnen nämlich verdeutlichen, dass sich in der Regel hinter jedem Handeln entweder eine gute Absicht oder ein persönlicher Mehrwert verbirgt. Jemand verhält sich auf eine bestimmte Art und Weise, weil er eigentlich etwas Gutes bewirken möchte oder zumindest den Glauben hat, damit etwas Gutes zu bewirken. Oder jemand verhält sich auf eine bestimmte Art und Weise, weil er damit etwas bezweckt und für sich einen Nutzen aus diesem Verhalten zieht. Man nennt dies einen persönlichen Mehrwert generieren. Oft sind uns die Beweggründe der anderen nicht bewusst und wir ärgern uns, warum sich diese so ‚unfair‘ oder gar ‚unverschämt‘ verhalten. Manchmal erkennen wir jedoch nur nicht die Gründe, die dahinterstehen. So kann es zum Beispiel sein, dass ein Kollege von Ihnen sich strikt weigert, eine neue Arbeitsanweisung umzusetzen. Vielleicht ärgern Sie sich dann über die vermeintliche Sturheit oder Arroganz des Kollegen. Wenn wir uns aber auf die Suche nach dem Schokoladenherz machen würden, würden wir vielleicht erkennen, dass sich hinter der Weigerung die Angst verbirgt, dem Neuen nicht gewachsen zu sein.

Welcher Beweggrund sich hinter einem Verhalten verbirgt, können wir von außen nicht erkennen. Dies kann uns nur die Person selbst offenlegen, wenn sie dies denn möchte bzw. wenn sie sich auch selbst eingesteht und bewusst macht, warum sie sich in einer bestimmten Situation so und nicht anders verhält. Manchmal hilft es jedoch, sich überhaupt erst einmal zu überlegen, welche Beweggründe derjenige denn mitbringen könnte und sich auf die Suche nach dessen Schokoladenherz zu machen, auch wenn sich das am Schluss vielleicht als eher bittere Pille herausstellen mag. Das Verhalten des anderen verstehen, heißt nämlich nicht automatisch, mit dem Verhalten des anderen auch einverstanden zu sein. Aber zu versuchen, das Verhalten anderer zu verstehen, ist ein erster Schritt herausfordernde Situationen im Alltag souverän zu meistern.“

Der Trainer fragt nun die Teilnehmer, ob sie aktuell eine herausfordernde Situation aufgrund des Verhaltens eines Kollegen/Teammitglieds oder Bekannten erleben oder vor kurzer Zeit erlebt haben. Je nachdem, wie viele herausfordernde Situationen vorhanden sind, gehen die Teilnehmer in kleineren oder größeren Gruppen zusammen. Die Situation und das Verhalten werden den anderen Gruppenmitgliedern geschildert. Gemeinsam wird überlegt, welche Gründe es für dieses Verhalten (gute Absicht oder persönlicher Mehrwert) geben kann. Dabei dürfen und sollen die Teilnehmer frei spekulieren und auch vermeintlich abstruse Ideen nennen. Ein hilfreicher Einleitungssatz ist: *„Ich könnte mir vorstellen, dass ...“* Ziel ist es, dass alle erkennen, wie vielfältig die Beweggründe für das jeweilige Verhalten sein können und man sich nicht vorschnell auf irgendwelche Vermutungen festlegen sollte, sondern zunächst genau beobachten und auch erfragen soll, was die Beweggründe sind.

Varianten

Die „Suche nach dem Schokoladenherz“ lässt sich hervorragend mit der „Generalprobe“ (Methode 61) kombinieren. Dann können sich die Teilnehmer überlegen, mit welchem Verhalten ihrer Mitmenschen sie bei ihrem Umsetzungsprojekt zu rechnen haben und die Beweggründe der vermeintlichen „Umsetzungsverhinderer“ analysieren.

Worauf achten?

Achten Sie darauf, dass die Teilnehmer bei den Beweggründen ihrer Kreativität freien Lauf lassen. Es sollen so viele Ideen wie möglich für potenzielle Beweggründe gesammelt werden. Ganz wichtig: Die Teilnehmer sollen mindestens so viele „positive“ Beweggründe wie negative sammeln.

Praxistipp

Nehmen Sie zur Erläuterung der „Suche nach dem Schokoladenherz“ am besten ein Beispiel direkt aus der Seminargruppe. Schildern Sie ein beobachtetes Verhalten eines oder mehrerer Teilnehmer und spekulieren Sie frei und humorvoll (!), welche Beweggründe sich hinter diesem Verhalten verbergen könnten.

Warum fördert diese Methode die Nachhaltigkeit?

Die Methode „Auf der Suche nach dem Schokoladenherz“ fördert die Nachhaltigkeit, da sie die Teilnehmer lehrt, das Verhalten anderer zu hinterfragen und mögliche Beweggründe zu erkennen. Herausfordernde Situationen, auch in der Umsetzung der Lernziele, lassen sich so besser analysieren und erfolgreich meistern.

Querverweis

Die „Suche nach dem Schokoladenherz“ lässt sich hervorragend mit der „Generalprobe“ (Methode 61) verbinden; siehe Näheres unter „Varianten“.

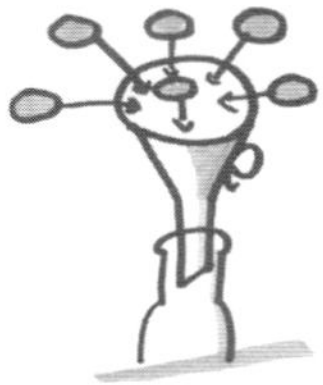

44. Ideenwettbewerb

„Wir könnten viel, wenn wir zusammenstünden."

– Friedrich von Schiller –

Kurzbeschreibung

Die Teilnehmer sammeln auf ihre (Praxis-)Fragen Tipps und Antworten. Die Gruppe mit den besten Ideen geht als Sieger aus dem Wettbewerb hervor.

Ziele

- Die Teilnehmer erhalten eine Vielzahl guter Ideen auf ihre Fragen.
- Die Teilnehmer tauschen ihre Erfahrungen aus.
- Die Teilnehmer helfen sich gegenseitig.

Zeit

- 40 Minuten (abhängig von der Anzahl der Fragen)

Material

- Pinnwand „Ideenwettbewerb", Moderationskarten, Stifte, kleines Siegerpräsent

Gruppengröße

- die Teilnehmer in drei bis fünf Gruppen zur Beantwortung der Fragen aufteilen

Überblick

- Die Teilnehmer sammeln ihre Praxisfragen.
- Die Praxisfragen werden vorgestellt und an einer Pinnwand gesammelt.
- Die Teilnehmer gehen zu zwei oder dritt zusammen und überlegen sich auf jede Frage ihre beste Idee oder Antwort.
- Die Antworten werden auf Moderationskarten festgehalten.
- Für jede Praxisfrage stellen die Teilnehmergruppen ihre Antwort vor und hängen diese an die Pinnwand.
- Der Fragensteller kürt die für ihn hilfreichste Antwort.
- Am Ende wird die Gruppe mit den besten Ideen zum Sieger des Ideenwettbewerbs gekürt.

Vorgehen

Für den „Ideenwettbewerb" werden zunächst die Praxisfragen der Teilnehmer gesammelt und vorgestellt. Wie das funktioniert, ist in Methode 25 „Meine größte Herausforderung" beschrieben. Bereiten Sie dann die Pinnwand für den Ideenwettbewerb vor. Hängen Sie hierfür ganz links die Fragen mit den Karten der Teilnehmer in einer Spalte untereinander auf. Achten Sie darauf, dass alle Karten gut lesbar sind, sonst sollten Sie diese noch mal selbst schreiben.

Abb.: Pinnwand Ideenwettbewerb

Die Anmoderation kann wie folgt geschehen:
„Liebe Seminarteilnehmer, nun ist es an der Zeit, Antworten auf Ihre Praxisfragen und -herausforderungen zu finden. Ich habe Ihnen hierfür eine Pinnwand für unseren Ideenwettbewerb vorbereitet. In der linken Spalte finden Sie Ihre Praxisfragen. Unser Ziel wird es sein, dass wir möglichst viele gute Antworten und Ideen auf die Fragen finden. Und zwar werden wir hierfür in einen Ideenwettbewerb gehen. Diejenige Gruppe, die am häufigsten die besten Antworten gegeben hat, wird als Sieger hervorgehen. Welche Antwort die beste ist, darf der Fragensteller entscheiden. Ich würde vorschlagen, wir schauen uns alle noch mal die Fragen an, damit Ihnen ganz klar ist, worauf sich die Frage genau bezieht."

Nun kann der Trainer die Fragen kurz durchgehen. Falls es Unklarheiten gibt, soll der Fragensteller noch mal erläutern, wie die Frage gemeint war. Erst wenn es keine inhaltlichen Fragen mehr zu den Karten gibt, startet die Gruppeneinteilung. Idealerweise werden für jede Frage fünf bis sechs Ideenkarten gesammelt, sodass der Fragensteller eine gewisse Auswahl an Ideen hat. Deshalb bietet es sich je nach Teilnehmergröße an, drei Gruppen einzuteilen, die für jede Frage ihre zwei besten

Ideen festhalten. Alternativ lassen sich fünf bzw. sechs Gruppen einteilen. Dann präsentiert jede Gruppe nur ihre beste Idee. Die Gruppen erhalten je nach zur Verfügung stehender Zeit zwischen zehn und dreißig Minuten für die Ideensammlung und das Festhalten der Ideen auf Moderationskarten. Die Gruppen stellen dann reihum für jede Frage ihre gesammelte(n) Antwort(en) vor. Der Fragensteller überlegt und sucht sich seine „Lieblingsidee" heraus. Diese kann mit einem Klebepunkt gekennzeichnet werden. Ebenso erhält die Gruppe einen Punkt. Sind alle Ideen präsentiert, wird die Gruppe, die die meisten Punkte erhalten hat, zum Sieger des Ideenwettbewerbs gekürt.

Varianten

Wenn gegen Ende des Workshops noch einige Fragen der Teilnehmer offen sind, so lassen sich mithilfe des Ideenwettbewerbs in sehr kurzer Zeit viele gute Antworten sammeln.

Worauf achten?

- Der Trainer sollte darauf achten, dass nicht zu viele Praxisfragen für den Ideenwettbewerb zur Beantwortung stehen. Zehn Praxisfragen haben sich bewährt. Sind mehr Praxisfragen vorhanden, können diese auch im Austausch, über Trainerinput oder in Form einer Praxisvernissage beantwortet werden.
- Ebenso sollte darauf geachtet werden, dass weder zu wenig noch zu viel Antworten gesammelt werden. Regel: Nicht mehr als sechs, maximal acht Antworten je Frage. Ansonsten werden die Teilnehmer von der Menge der Ideen regelrecht „erschlagen".

Praxistipp

Der Ideenwettbewerb lebt von der Strukturiertheit und der Kürze der Durchführung. Die Fragen werden kurz und knackig vorgestellt. Diskussionen erfolgen ausschließlich in den Kleingruppen. Beim Präsentieren der Antworten werden diese nicht begründet, lediglich vorgestellt. Auch der Fragensteller entscheidet sich zügig für seine Lieblingsidee und begründet diese in einem, maximal zwei Sätzen. So erhalten die Teilnehmer in kurzer Zeit einen bunten Strauß an guten Ideen für ihre Fragen.

Warum fördert diese Methode die Nachhaltigkeit?

Die Methode „Ideenwettbewerb" fördert die Nachhaltigkeit, da die Teilnehmer eine Vielzahl von Antworten auf ihre Praxisfragen bekommen. Alle profitieren gegenseitig von ihren Erfahrungen und geben ihr Wissen weiter. Die Gruppe tauscht in kurzer Zeit viele praxiserprobte Ideen aus.

Querverweis

In Methode 25 „Meine größte Herausforderung" wird geschildert, wie das Sammeln der Praxisfragen erfolgen kann.

45. Praxisvernissage

„Es würde uns wahrlich in Erstaunen versetzen, wenn wir wüssten, was wir alles wissen."

– Unbekannt –

Kurzbeschreibung

Die Teilnehmer sammeln in Form einer Vernissage Tipps und Anregungen zu den Fragen ihrer Kollegen.

Ziele

- Die Teilnehmer setzen sich aktiv mit Inhalten auseinander.
- Die Teilnehmer profitieren vom Erfahrungsschatz aller.
- Die Teilnehmer lernen, sich gegenseitig zu unterstützen.

Zeit

- 60 bis 90 Minuten

Material

- Flipchartbögen, Kreppband, Moderationsstifte
- Vorbereitung dauert ca. 10 Minuten (Moderationskarten auf leeren Flipchart-Bögen verteilen und Flipcharts an die Wände hängen)

Gruppengröße

- 12 Teilnehmer, bei größeren Gruppen die Teilnehmer in Dreier- oder Vierergruppen statt der Zweiergruppen aufteilen

Überblick

- Die Teilnehmer sammeln ihre Fragen zu herausfordernden Situationen, zu denen sie gerne Unterstützung hätten.
- Die Fragen werden kurz vorgestellt.
- Der Trainer verteilt die Moderationskarten mit den Fragen auf Flipchart-Bögen.
- Die Flipchart-Bögen mit ein oder zwei Fragen werden an Wände gehängt.
- Der Trainer moderiert die Aufgabe an.
- Die Teilnehmer gehen zu zweit von Flipchart zu Flipchart und schreiben ihre Antworten und Ideen direkt auf die Bögen.
- Die Antworten werden kurz vorgestellt und gemeinsam besprochen.

Vorgehen

Im ersten Schritt bringen die Teilnehmer ihre Praxisfragen ein. Diese schreiben sie auf Moderationskarten und stellen ihre Fragen kurz vor. Die Moderationskarten werden dabei an einer Pinnwand gesammelt. Wie dies genau funktioniert, lässt sich in „Meine größte Herausforderung" (Methode 25) nachlesen.

Vorbereitung: Der Trainer verteilt je zwei Moderationskarten mithilfe von Sprühkleber auf leeren Flipchartbögen und hängt die Bögen an den Wänden vom Seminarraum bzw. auch den dazugehörigen Gängen auf. Wichtig ist, dass ausreichend Platz zwischen den Flipchartbögen ist, sodass die Teilnehmer sich nicht gegenseitig im Wege stehen. Die Flipchart-Bögen werden anschließend durchnummeriert. Die Vorbereitung erfolgt am besten in einer Pause oder parallel zu einer Übung der Teilnehmer.

Sind die Vorbereitungen abgeschlossen, erklärt der Trainer die Praxisvernissage:

„Sicherlich wundern Sie sich, wo denn all Ihre Praxisfragen hin sind? Wie Sie sehen, die dazugehörige Pinnwand ist leer. Aber keine Sorge, ich habe Ihre Fragen nicht verschwinden lassen, sondern für unsere Praxisvernissage vorbereitet. Die Karten mit Ihren Fragen sind mittlerweile auf Flipcharts geklebt und die Flipcharts an den Wänden aufgehängt. Ich möchte Sie nun bitten, zu zweit zusammenzugehen und sich gemeinsam auf einen Spaziergang entlang der Flipcharts einzulassen. Die Flipcharts sind zwar durchnummeriert, aber Sie selbst unterliegen in Ihrem Abschreiten keiner festen Reihenfolge. Sie können die Flipcharts so ansteuern, wie Sie möchten. Wichtig ist nur, dass Sie am Schluss jedes Flipchart aufgesucht haben. Nehmen Sie sich bitte Moderationsstifte mit und tauschen sie sich zu zweit zu den Fragen aus, die Sie bzw. Ihre Kollegen gestellt haben. Sammeln Sie Lösungsvorschläge, Tipps und Tricks – manche Situationen kennen Sie vielleicht aus eigener Erfahrung. Was hat Ihnen damals geholfen? Manche Situationen sind Ihnen vielleicht fremd, aber Sie haben dennoch Ideen, wie Sie hier rangehen würden. Notieren Sie alles, was Ihnen einfällt, direkt unter den Fragen auf das Flipchart. Achten Sie bitte darauf, dass Ihre Schrift einigermaßen lesbar ist. Vielleicht kommen Sie auch mit einem anderen Pärchen in den Austausch – das ist absolut okay. Das Einzige, was bei unserer Praxisvernissage zählt, ist, dass der Fragensteller am Schluss unser gesammeltes Expertenwissen zur Verfügung gestellt bekommen hat – und für sich brauchbare Antworten mit nach Hause nehmen kann. Sie haben hierfür 30 Minuten Zeit. Um x Uhr treffen wir uns wieder hier im Seminarraum. Auf geht's!"

Die Teilnehmer machen sich zu zweit mit Stiften auf den Weg. Der Trainer beteiligt sich an der Praxisvernissage und greift je nach Bedarf – gerade am Anfang – unterstützend ein. Zur vereinbarten Zeit treffen sich alle wieder kurz im Seminarraum und Sie erläutern die weitere Vorgehensweise:

„Unsere Praxisvernissage ist nun abgeschlossen. Sicherlich sind auch Sie gespannt, was wir als Experten tatsächlich zustande gebracht haben. Ich möchte Sie bitten, dass sich jeder von Ihnen ein oder zwei Flipcharts als ‚Pate' heraussucht, diese abhängt und mit in den Seminarraum bringt. Jeder Pate stellt anschließend die notierten Antworten zu der oder den Praxisfragen auf seinem Flipchart vor und der Fragensteller gibt kurzes Feedback, inwieweit unsere gesammelten Ideen hilfreich für ihn waren. Bitte suchen Sie sich jetzt Ihr Flipchart aus."

Der Trainer gibt den Teilnehmern fünf Minuten Zeit, sich ein oder zwei Flipcharts auszusuchen, abzuhängen und in den Seminarraum zu bringen. Die Anzahl der Flipcharts je Teilnehmer ist abhängig von der Anzahl der Flipcharts. Wichtig ist, dass alle Flipcharts einen Paten finden. Der Trainer stellt ein Flipchart oder eine Pinnwand für die Präsentation bereit.

„Nun möchte ich Sie bitten, das Flipchart vorzustellen, für das Sie die Patenschaft übernommen haben. Kommen Sie hierzu bitte nach vorne, hängen Sie Ihr Flipchart auf und erläutern Sie zu der Praxisfrage die gesammelten Tipps und Tricks. Falls etwas unklar ist oder Sie es nicht lesen können, springt einfach der Aufschreiber ein. Jeder hat für die Erläuterung seines Flipcharts zwei Minuten Zeit. Anschließend gibt bitte der Fragensteller kurz Feedback, ob Ideen dabei sind, die hilfreich für ihn sind. Wir starten mit Flipchart Nummer 1."

Die Teilnehmer präsentieren nun die durchnummerierten Flipcharts. Abschließend kann eine kurze Abschlussrunde im Plenum erfolgen.

Varianten

- Die Teilnehmer können sich auch zu dritt oder viert auf die „Praxisvernissage" begeben. Das hat den Vorteil, dass die Teilnehmer untereinander viel diskutieren und ihre Erfahrungen austauschen. Geben Sie den Teilnehmern dann aber auch mehr Zeit für das Aufschreiben der Tipps.
- Für die Präsentation der Ideen können die Flipcharts alternativ auch an den Wänden hängen bleiben und die Teilnehmer gruppieren sich zur Präsentation rundherum. Dies ist aber nur angebracht, wenn es nicht zu viele Flipcharts sind, da sonst das längere Stehen meist ermüdend ist.

Worauf achten?

- Motivieren Sie Ihre Teilnehmer, ihre Ideen auch tatsächlich spontan niederzuschreiben, was gerade am Anfang ein wenig Unterstützung bedarf.
- Achten Sie zudem darauf, dass die Teilnehmer tatsächlich Lösungen diskutieren und nicht in Ursachenanalyse oder Ähnlichem abgleiten.
- Bei schwierigen Fragen können Sie mit guten ersten Antworten die Ideensammlung in Gang bringen, ansonsten ergänzen Sie zwischendurch ebenso wie die Teilnehmer die Flipcharts.
- Hin und wieder verstehen die Teilnehmer die Karten nicht mehr in dem Zusammenhang, in dem sie der Fragesteller erläutert hat. Sie sollten deshalb immer die konkrete Situation zu den Praxisfragen haben – entweder im Kopf oder in ihren Notizen. Gehen einige Antworten an der tatsächlichen Frage vorbei, so können Sie noch mal einen Hinweis auf das Flipchart machen, wie die Frage gemeint war oder den Fragensteller bitten, diese noch mal kurz zu erläutern.
- Wichtig ist, dass Sie darauf achten, dass während der Erläuterung der gesammelten Antworten und dem Feedback des Fragenstellers keine größeren Diskussionen oder Bewertungen der Antworten begonnen werden. Kleinere Verständnisfragen oder Bemerkungen hierzu sind erlaubt, aber auch die sollten sehr kurz gehalten werden. Halten Sie insgesamt die Zeit beim Präsentieren im Auge.

Praxistipp

Die „Praxisvernissage" ist eine Methode, die immer gut ankommt, da in relativ kurzer Zeit viele Ideen und Tipps gesammelt werden. Jeder der Teilnehmer kann seine Erfahrung einbringen. Zudem sorgt die Methode durch das Herumgehen, Diskutieren und Schreiben wieder für neuen Schwung in der Gruppe. Achten Sie nur darauf, dass die Präsentationen nicht ausufern.

Warum fördert diese Methode die Nachhaltigkeit?

Die Methode „Praxisvernissage" fördert die Nachhaltigkeit, da sie den Teilnehmern Hilfestellung bei ihren konkreten Fragen aus der Praxis gibt. Die Teilnehmer nutzen ihren Erfahrungsschatz und unterstützen sich gegenseitig bei der Beantwortung der Fragen. Aufgrund der Vielfalt der Antworten erhält der Fragensteller in der Regel immer viele konkrete, wertvolle Anregungen, die sich direkt umsetzen lassen.

Querverweis

Die „Praxisvernissage" lässt sich hervorragend mit „Meine größte Herausforderung" (Methode 25) kombinieren.

46. Feedback famos

„Nichts erstaunt die Menschen mehr als Vernunft und ehrliche Behandlung." – Ralph W. Emerson –

Kurzbeschreibung

Die Teilnehmer geben sich in ritualisierter Form Feedback und sammeln gemeinsam Lernerfahrungen.

Ziele

- Die Teilnehmer unterstützen sich gegenseitig bei ihren Lern- und Reflexionsprozessen.
- Die Teilnehmer lernen, sich gegenseitig wertschätzendes Feedback zu geben.
- Die Teilnehmer lernen aufmerksam zuzuhören.

Zeit

- 20 bis 30 Minuten

Material

- Flipchart „Zuhören lernen"

Gruppengröße

- unbegrenzt

Überblick

- Der Trainer erläutert die Aufgabe.
- Die Teilnehmer gehen zu zweit zusammen.
- Teilnehmer A beantwortet in ritualisierter Form die vorgegebenen Sätze zur Reflexion der Lernerfahrungen.
- Teilnehmer B hört aufmerksam zu und gibt Teilnehmer A Feedback, welche Erkenntnisse er aus den Aussagen des anderen ziehen kann.
- Die Rollen wechseln.
- Im Plenum erfolgt eine kurze Abschlussrunde über wichtige Erkenntnisse aus der Übung.

Vorgehen

„Liebe Seminarteilnehmer, ich würde Sie gerne dazu motivieren, sich gegenseitig zu unterstützen und sich regelmäßig konstruktives Feedback für Ihren Lernprozess zu geben. Hierzu sollten Sie zu zweit zusammen-

gehen. Sprechen Sie kurz ab, wer von Ihnen mit unserem ‚Feedback famos' beginnen möchte. Derjenige, der beginnt, hat die Aufgabe, seinem Gegenüber wertschätzend und konstruktiv Feedback zu dessen Verhalten und zu dessen Lernprozess zu geben.

Dabei nutzen wir eine ritualisierte Form des Feedbacks. Hierzu sollen Sie sich zunächst in Ruhe überlegen, was Sie dem anderen mitteilen möchten und was ihm vor allem bei der Umsetzung seiner Lernziele helfen mag. Sind Sie sich darüber im Klaren, suchen Sie sich zu zweit bitte eine ruhige Ecke, setzen Sie sich gegenüber und vervollständigen Sie die folgenden Sätze:

- *Wenn ich an die Person denke, die exakt das Gegenteil von Dir ist, dann würde ich diese Person mit folgenden drei Adjektiven beschreiben:*
- *Am charakteristischsten für Dein Verhalten war für mich in der letzten Übung/an diesem Tag …*
- *Eine Deiner großen Stärken ist mir in folgender Situation bewusst geworden, als Du …*
- *Anstatt Dich häufig … würde ich Dir empfehlen zukünftig mehr …*
- *Ich vermute, das eine wichtige (Lern-)Erkenntnis heute für Dich war …*
- *Das Wichtigste, was ich Dir für Deinen Lernprozess aktuell mit auf den Weg geben möchte, ist …*

Abb.: Flipchart Lernen zuzuhören

Dabei ist es wichtig, dass Sie nicht von diesen Sätzen abweichen, sondern Ihr Feedback jeweils exakt mit diesen Worten durchführen. Bitte halten Sie sich unbedingt daran, um das Feedback prägnant und kurz auf den Punkt zu bringen. Ihr Partner soll Ihnen nur aufmerksam zuhö-

ren, nichts entgegnen und das Feedback in Ruhe auf sich wirken lassen. Dabei kann es beispielsweise hilfreich sein, die Augen zu schließen. Probieren Sie es einfach aus, ob Sie sich damit wohlfühlen. Ist das Feedback erfolgt, bedankt sich der Feedback-Nehmer und nimmt sich dann ebenfalls ein paar ruhige Minuten, in denen er das Feedback rekapituliert und wichtige Erkenntnisse für sich notiert. Diese spiegelt er kurz seinem Feedback-Geber wider mit den Worten: Was ich aus Deinem Feedback für mich Wichtiges mitnehmen konnte …

Anschließend wechseln die Rollen und der Feedback-Nehmer wird zum Feedback-Geber. Achten Sie darauf, auch hier wieder ausreichend Zeit, d.h. mindestens drei bis fünf Minuten, einzuplanen, in denen der Feedback-Geber in Ruhe überlegen kann, welche Hinweise seinem Gegenüber für einen nachhaltigen Lerneffekt hilfreich sein könnten. Je besser Sie im Vorfeld überlegen, desto fokussierter und treffender und damit auch hilfreicher ist das Feedback."

Die Teilnehmer gehen nun in ihre Feedback-Runden. Im Anschluss erfolgt eine kurze Runde im Plenum, in der jeder kurz schildern kann, wie er die Übung erlebt hat.

Varianten

Jedes Zweierteam kann zusätzlich seine wichtigste Erkenntnis während des Feedbacks auf einer Moderationskarte festhalten und in der Abschlussrunde den anderen präsentieren.

Worauf achten?

- Achten Sie darauf, dass die Teilnehmer tatsächlich durchgängig die vorgegebenen Einleitungssätze für das Feedback nutzen und nicht davon abkommen. Es ist wichtig, dass kein Gespräch in Gang kommt, sondern dass sich die Teilnehmer auf die wenigen Sätze konzentrieren.
- Nutzen Sie die Methode, nachdem Sie sie eingeführt haben, regelmäßig im Seminar, sodass die Teilnehmer lernen, sich ihr Verhalten automatisch widerzuspiegeln.
- Achten Sie darauf, dass die Feedback-Sätze immer wertschätzend verpackt sind. Weisen Sie Ihre Teilnehmer nochmals gesondert darauf hin.

Praxistipp

Wandeln Sie die Sätze für das „Feedback famos" für jede Feedback-Situation individuell ab, behalten Sie aber den stringenten Ablauf bei.

Warum fördert diese Methode die Nachhaltigkeit?

Die Methode „Feedback famos“ fördert die Nachhaltigkeit, da die Teilnehmer lernen, sich gegenseitig ihr Verhalten widerzuspiegeln und offen Feedback entgegennehmen. So arbeiten die Lernpartner gemeinsam kontinuierlich an sich und ihren Lernzielen.

Querverweise

Die Übung lässt sich am besten mit dem „guten Freund“ (Methode 28) und dem „Nachhaltigkeits-Bestseller“ (Methode 27) verknüpfen. Dann geben sich die jeweiligen Lernpartner jeweils Feedback und halten regelmäßig die wichtigsten Erkenntnisse aus den Feedback-Runden schriftlich in ihrem Bestseller fest. Die Methode ist ebenso geeignet, die „Reflexionsschleifen“ (Methode 29) zu vertiefen. Die Qualität der Reflexionen steigt, wenn auch der Lernpartner das Verhalten des anderen genau beobachtet und seine Wahrnehmungen in einem strukturierten Feedback-Prozess schildert.

47. Marktplatz

„Menschen lassen sich viel eher durch Argumente überzeugen, die sie selbst entdecken, als durch solche, auf die andere kommen."

– Blaise Pascal –

Kurzbeschreibung

Die Teilnehmer bestimmen mithilfe eines „Marktplatzes" die Themen, die sie selbst interessieren und an denen sie in Kleingruppen eigenständig arbeiten möchten.

Ziele

- Die Teilnehmer werden zu aktiven Gestaltern des Seminars.
- Die Teilnehmer bringen die Themen ein, die sie tatsächlich interessieren.
- Die Teilnehmer lernen zu argumentieren und für ihre Themen Überzeugungsarbeit zu leisten.

Zeit

- für die Sammlung der Themen, dem eigentlichen Marktplatz, zwischen 60 und 120 Minuten;
- die Bearbeitung der Themen ist abhängig von der Art der Durchführung, hier nochmals mindestens 60 Minuten einplanen

Material

- mehrere Pinnwände und Flipchart-Ständer (alternativ können auch die Wände zum Aufhängen der Blätter genutzt werden), Moderationsstifte

Gruppengröße

- unbegrenzt, der Marktplatz lässt sich auch mit Großgruppen durchführen

Überblick

- Der Trainer erläutert die Vorgehensweise.
- Es erfolgt ein kurzer Input/Vortrag zu einem Thema.
- Die Teilnehmer notieren sich während des Vortrags alles auf Moderationskarten, was ihnen dazu einfällt – Thesen, Statements, Kommentare etc.

- Alle Moderationskarten werden querbeet an Pinnwände gehängt.
- Die Teilnehmer lesen die Karten und lassen sich inspirieren.
- Der Marktplatz wird eröffnet, d.h., jeder Teilnehmer kann sich ein Thema wünschen, das im Folgenden diskutiert und bearbeitet werden soll. Hierzu ist es notwendig, dass er eine bestimme Anzahl an Mitstreitern findet, die das Thema auch interessant finden.
- Vorgehensweise: Der Marktplatz wird eröffnet. Der Teilnehmer schnappt sich ein freies Flipchart, notiert sein Thema und überzeugt die Vorübergehenden von seinem Thema. Sobald eine bestimmte Anzahl von Kollegen auf dem Flipchart unterschreiben und so signalisieren, dass sie hinter dem Thema stehen, ist das Thema „gekauft". Finden sich nicht genug Mitstreiter, bleibt das Thema außen vor.
- Nach Ablauf des Marktplatzes wird gemeinsam geschaut, wie viele Themen von Interesse da sind und ob es Oberthemen gibt, unter denen man verschiedene Themen zusammenfassen könnte.
- Werden sehr viele Themen eingebracht, können diese über eine Punktabfrage nochmals auf eine bestimmte Anzahl reduziert werden.
- Stehen die Themen fest, ordnen sich die Teilnehmer nach Interessenlage zu und bearbeiten die Themen eigenständig.

Vorgehen

„Liebe Teilnehmer, in den folgenden zwei Stunden werden wir uns aus unserem üblichen ‚Workshop-Setting' lösen: Statt Sitzkreis mit Input und Übungen eröffnen wir unseren eigenen Marktplatz, zu dem Sie die Themen einbringen können, die Sie interessieren. Wie läuft das ab? Ich habe für Sie einen Experten zum Thema x eingeladen, der Ihnen einen kurzen Vortrag zu unserem Thema halten wird. Bitte greifen Sie zu Stiften und Moderationskarten und notieren Sie sich während des Vortrages alles, was Ihnen durch den Kopf schießt. Das können Kommentare, Fragen, Thesen, Bestätigungen oder Proteste ein. Egal was es ist, notieren Sie alles, was Ihnen spontan einfällt. Der Vortrag dauert etwa fünfzehn Minuten. Danach hängen Sie bitte alle Ihre Moderationskarten querbeet an die Pinnwände, die hinten an den Wänden bereitstehen. Sie müssen die Karten nicht sortieren, sondern können sie wie Sie möchten aufhängen. Sobald alle Karten hängen, gehen Sie reihum und lesen Sie, was Ihnen und Ihren Kollegen eingefallen ist. Lassen Sie sich von den Karten inspirieren und überlegen Sie sich, was die Themen sind, die Sie zu unserem Thema im Folgenden diskutieren und bearbeiten möchten. Nutzen Sie die

Gelegenheit, all die Themen einzubringen, die Sie interessieren. Unsere Pinnwand-Sammlung soll Ihnen hierzu als Anreiz dienen. Wichtig ist, dass Sie eine bestimmte Anzahl an Mitstreitern finden, die Ihr gewünschtes Thema auch interessant finden. Hierzu nutzen wir den Marktplatz. Während Sie die gesammelten Kommentare und Themen zum Vortrag lesen, baue ich Ihnen in der Mitte des Raumes einen Kreis von leeren Flipcharts auf. Das ist unser Marktplatz, auf dem Sie Ihre Wunschthemen an den Mann bringen sollen. Sobald Sie ein freies Flipchart gefunden haben, notieren Sie dort Ihr Thema und überzeugen Sie die Vorübergehenden von der Wichtigkeit des Themas. Wer dieses Thema auch interessant findet und weiter bearbeiten möchte, der greift zum Stift und unterschreibt direkt auf dem Flipchart. Finden Sie fünf Mitstreiter, ist das Thema ‚gekauft'. Ich hänge den Flipchart-Bogen ab und das Flipchart ist für die nächste interessante Idee freigegeben. Suchen Sie jedoch zu lange nach Mitstreitern und bekommen Sie nicht ausreichend Unterschriften, müssen Sie Ihren Marktplatz wieder räumen und unerledigter Dinge weiterziehen. Versäumen Sie deshalb nicht, Ihr Thema laut und deutlich anzupreisen! Für den Marktplatz stehen uns dreißig Minuten zur Verfügung. Nach Ablauf schauen wir gemeinsam, wie viele Themen von Interesse da sind und ob es Oberthemen gibt, unter denen wir die verschiedenen Themen zusammenfassen können. Hierzu werde ich alle Flipcharts mit den Unterschriften nebeneinander an die Wände hängen, sodass wir einen guten Überblick haben. Danach entscheiden wir, wie viele und welche Themen wir tatsächlich bearbeiten wollen."

Nun geht es an die Durchführung. Nach jedem Abschnitt wird der nächste Schritt noch mal genau für die Teilnehmer erläutert. Am besten arbeiten Sie mit einem Zeitsignal, sodass Sie sowohl die letzten fünf Minuten des jeweiligen Abschnitts als auch das Ende eines Abschnitts für alle eindeutig bekanntgeben können.

Die Zusammenführung der Flipcharts ist wichtig, damit ähnliche Themen nicht mehrfach parallel bearbeitet werden. Schauen Sie deshalb mit Ihren Teilnehmern genau hin, ob es Themen gibt, die miteinander „verheiratet" werden können. Letztlich entscheiden die Themeneinbringer, ob sie ihr Thema zusammenfassen möchten. Falls beide zustimmen, hängen Sie die Flipcharts untereinander und suchen Sie gemeinsam nach einem guten Oberbegriff. Überlegen Sie sich im Vorfeld, wie viele Themen am Schluss zur Bearbeitung vorhanden sein sollten, damit die Teilnehmer in Kleingruppen konstruktive Ergebnisse erzielen können. Falls mehr Themen von Interesse sind, können die Themen über eine Punktabstimmung auf eine bestimmte Anzahl reduziert werden. Hierzu klebt jeder Teilnehmer drei bzw. fünf Punkte auf die Flipcharts, die ihm am wichtigsten sind. Die Flipcharts mit den meisten Punkten kommen in die

zweite Runde. Stehen die Themen fest, teilen sich die Teilnehmer nach Interessenslage zu und bearbeiten die Themen eigenständig.
Für die Bearbeitung der Themen bieten sich vielfältige Settings an: So können sich die Teilnehmer in Diskutierende und Berater aufteilen. Ein Moderator wird ausgewählt, er steuert die Diskussion und hält den Verlauf der Diskussion am Flipchart fest. Während der Diskussion beobachten die Berater den Verlauf und erhalten regelmäßig vom Moderator das Wort zugeteilt, unterstützendes Feedback zu geben, was sie beobachtet haben und was sie den Diskutierenden raten. Die Rollen können nach einer bestimmten Zeit wechseln.

Varianten

- Der „Marktplatz“ lässt sich sehr vielseitig durchführen und eignet sich sowohl für typische Seminargruppen mit zwölf Teilnehmern als auch für Großgruppen. Je nach Gruppengröße weicht der Zeitbedarf erheblich voneinander ab. Der Marktplatz lässt sich in Gruppen bis zwölf Teilnehmern auch in 60 Minuten durchführen, um in einem überschaubaren Zeitrahmen Themen zu sammeln, die die Teilnehmer weiter bearbeiten möchten.
- Der einleitende Vortrag kann sowohl von Ihnen, einem Teilnehmer, einem Experten oder einem Vorgesetzten der Teilnehmer erfolgen. Letzteres bietet sich zum Beispiel dann an, wenn Veränderungen anstehen und die Teilnehmer nach einem kurzen Info-Vortrag die Themen einbringen können, die ihnen auf dem Herzen liegen.

Worauf achten?

- Führen Sie die Teilnehmer gut durch den Prozess, sodass alle in allen Phasen wissen, was zu tun ist.
- Achten Sie auf die Zeit. Am besten planen Sie vorab die Minuten ein, geben den Teilnehmern bekannt, wie viel Zeit für den nächsten Schritt zur Verfügung steht und halten mit einem Zeitsignal für alle die Zeit im Auge.

Praxistipp

Es ist hilfreich, wenn Sie einen Assistenten an Ihrer Seite haben, der Ihnen bei der Bereitstellung der Moderationsmaterialien, dem Auf- und Abhängen der Flipcharts, der Überwachung der Zeit und der Unterstützung der Teilnehmer unter die Arme greift.

Warum fördert diese Methode die Nachhaltigkeit?

Die Methode fördert die Nachhaltigkeit, da die Teilnehmer die Möglichkeit haben, die Themen in den Workshop einzubringen, die sie interessieren. Jeder Teilnehmer kann sich aussuchen, welche Themen er einbringen und an welchen Themen er arbeiten möchte.

48. Von der Lust am Scheitern

„Niemand weiß, was er kann, bis er es probiert hat."

– Pubilius Syrus –

Kurzbeschreibung

Die Teilnehmer werden bewusst an eine Aufgabe herangeführt, bei der sie voraussichtlich scheitern. Erst nachdem die Teilnehmer selbstständig überlegt haben, was sie für das erfolgreiche Gelingen benötigen, gibt der Trainer den entsprechenden Input und die Teilnehmer probieren die Aufgabe erneut – und in der Regel mit Erfolg.

Ziele

- Die Teilnehmer erarbeiten sich selbstständig Wissen.
- Die Teilnehmer erleben durch eigenes Ausprobieren, welche Relevanz das Gelernte hat.
- Die Teilnehmer erhalten direkte Rückmeldung auf ihr Vorgehen.

Zeit

- abhängig von der gestellten Aufgabe; mindestens 40 Minuten

Material

- Moderationsbedarf, „Probe-Aufgabe"

Gruppengröße

- abhängig von der Aufgabenstellung, Übung lässt sich bei zahlreichen Teilnehmern in der Regel auch immer in mehreren Kleingruppen parallel durchführen

Überblick

- Der Trainer stellt den Teilnehmern eine bewusst nicht bzw. nur schwer zu lösende Aufgabe.
- Die Teilnehmer probieren die Aufgabe zu lösen und scheitern.
- Der Trainer regt die Teilnehmer an zu überlegen, was sie an Wissen und sonstigen Dingen benötigen, um die Aufgabe erfolgreich lösen zu können.
- Die Teilnehmer sammeln die zur Lösung der Aufgabe benötigten Punkte auf Moderationskarten, die an eine Pinnwand geheftet werden.
- Der Trainer stellt das zur Lösung benötigte Wissen bereit.

- Die Teilnehmer probieren ein zweites Mal die Aufgabe zu lösen – und sind erfolgreich.
- In einer Abschlussrunde wird gemeinsam besprochen, welche Erfahrungen die Teilnehmer aus diesem Experiment ziehen können.

Vorgehen

„Von der Lust am Scheitern" lässt sich auf vielfältige Art durchführen. Die Aufgabe, die den Teilnehmern jeweils gestellt wird, ist abhängig von dem Seminarthema. In Team- oder Führungsseminaren bieten sich beispielsweise immer Aufgaben an, in denen die Gruppe erst lernen muss, als Team gut zu funktionieren. Der Markt für Trainermaterialien bietet hier für ganz verschiedene Workshop-Themen fertige Tools. Meist lassen sich aber auch für alle Themen selbstständig Aufgaben konstruieren bzw. vorhandene abwandeln, sodass die Methode exakt auf das jeweilige Seminarthema zugeschnitten werden kann – und genau das Wissen zum Erfolg führt, das der Trainer vermitteln möchte, sodass alle die Relevanz der Inhalte erkennen.

So vielfältig die möglichen Aufgaben an die Gruppe sind, die Methode selbst folgt immer einem festen Ablauf. Und zwar wird der Gruppe die Aufgabe erläutert. Die Teilnehmer versuchen die Aufgabe zu lösen – und scheitern. Der Trainer hält sich zunächst zurück, motiviert die Teilnehmer nur immer wieder, es auszuprobieren und wartet, bis die Teilnehmer frustriert aufgeben. Erst dann wird eingegriffen: *„Leider waren Sie beim Lösen der Ihnen gestellten Aufgabe bislang nicht erfolgreich. Die Aufgabe ist jedoch lösbar – allerdings müssen Sie sich hierfür in der Gruppe zunächst überlegen, was Sie benötigen, um die Ihnen gestellte Aufgabe zum Erfolg zu führen. Sammeln Sie bitte die Punkte, die Sie Ihrer Meinung nach dafür benötigen auf Moderationskarten."*

Die Teilnehmer erhalten nun ausreichend Zeit, sich auszutauschen. Anschließend stellt die Gruppe ihre gesammelten Punkte vor. Der Trainer bemüht sich nun, der Gruppe genau den Input zu geben, den diese erfragt hat. Danach sollen die Teilnehmer ein zweites Mal probieren, die Aufgabe zu lösen. Falls dies wiederum nicht gelingt, sollen die Teilnehmer erneut kundtun, was sie noch an Wissen oder Sonstigem benötigen, um diesmal die Aufgabe lösen zu können. Sobald die Gruppe erfolgreich ist, lassen Sie die Gruppe ihren Erfolg feiern, loben und gratulieren Sie. Die Teilnehmer sollen ihren Erfolg bewusst wahrnehmen. Im Anschluss wird gemeinsam besprochen, was für die Teilnehmer wichtige Erkenntnisse aus dieser Übung sind. Lassen Sie die Teilnehmer dazu noch mal schildern, wie sie sich bei den Fehlversuchen gefühlt haben und welche Faktoren letztlich ausschlaggebend waren, dass die Gruppe die Aufgabe doch noch lösen konnte. Nehmen Sie sich viel Zeit für diese Reflexionsrunde. Alle Teilnehmer sollen erkennen, wie wichtig die gegebenen Informationen waren.

Worauf achten?

- Lassen Sie die Teilnehmer erst durch ein „Tal der Tränen" gehen. Der Frust über das Scheitern muss deutlich werden. Geben Sie auch nur die Inputs, die von Ihnen erfragt worden sind – auch wenn diese noch nicht zum erfolgreichen Durchführen der Aufgabe führen.
- Achten Sie aber am Ende unbedingt darauf, die Teilnehmer zu einem Erfolg zu führen, auch falls hier noch mal zusätzliche, manchmal auch unauffällige Unterstützung vonnöten ist. Wichtig ist die positive Abschluss-Stimmung, in der die Teilnehmer glücklich und zufrieden sind, die gestellte Aufgabe gemeinsam gelöst zu haben. Dies bringt unglaublich viel Motivation und positive Energie in die Gruppe; auch die Experimentierfreude und die Lust am Lernen steigen.

Praxistipp

Legen Sie sich nach und nach eine kleine Sammlung von Aufgaben an, die sich für die Methode eignen und zu Ihren Seminarthemen passen. Für die Teilnehmer bleiben solche Übungen immer nachhaltig im Gedächtnis, da mit der Aufgabe viele Emotionen verbunden sind.

Warum fördert diese Methode die Nachhaltigkeit?

Die Methode „Von der Lust am Scheitern" fördert die Nachhaltigkeit, da sie die Teilnehmer erkennen lässt, welche Relevanz bestimmtes Wissen hat. Die Teilnehmer lernen, sich selbstständig das Wissen zu erarbeiten, das sie benötigen. Die Übung hat einen großen und damit auch nachhaltigen Lerneffekt, da die Teilnehmer mit dem erfolgreichen Gelingen direkt belohnt werden.

Hintergrund

Aus der Hirnforschung ist bekannt, dass Lernen keine reine Kopfsache ist. Unser Gehirn prägt sich Dinge besser ein, wenn der Lernprozess mit Emotionen verbunden ist. Das absichtlich herbeigeführte Scheitern löst in der Regel Frust und Ärger aus – hilfreiche Emotionen, um das Erlebte bewusst wahrzunehmen und im Gedächtnis abzuspeichern. Der spätere Erfolg wirkt wie eine Endorphin-Spritze. Durch solch intensive Erlebnisse werden eine Vielzahl von Neuronen aktiviert, was nicht nur das Abspeichern und spätere Erinnern an das Geschehen erleichtert, sondern auch dazu führt, dass das Erlebte später detailgenau abgerufen werden kann.

49. Neustart

„Was immer Du tun kannst oder erträumst zu können, beginne es. Kühnheit besitzt Genie, Macht und magische Kraft."

– Johann Wolfgang von Goethe –

Kurzbeschreibung

Die Teilnehmer legen einen gedanklichen Neustart hin und dürfen sich für die Zeit nach dem Workshop ihr Team bzw. ihren Arbeitsplatz neu „einrichten", wobei Budget und Fantasie unbegrenzt sind.

Ziele

- Die Teilnehmer beschäftigen sich gedanklich mit der Zeit nach dem Workshop und verknüpfen ihren Arbeitsalltag mit den Erfahrungen im Workshop.
- Die Teilnehmer überlegen sich, wie es für sie in ihrem Team nach dem Workshop optimal laufen würde.
- Die Teilnehmer lernen, bislang erlebte Grenzen und Restriktionen nicht als unabdingbar hinzunehmen.

Zeit

- 40 bis 60 Minuten

Material

- Moderationsbedarf, leere Flipchart-Blätter

Gruppengröße

- bei mehr als 12 Teilnehmern die Präsentation des „Neustarts" in Kleingruppen und nicht im Plenum vornehmen lassen

Überblick

- Der Trainer moderiert die Aufgabenstellung an.
- Die Teilnehmer halten auf einem Flipchart fest, wie ihr Team bzw. ihr Arbeitsplatz nach einem gewünschten Neustart aussehen sollte.
- Jeder Teilnehmer präsentiert kurz sein Flipchart.
- Der Trainer erläutert, wie Ziele von der Vision in die Realität umgewandelt werden können.
- In Zusammenarbeit mit dem Lernpartner überlegt jeder Teilnehmer dann, was sich von seinem gewünschten Neustart wie umsetzen lässt.

- Im Plenum werden die Erfahrungen aus den Gruppen gesammelt.
- Der Trainer kann mit einer Abschlussgeschichte die Teilnehmer zusätzlich motivieren, gewünschte Veränderungen nach dem Workshop anzugehen.

Vorgehen

„Liebe Seminarteilnehmer, in der nächsten Stunde steht Ihnen etwas richtig Schönes bevor. Sie dürfen nämlich einen gedanklichen Neustart für sich, Ihr Team und Ihren Arbeitsplatz hinlegen und sich alles so einrichten, wie Sie es gerne hätten und wie es für Sie optimal laufen würde. Dabei dürfen Sie von der grünen Wiese weg planen, d.h., Sie müssen sich nicht an vorhandenen Gegebenheiten oder gar finanziellen oder sonstigen Einschränkungen festhalten. Lassen Sie Ihrer Kreativität freien Raum und seien Sie mutig, sich Ihr Arbeitsumfeld genau so zu gestalten, wie Sie es gerne hätten. Nehmen Sie sich ruhig ein paar Minuten Zeit, gehen Sie eine kleine Runde spazieren und lassen Sie dabei die Ideen sprudeln. Das Ergebnis Ihres gedanklichen Neustarts halten Sie bitte auf einem Flipchart fest – ob als Bild oder in Worten oder sonst wie, in der Gestaltung sind Sie frei."

Die Teilnehmer erhalten nun eine halbe Stunde, einen Neustart zu planen und zu dokumentieren. Anschließend präsentiert jeder kurz sein Flipchart. Der Trainer kann nun fortfahren:

„Vielen Dank für Ihren Mut und Ihre Ideen. Sicherlich lässt sich das nicht alles eins zu eins umsetzen – das ist das Schöne beim Planen am Reißbrett bzw. Flipchart. Sie unterlagen ja keinerlei Restriktionen. Wann hat man dies schon mal im Alltag? Dennoch ist es aber wichtig, sich seiner Wünsche bewusst zu werden und zu überprüfen, ob das ein oder andere nicht vielleicht doch in kleinen Schritten Realität werden kann. Und das genau sollen Sie jetzt mit Ihrem Lernpartner klären – und zwar in vier Schritten: Suchen Sie sich eine Wunschvorstellung heraus, die Ihnen besonders am Herzen liegt. Erläutern Sie Ihrem Lernpartner Ihren Wunsch. Klären Sie anschließend, wie weit Sie von Ihrem Wunsch aktuell entfernt sind. Eine hilfreiche Frage, die Ihr Lernpartner dabei stellen kann, ist: ‚Stell Dir eine Skala von 0 bis 10 vor: 0 bedeutet, dass die Lage für Dich absolut katastrophal und nicht mehr zu verschlimmern ist. 10 hingegen bedeutet, dass alles optimal für Dich läuft und Du Dein Ziel erreicht hast. Wo stehst Du jetzt im Moment mit Deinem Anliegen auf dieser Skala?' Warum diese Frage? Nun, in schwierigen Situationen scheint uns der Berg von Problemen oft undurchdringlich – die Skalen-

frage ermöglicht es, die Situation klar zu strukturieren, die Lösung ins Auge zu fassen (die ‚10') und den Weg zum Ziel in einzelnen Schritten sichtbar zu machen.

Bringen Sie anschließend Klarheit in die Situation. Fragen Sie: ‚Ah, Du stehst also auf Stufe x. Was hat Dich dazu veranlasst zu sagen, Du stehst auf x und nicht auf Stufe 1?' In herausfordernden Situationen verstellt uns nämlich häufig das Problem den Blick auf die Gesamtsicht. Wir sehen nur noch, was nicht optimal läuft und nehmen anderes, speziell Positives, nicht mehr wahr. Hier hilft es, Klarheit in die Situation zu bringen, zu schauen, was auch gut läuft und sich selbst bewusst zu machen, warum man sich auf der jeweiligen Stufe sieht.

In der letzten Runde sammeln Sie Lösungsschritte. Fragen Sie Ihren Lernpartner: ‚Was müsste passieren, um in der Skala einen Schritt weiterzukommen, also von (beispielsweise) 4 auf 5? Was müsstest Du dafür tun? Was müssten andere tun? Wer könnte Dich dabei unterstützen?'

Hier gilt es nun, gemeinsam konkrete Lösungsschritte zu sammeln, wie der Wunsch tatsächlich Realität werden kann. Hier muss jeder gedanklich ‚arbeiten', das benötigt Zeit. Fällt dem Kollegen auch nach längerem Nachdenken keine Maßnahmen ein, hilft vielleicht die Frage: ‚Aber was könntest Du tun, um Dich weiter von Deinem Wunsch zu entfernen?' Hier fallen einem in der Regel die Antworten leichter – und man hat zugleich die Stellschrauben zur Umsetzung in der Hand."

Die Teilnehmer erhalten nun ausreichend Zeit, gemeinsam Lösungsschritte zu sammeln und beide Neustarts zu planen. Im Anschluss werden im Plenum kurz die Erfahrungen aus den Gruppen gesammelt. Der Trainer kann mit einer Abschlussgeschichte die Teilnehmer zusätzlich motivieren, gewünschte Veränderungen nach dem Workshop anzugehen.

Worauf achten?

Achten Sie darauf, dass die Teilnehmer bei der Präsentation der Neustarts nur erläutern, wie sie es gerne hätten. Sie müssen und sollen aber nicht begründen, warum sie sich das so und nicht anders wünschen. Manche gehen in eine Rechtfertigungshaltung, das ist überhaupt nicht notwendig. Jeder soll frei seine Ideen äußern.

Praxistipp

Wenn Sie möchten, dann motivieren Sie Ihre Teilnehmer zusätzlich, die gewünschten Veränderungen im Anschluss an die Übung auch tatsächlich anzugehen, in denen Sie ihnen beispielsweise die Geschichte „Von der Kraft der Überzeugung" vorlesen (siehe S. 342).

Warum fördert diese Methode die Nachhaltigkeit?

Die Methode „Neustart" fördert die Nachhaltigkeit, da sich die Teilnehmer während des Workshops damit auseinandersetzen, wie ihr Arbeitsalltag nach der Weiterbildung aussehen soll. Die Methode lässt vermeintliche Grenzen und Automatismen („Das war schon immer so") erkennen und sie motiviert die Teilnehmer, gewünschte Veränderungen aktiv anzugehen.

Querverweise

Die Methode lässt sich gut mit „Hinter dem Horizont geht's weiter" (Methode 50) verknüpfen. So kann zunächst die allgemeine Vision von allen geplant werden und sich dann jeder Einzelne an die Umsetzung an seinem Arbeitsplatz machen.

50. Hinter dem Horizont geht's weiter

„Die Zukunft hat viele Namen. Für Schwache ist sie das Unerreichbare, für die Furchtsamen das Unbekannte, für die Mutigen die Chance."

– Victor Hugo –

Kurzbeschreibung

Die Teilnehmer planen in drei Schritten ein Veränderungsprojekt: Erstens wird gesammelt, was alles schlecht läuft bzw. womit die Teilnehmer unzufrieden sind. Zweitens wird überlegt, wie es optimal laufen würde, und was Visionen und Wunschvorstellungen sind. Im dritten Schritt wird gemeinsam geschaut, was davon wie realisierbar ist.

Ziele

- Den Teilnehmern wird Raum gegeben für Kritik und Probleme.
- Die Teilnehmer lernen, die Problemorientierung zugunsten einer Lösungsorientierung aufzugeben.
- Es werden neue Ziele und Wege geplant.

Zeit

- abhängig von der Art der Durchführung und dem Veränderungsprojekt; in einer kurzen Variante reichen 60 bis 90 Minuten, in einer ausführlichen Variante kann der Methode auch ein oder mehrere Tage eingeräumt werden

Material

- Moderationsbedarf, Pinnwände, Flipcharts

Gruppengröße

- von Klein- bis Großgruppen möglich

Überblick

- Der Trainer moderiert die Aufgabe an.
- Die Teilnehmer sammeln zunächst alle Problempunkte und Kritik zu einem bestimmten Thema/aktuellem Zustand etc.
- Die Teilnehmer überlegen, was sie sich stattdessen wünschen und wie es in Zukunft optimal laufen würde (frei von Restriktionen oder der Frage, ob das überhaupt realistisch und umsetzbar ist)
- Gemeinsam wird überlegt, welche Ziele realisierbar sind und wie diese erreicht werden können.

Vorgehen

„Liebe Seminarteilnehmer, im Folgenden wollen wir unseren Blick weiten und hinter den Horizont blicken. Unser Ziel ist es, all das, was momentan nicht so gut läuft, hinter uns zu lassen und stattdessen unsere Ideen, wie es auch sein könnte, in die Tat umzusetzen. Bevor wir jedoch die Zukunft planen und gestalten, wollen wir den Ballast aus der Vergangenheit abwerfen und ohne Altlasten durchstarten. Ich möchte Sie deshalb bitten, die anstehenden fünfzehn Minuten zu nutzen, für sich klar Schiff zu machen. Bitte gehen Sie in Vierergruppen zusammen, lassen Sie – falls nötig – Ihrem Ärger freien Lauf und besprechen Sie alles, was Sie in der Vergangenheit genervt hat, was schlecht läuft und womit Sie in Ihren Teams unzufrieden sind. Greifen Sie sich ein leeres Flipchart und notieren Sie gemeinsam alle Punkte, die Ihnen hierzu einfallen."

Die Teilnehmer erhalten nun fünfzehn Minuten Zeit, Themen und Ereignisse, über die sie sich in der Vergangenheit geärgert haben, anzusprechen und festzuhalten. Sobald dies erfolgt ist, stellt jede Gruppe kurz ihre Kritikpunkte vor. Anschließend fährt der Trainer fort:

„Vielen Dank für die Offenlegung Ihrer Problemthemen. Es ist verständlich, dass Sie sich über das ein oder andere ärgern mussten. Es ist auch immer gut, Kritik offen anzusprechen und zu thematisieren. Falsch wäre es jedoch, in diesem Zustand ‚hängen zu bleiben', denn wir könnten endlos darüber diskutieren, was in der Vergangenheit nicht gut gelaufen ist. Wir wollen nun jedoch einen Schritt weiter gehen, den Ballast der Vergangenheit hinter uns lassen und es wagen, optimistisch zu sein und uns zu überlegen, wie es für uns optimal laufen würde, was Ihre Visionen und persönlichen Wunschvorstellungen sind. Scheuen Sie sich dabei nicht, Wünsche zu äußern, die auf den ersten Blick abwegig klingen. Stellen Sie sich einfach vor, eine Wunschfee würde Ihnen drei Wünsche gestatten, wie es für Sie optimal laufen würde. Was würden Sie sich wünschen? Wie würden Sie den Optimalzustand beschreiben? Wenn Ihnen zunächst einfällt, was Sie nicht mehr haben wollen, dann fragen Sie sich, was Sie sich stattdessen wünschen, egal wie verrückt sich das anhören mag. Bitte besprechen Sie sich auch hier wieder gemeinsam in der Gruppe und halten Sie Ihre Punkte auf einem neuen Flipchart fest, das Sie mit der Überschrift versehen ‚Unsere Vision'. Da es gar nicht so leicht ist, sich die Zukunft positiv auszumalen, nehmen Sie sich hierfür ruhig zwanzig Minuten Zeit."

Abb.: Pinnwand Horizont

Im Anschluss werden wiederum die Ideen der Teilnehmer präsentiert. Achten Sie als Trainer darauf, dass alle Ideen positiv aufgenommen werden, unabhängig davon, ob sie realistisch sind oder nicht. Bestätigen Sie die Gruppen, die auch „verrücktere" Dinge notiert haben. In einer dritten Arbeitsrunde geht es nun darum, sich in der Gruppe zu überlegen, was von den Wünschen wie realisierbar ist. Die Teilnehmer sollen kreativ werden und sich Maßnahmen überlegen, die notwendig sind, die Wünsche tatsächlich in die Tat umzusetzen. Dabei sind sie frei, ob sie die Umsetzung für alle Wünsche planen oder nur für die, die ihnen am wichtigsten erscheinen. Lassen Sie die Gruppen zwischendurch einmal rundherum gehen, sodass alle sehen, was sich die anderen überlegen, die Teilnehmer in Austausch kommen, diskutieren und sich untereinander Tipps geben, was noch gute Ideen und Schritte für die Umsetzung wären. Ihre Ideen sollen die Teilnehmer wiederum auf Flipchart oder Pinnwand festhalten. Die Teilnehmer erhalten hierfür insgesamt 30 bis 60 Minuten Zeit. Die Ideen werden im Plenum präsentiert und diskutiert. Anschließend können die besten Ideen samt Umsetzungsweg auch mit einer Punktfrage prämiert werden.

Varianten

- Der Blick hinter den Horizont ist auch für individuelle Veränderungsprojekte geeignet. Hier können die Teilnehmer zu zweit zusammenarbeiten und sich zunächst überlegen, womit sie unzufrieden sind und dann, wie es in Zukunft optimal wäre. Jeder Teilnehmer erstellt sich seine eigenen Flipcharts mit dem „Hinter dem Horizont geht's weiter". Um die Kreativität anzuregen, empfiehlt es sich, wenn die Teilnehmer zumindest zu zweit zusammenarbeiten und sich austauschen und gegenseitig unterstützen. In der Einzelarbeit bleiben sonst manche in der Problemphase hängen.

- Ansonsten bietet sich die Methode für gemeinsame Veränderungsprojekte an und ist ideal geeignet, wenn sich in der Vergangenheit viel Frust und Ärger bei den Teilnehmern breit gemacht hat. Dann bietet die erste Runde eine hervorragende Plattform, dem Ärger Raum zu geben, aber darin nicht zu verharren, sondern einen Schritt weiter zu gehen.

Worauf achten?

Achten Sie darauf, die Teilnehmer in der zweiten Runde in einen kreativ-mutigen Austausch zu bringen. Alle dürfen und sollen frech und frei ihre Wünsche äußern. Je verrückter, desto besser.

Praxistipp

Fragen Sie die Teilnehmer gegen Ende von Runde zwei, ob sie auch alle Punkte, die sie in Runde eins notiert haben, in positive Visionen verwandelt haben. Jeder Kritikpunkt benötigt auch einen Gegenpunkt, wie es in Zukunft damit besser laufen würde. Lassen Sie sich dies von allen Gruppen deutlich bestätigen. Anschließend sollen die Teilnehmer ihren „Blick hinter den Horizont" vorstellen. Bitten Sie dann die Teilnehmer, sich die Flipcharts mit ihren Kritikpunkten zu nehmen und diese symbolisch zu zerreißen und in den Papierkorb zu werfen. Der Ballast der Vergangenheit soll abgelegt werden. Dieser symbolische Akt wirkt.

Warum fördert diese Methode die Nachhaltigkeit?

Die Methode „Hinter dem Horizont geht's weiter" fördert die Nachhaltigkeit, da die Teilnehmer gemeinsam und aktiv an Veränderungsprojekten arbeiten. Problemorientiertes Denken wird zugunsten einer konstruktiven Lösungsorientierung aufgegeben. Veränderungen werden gemeinsam geplant, konkretisiert und umgesetzt.

Nachhaltige Methoden im Seminarverlauf – c) zum Ausklang

Ziel

Lerneffekte sichern und ankern.

Übersicht

Mein Tipp

Jeder Teilnehmer muss am Ende des Workshops eine klare Zielsetzung vor Augen haben, wie er das Gelernte in der Praxis umsetzen möchte. Thematisieren und planen Sie mit Ihren Teilnehmern die Umsetzung!

51. Brief an mich

„Ein großer Teil des inneren Fortschrittes liegt schon im Willen zum Fortschritt."
– Seneca –

Kurzbeschreibung

Die Teilnehmer notieren auf einer Motivkarte einen persönlichen Vorsatz, den sie bis vier Wochen nach dem Seminar umgesetzt haben möchten. Der Trainer schickt die Karten den Teilnehmern per Post zum Stichtag zu.

Ziele

- Die Teilnehmer machen sich Gedanken darüber, was sie persönlich nach dem Seminar verändern möchten.
- Die Teilnehmer halten einen Vorsatz schriftlich fest.
- Die Teilnehmer nutzen den Zeitpunkt der Zusendung, um den Workshop erneut Revue passieren zu lassen und gegebenenfalls ihren Vorsatz noch umzusetzen.

Zeit

- 15 Minuten

Material

- Motiv-/Postkarten, passende Briefumschläge

Gruppengröße

- unbegrenzt

Überblick

- Der Trainer verteilt Postkarten mit schönen Motiven im Raum.
- Jeder Teilnehmer sucht sich eine Karte heraus, die ihm gefällt.
- Der Trainer gibt den Auftrag, dass sich jeder Teilnehmer einen persönlichen Vorsatz überlegt, den er innerhalb der nächsten vier Wochen in die Tat umsetzen möchte.
- Die Vorsätze werden von den Teilnehmern auf den Karten notiert und zum Versand an sich selbst vorbereitet (Briefumschläge adressieren und verkleben).
- Der Trainer schickt den Teilnehmern zum vereinbarten Zeitpunkt die Karten per Post zu.

Vorgehen

„Liebe Seminarteilnehmer, ich habe Ihnen hier verschiedene Postkarten mit unterschiedlichen Motiven und Sprüchen ausgelegt. Meine Bitte ist, dass Sie sich gleich eine Karte aussuchen, die Ihnen spontan gefällt. Wählen Sie Ihre Karte aus und suchen Sie sich einen ruhigen Ort, gerne auch außerhalb unseres Seminarraums. Bitte lassen Sie dann den Workshop für sich noch mal Revue passieren und überlegen Sie sich ausgehend von Ihren Erlebnissen hier, welchen Vorsatz Sie sich persönlich mit auf den Weg geben. Warum wir das machen? Nun, Sie werden feststellen, dass nach unserem Workshop der Alltag häufig schneller wieder einkehrt, als man sich das vorstellen kann. Deshalb ist es mir wichtig, dass Sie sich ein persönliches Anliegen heraussuchen und innerhalb der nächsten vier Wochen verfolgen. Das kann was Kleines, das kann auch ein größerer Vorsatz sein. Wofür Sie sich entscheiden, liegt ganz in Ihren Händen. Ich werde Sie im Anschluss auch nicht fragen, was Sie sich vorgenommen haben. Die Karte ist ausschließlich für Sie bestimmt. Überlegen Sie sich selbst, was Sie sich vornehmen und in den nächsten vier Wochen umsetzen möchten. Ihren Vorsatz schreiben Sie bitte auf die Karte. Ich habe Ihnen hier vorne zusätzlich Briefumschläge hingelegt. Bitte nehmen Sie sich abschließend einen, adressieren Sie ihn mit der Adresse, an die Sie Ihren Vorsatz in vier Wochen geschickt haben – entscheiden Sie selbst, ob Sie lieber die Privat- oder die Geschäftsadresse nehmen – stecken Sie Ihre Karte ein und verschließen Sie den Umschlag fest. So wissen auch nur Sie, was auf Ihrer Karte steht. Die Karten werde ich Ihnen in genau vier Wochen zuschicken. Sie werden erstaunt sein, wenn Sie auf einmal Post von Ihnen selbst bekommen. Und falls Sie bis dahin Ihren Vorsatz noch nicht umgesetzt haben, ist die Zusendung natürlich die beste Gelegenheit die Umsetzung noch mal anzugehen."

Die Teilnehmer erhalten nun zwischen fünf und zehn Minuten Zeit, die Karten zu schreiben. Wer möchte, kann den Teilnehmern nach dem Einsammeln der Umschläge vorschlagen, sich ihren Vorsatz zur Sicherheit in den Workshop-Unterlagen zu notieren, sodass sie diesen griffbereit haben.

Varianten

- Falls zur Einstimmung in das Seminar mit „Blick in die Zukunft" oder „Sperrmüll-Tag" gearbeitet wurde, bietet es sich an, die jeweilige Methode an dieser Stelle des Seminars wieder aufzugreifen und die Teilnehmer daran zu erinnern.
- Diese Methode lässt sich auch gut mit Methode 70 „Die Beichte ablegen" verknüpfen. Nach Zusendung der Karten hat jeder eine Woche Zeit, in der er dem Trainer per E-Mail kurz Feedback gibt, wie sich das Gelernte in der Praxis hat umsetzen lassen, welche Herausforderungen aufgetreten sind und inwieweit der Vorsatz umgesetzt

werden konnte. Dies erhöht den Grad an Verbindlichkeit und fördert so die Umsetzung und Nachhaltigkeit.

Praxistipp

- Wählen Sie für die Karten schöne Motive aus, sodass die Teilnehmer weniger das Gefühl einer „Hausaufgabe" haben. Lustige Sprüche und Fotos machen Spaß beim Aussuchen und bieten die Möglichkeit, dass sich die Teilnehmer die Karte nach der Zusendung als Erinnerungsanker an ihrem Schreibtisch platzieren.
- Schreiben Sie selbst zwischendurch auch mal wieder einen „Brief an sich" mit einer Erkenntnis, die Ihnen während des Workshops bewusst geworden ist. Lassen Sie sich diesen von einem der Teilnehmer zusenden. Vermutlich werden Sie sich ebenso wie die Teilnehmer überrascht fragen, was denn da in Ihrem Briefkasten gelandet ist.

Warum fördert diese Methode die Nachhaltigkeit?

Die Methode „Brief an mich" fördert die Nachhaltigkeit, da die Teilnehmer sich etwas für die Zeit nach dem Workshop vornehmen. Dies verknüpft die Weiterbildungsmaßnahme mit dem Praxisalltag. Durch die Zusendung der Karten wird der Workshop noch mal ins Gedächtnis der Teilnehmer gerufen und der Vorsatz aufgefrischt.

Querverweise

Kombinierbar mit Methode „Blick in die Zukunft" (Methode 15) „Sperrmüll-Tag" (Methode 19) und „Beichte ablegen" (Methode 70).

52. Schatztruhe füllen

„Wissen ist ein Schatz, der seinen Besitzer überallhin begleitet."
– Sprichwort –

Kurzbeschreibung

Die Teilnehmer füllen zum Abschluss des Seminars symbolisch eine Schatztruhe mit ihren wichtigsten Seminarschätzen, sprich Erkenntnissen.

Ziele

- Die Teilnehmer lassen die Inhalte des Seminars Revue passieren.
- Die Teilnehmer machen sich bewusst, was sie gelernt haben.
- Die Teilnehmer halten wichtige Erkenntnisse schriftlich fest.

Zeit

- 30 bis 40 Minuten

Material

- Moderationskarten oder individuell gestaltete „Schatzkarten"; Stifte, Holzkiste, Schuhkarton o.Ä., was als Schatztruhe umfunktioniert werden kann

Gruppengröße

- unbegrenzt

Überblick

- Der Trainer moderiert die Aufgabe an.
- Die Teilnehmer erhalten zehn Minuten Zeit, die Inhalte des Seminars für sich Revue passieren zu lassen.
- Die Teilnehmer halten jeweils ihren größten Schatz, den sie aus dem Seminar mitnehmen können, stichwortartig auf einer Moderationskarte, ihrer „Schatzkarte", fest.
- Im Plenum wird die Schatztruhe reihum gefüllt; jeder legt seinen „Schatz" hinein und erläutert kurz, wieso ihm diese Erkenntnis wertvoll ist.

Vorgehen

„Liebe Seminarteilnehmer, es kommt die Zeit, in der man seine Schätze sichern und bewahren soll. Genau das sollen Sie jetzt auch machen. Ich habe für Sie eine Schatztruhe vorbereitet. Diese Schatztruhe dient aus-

schließlich dazu, Ihre Schätze zu bewahren und für die Nachwelt bzw. die Zeit nach unserem Workshop zu retten. Damit wir die Schatztruhe füllen können, müssen wir uns natürlich zunächst einmal auf Schatzsuche begeben. Nehmen Sie sich in Ruhe die Zeit, das Seminar auf Ihre ganz persönliche Art und Weise Revue passieren zu lassen. Betrachten Sie vielleicht noch mal unsere Unterlagen, gehen Sie im Seminarraum aufmerksam umher, schließen Sie die Augen, gehen Sie ein paar Schritte spazieren – gehen Sie auf Ihre ganz individuelle Schatzsuche und versuchen Sie, den für Sie wichtigsten Schatz zu heben. Was ist das Wertvollste für Sie persönlich, das Sie aus diesem Seminar mitnehmen können?

Sobald Sie Ihren Schatz gefunden haben, halten Sie ihn bitte auf diesen ‚Schatzkarten' fest und passen Sie gut auf ihn auf. Wir werden nachher gemeinsam die Schatztruhe füllen."

Die Teilnehmer erhalten nun zehn Minuten Zeit, ihren Schatz zu heben. Dabei dürfen natürlich auch gerne mehrere Schätze zusammengetragen werden. Sobald alle wieder sitzen, füllt reihum jeder die Schatztruhe mit seinen „Schätzen" und erläutert kurz, warum ihm diese Erkenntnis so wertvoll ist.

Varianten

Die Schatzkiste kann mit einer Mülltonne respektive einem Papierkorb kombiniert werden. So haben die Teilnehmer nicht nur die Möglichkeit, ihren größten Schatz in Sicherheit zu bringen, sondern sich auch von etwas zu trennen, dass sie loswerden möchten. Die Schätze wandern in die Schatztruhe, die überflüssigen Dinge in die Tonne!

Die Schatztruhe lässt sich nicht nur mit Schatzkarten, sondern auch mit Gegenständen füllen. Falls Sie als Trainer einen entsprechenden „Schatz" von geeigneten Gegenständen haben, nutzen Sie diesen auf alle Fälle. Die „Schätze" erhalten durch die Gegenstände mehr Gewicht. Und wie die Erfahrung zeigt, sind viele Gegenstände geeignet, als Symbol für Schätze zu dienen. Eine kleine und größere Auswahl lässt sich relativ leicht zusammenstellen. Nutzen Sie beispielsweise Muscheln, Federn, CDs, Bücher, Steine, Kompass, Tierfiguren, Bilder, Gebrauchsgegenstände usw.

Worauf achten?

Nutzen Sie die vielfältigen Möglichkeiten, die Ihnen die Schatztruhe bietet. Je nach Art der Anmoderation lassen sich ganz unterschiedliche Schätze sichern und bewahren. Ein kleine Auswahl, was alles in die Truhe kann:

- Die wichtigste Erkenntnis
- Mein Aha-Erlebnis

- Was mir zum ersten Mal über mich bewusst geworden ist
- Was ich nie zu lernen gedacht hatte
- Mein spannendstes Erlebnis während der Seminartage
- Ein mir sehr wertvoller Gedanke
- Unvergesslich wird mir bleiben
- Der interessanteste Theorieaspekt
- Das Unglaublichste, was ich hier gehört/gelernt habe

Praxistipp

Natürlich lassen sich „Schätze" auch einfach auf Moderationskarten sammeln und in die Mitte legen. Je schöner Sie jedoch die Schatztruhe und Schatzkarten gestalten, desto mehr wird den Teilnehmern bewusst, dass sie tatsächlich einen persönlichen „Schatz" gefunden haben.

Warum fördert diese Methode die Nachhaltigkeit?

Die Methode „Schatztruhe füllen" fördert die Nachhaltigkeit, weil sie den Teilnehmern die Gelegenheit gibt, die Inhalte des Seminars noch mal für sich Revue passieren zu lassen, zu durchdenken und die für sie wichtigste Erkenntnis schriftlich festzuhalten. Die Sammlung aller „Schätze" bietet eine hervorragende Zusammenfassung der Lernerfolge.

Hintergrund/ Literaturtipp

Mit der „Schatztruhe füllen" gelingt es, bestimmten Inhalten im Seminar eine gewisse Wertigkeit zu geben. Vieles geht in der Flut von Informationen, Aussagen und Aktivitäten unter. Deswegen ist es wichtig, am Ende eines Workshops noch mal bewusst zu schauen, was Ereignisse und Erkenntnisse waren, die es wert sind, aus der Masse hervorgehoben zu werden. Ohne dieses „In-Ruhe-darüber-Nachdenken" und „Bewusstmachen" bleiben diese Dinge ansonsten nicht im Gedächtnis verhaftet. In der Neurodidaktik nennt man dies „Entspannung für Gedächtniskonsolidierung", was bedeutet, dass es für unser Lernen wichtig ist, dem Gehirn die notwendige Zeit für die Speicherung von Informationen und der Verknüpfung von Bedeutungszusammenhängen zu geben. Nähere Informationen hierzu finden sich in:

- Herrmann, Ulrich (Hrsg.): Neurodidaktik. Grundlagen und Vorschläge für ein gehirngerechtes Lehren und Lernen. Beltz, 2. Aufl. 2009.

Querverweis

Die Methode lässt sich mit Methode 19 „Sperrmüll-Tag" kombinieren.

53. Sternstunden sammeln

„Über rauhe Pfade zu den Sternen."
- Sprichwort -

Kurzbeschreibung

Die Teilnehmer sammeln in der Schlussphase des Seminars die Sternstunden, d.h. alle Inhalte, Aussagen, Erkenntnisse und Erlebnisse, bei denen ihnen ein Licht aufgegangen ist bzw. die sie nachhaltig beeindruckt haben.

Ziele

- Die Teilnehmer richten ihre Aufmerksamkeit auf die positiven Dinge im Seminar.
- Jeder Teilnehmer hält die Punkte fest, die ihn beeindrucken.
- Die Teilnehmer geben sich gegenseitig positives Feedback.

Zeit

- Sammlung erfolgt parallel zum Seminar bzw. einem Seminarabschnitt; das Vorstellen der Sternstunden und Füllen der Pinnwand dauert zwischen 15 und 30 Minuten

Material

- Moderationskarten (falls möglich in Form von Sternen), Stifte, Pinnwand „Unsere Sternstunden – was mich nachhaltig beeindruckt hat"

Gruppengröße

- unbegrenzt; bei größeren Gruppen können die Teilnehmer zu zweit Sternstunden sammeln und vorstellen

Überblick

- Der Trainer moderiert die Aufgabe an.
- Der Trainer präsentiert die Pinnwand und verteilt die „Sterne" (Moderationskarten) und Stifte.
- Die Teilnehmer halten parallel zu einem bestimmten Seminarabschnitt oder abschließend ihre Sternstunden auf den Moderationskarten fest.
- Die Sternstunden werden im Plenum reihum vorgestellt und erläutert.

Vorgehen

„Liebe Seminarteilnehmer, wir wollen im Folgenden die Sternstunden unseres Seminars sammeln. Die Sternstunden sind all das, was Sie nachhaltig beeindruckt hat. Das können Inhalte, Erkenntnisse, Erlebnisse während der Übungen, Ihre Seminarkollegen, Ihre Gedanken und vieles mehr sein, eben all das, bei denen Ihnen ein Stern aufgegangen ist. Der Anblick der Sterne ist manchmal eine flüchtige Angelegenheit. Damit unsere Sterne nicht gleich wieder verschwinden, würde ich Sie bitten, Ihre persönlichen Sternstunden stichwortartig festhalten. Die Materialien hierzu teile ich Ihnen gleich aus. Wir werden dann unsere Sternstunde an dieser Pinnwand sammeln und festhalten."

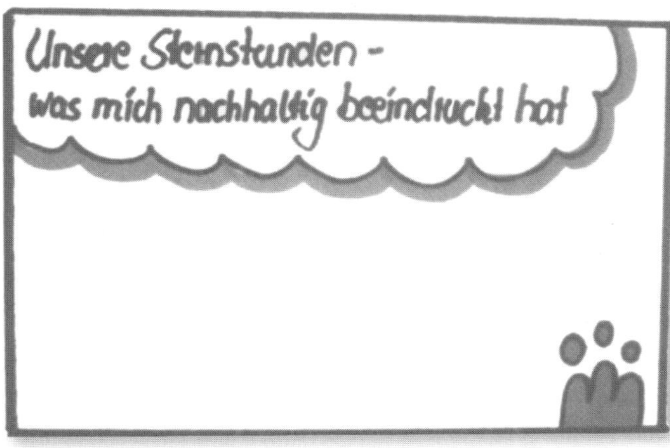

Abb.: Pinnwand Sternstunden

Die Teilnehmer erhalten ausreichend Zeit zu überlegen und die Sternstunden zu notieren. Anschließend werden diese an der Pinnwand präsentiert und gesammelt.

Varianten

- Die Methode „Sternstunden sammeln" lässt sich damit kombinieren, dass die Teilnehmer zusätzlich die Punkte sammeln, auf die es besonders zu achten gilt. Die Pinnwand wird dann zweigeteilt. Links werden die Dinge gesammelt, die die Teilnehmer nachhaltig beeindruckt haben, rechts werden die Punkte gesammelt, auf die es besonders zu achten gilt. Solch eine Doppelung eignet sich sehr gut zur Reflexion bestimmter Übungen, wie etwa Rollenspiele oder Mitarbeitergespräche.
- Sternstunden lassen sich nicht nur im Nachgang sammeln, ganz im Gegenteil. Häufig lohnt es sich, die Methode bereits vor einer Übung oder einem Seminarabschnitt anzukündigen. Die Teilnehmer haben dann die Aufgabe, gut aufzupassen und immer, wenn sie etwas nachhaltig beeindruckt, dies auch zu notieren. Die Sternstun-

den können von den Teilnehmern parallel zum Workshop angepinnt werden – oder nach bestimmten Abschnitten wird gemeinsam geschaut und besprochen, welche Sternstunden sich dort angesammelt haben.

- Die Methode „Sternstunden sammeln" eignet sich auch hervorragend dazu, sich gegenseitig wertschätzendes Feedback zu geben. Hierzu werden von den Teilnehmern Punkte gesammelt, die sie bei den anderen besonders beeindrucken.

Worauf achten?

Damit die Sternstunden-Pinnwand auch für die anschließende Dokumentation und Erinnerung dienen kann, sollte darauf geachtet werden, dass die Sternstunden nicht zu allgemein gehalten werden. Mit dem Punkt „gutes Beispiel" kann nach der Methode niemand mehr etwas anfangen, da schnell in Vergessenheit gerät, auf welche Situation sich dies bezog. Deshalb die Sternstunden möglichst konkret benennen.

Praxistipp

Die „Sternstunden" sind eine Methode, die immer funktioniert und interessante Punkte zu Tage bringt. Da jeder Teilnehmer sein Augenmerk auf etwas anderes richtet, erstaunt manchmal die Vielfalt der gesammelten Sterne. Manchmal ist es aber auch so, dass sich die Sterne auf wenige, dafür immer wiederkehrende Punkte fokussieren. Unabhängig davon, wie das Ergebnis ausfällt: Die Teilnehmer lernen die positiven Dinge wahrzunehmen und festzuhalten.

Warum fördert diese Methode die Nachhaltigkeit?

Die Methode „Sternstunden sammeln" fördert die Nachhaltigkeit, da sie den Teilnehmern Gelegenheit zur Reflexion gibt. Wichtige Lernerkenntnisse werden schriftlich festgehalten und die Teilnehmer werden dazu angeregt, positives Feedback zu geben.

54. Unsere „Take-home-Messages“

„Es ist ein Beweis hoher Bildung, die größten Dinge auf die einfachste Art zu sagen.“ – Ralph Waldo Emerson –

Kurzbeschreibung

Die Teilnehmer sammeln ihre wichtigsten Erkenntnisse, die sie mit nach Hause nehmen.

Ziele

- Die Teilnehmer haben die Gelegenheit, Inhalte und Ablauf des Workshops zu reflektieren.
- Jeder überlegt für sich persönlich, was seine wichtigste Erkenntnis ist.
- Die Sammlung aller „Take-home-Messages“ fasst die wichtigsten Lerninhalte zusammen.

Zeit

- 15 bis 30 Minuten

Material

- Flipchart „Unsere Take-home-Messages“

Gruppengröße

- unbegrenzt; bei mehr als 12 Teilnehmern bietet es sich an, die Teilnehmer zu zweit überlegen zu lassen, was ihre gemeinsame „Take-home-Message“ ist

Überblick

- Der Trainer gibt einen Rückblick über den Workshop.
- Jeder Teilnehmer überlegt sich, was seine wichtigste Erkenntnis ist.
- Die „Take-home-Messages“ der Teilnehmer werden auf Zuruf am Flipchart für alle sichtbar festgehalten.

Vorgehen

„Liebe Seminarteilnehmer, zum Abschluss unseres Seminars würde ich Ihnen gerne einen Rückblick auf unsere gemeinsame Lernreise geben. Lehnen Sie sich entspannt zurück und lassen Sie mithilfe meiner Worte das Seminar noch mal für sich Revue passieren. Wer mag, darf dabei gerne die Augen schließen. Erinnern Sie sich, wie wir …“ (hier folgt der Rückblick)

Abb.: Flipchart Take home

Nachdem ich die Teilnehmer noch mal rückblickend auf die Seminarreise mitgenommen haben, erhalten sie zwischen drei und fünf Minuten Zeit, sich die für sie persönlich wichtigste Erkenntnis zu überlegen. Sobald jeder Teilnehmer seine „Take-home-Message" gefunden hat, werden diese reihum von den Teilnehmern genannt und von mir auf dem Flipchart festgehalten.

Varianten

Die Teilnehmer können ihre „Take-home-Message" auch stichwortartig auf eine Moderationskarte schreiben. Jeder stellt dann reihum kurz seine Karte vor und klebt diese auf das Flipchart.

Worauf achten?

Achten Sie in der Anmoderation darauf, dass sich jeder seine persönliche „Take-home-Message" überlegen soll. Ansonsten tauchen eher allgemeine Schlagworte auf, die auch schnell wieder vergessen sind. Je persönlicher und konkreter jeder seine Message formuliert, desto einprägsamer ist diese.

Praxistipp

Die Methode geht schnell, ist unkompliziert und macht Spaß. Schaut man später in die jeweiligen Fotoprotokolle, staune auch ich als Trainer immer wieder, wie viele prägnante Punkte hier notiert werden, die einen sofort wieder das ein oder andere Erlebnis aus dem Workshop in Erinnerung rufen. Für die Teilnehmer ist diese Übung eine hervorragende Erinnerungshilfe.

Warum fördert diese Methode die Nachhaltigkeit?

Die Methode „Unsere Take-home-Messages" fördert die Nachhaltigkeit, da sie den Teilnehmern zum Abschluss noch einmal eine Wiederholung der Workshop-Inhalte bietet. Jede Wiederholung fördert den Erinnerungswert. Jeder erhält zudem die Zeit, sich die für ihn wichtigste Erkenntnis zu überlegen. Das Zusammentragen aller Erkenntnisse hält die wesentlichen Lerneffekte für alle sichtbar fest. Dadurch werden die Lerneffekte greifbar und über die Aufnahme in das Fotoprotokoll auch abrufbar.

55. Das Zeitmonster füttern

„Den meisten Leuten sollte man in ihr Wappen schreiben:
Wann eigentlich, wenn nicht jetzt." – Kurt Tucholsky –

Kurzbeschreibung

Die Teilnehmer planen für die Zeit nach dem Workshop ein festes wöchentliches Ritual, das Zeit für die Umsetzung des Gelernten gibt.

Ziele

- Die Teilnehmer beschäftigen sich mit der Umsetzung ihrer Lernziele.
- Die Teilnehmer finden ein Ritual, das ihnen hilft, dass ihr Lernziel in der Hektik des Alltags nicht außer Acht gerät.
- Das feste Einplanen von Zeitfenstern für die Umsetzung erhöht die Verbindlichkeit.

Zeit

- 30 Minuten

Material

- Vorlage zum Festhalten der Zeitplanung

Gruppengröße

- unbegrenzt

Überblick

- Der Trainer moderiert die Aufgabe an.
- Die Teilnehmer überlegen sich ein wöchentliches Zeitfenster, an dem sie sich an die Umsetzung ihres Lernziels machen.
- Das Zeitritual wird schriftlich festgehalten.
- Jeder Teilnehmer stellt seine Maßnahme gegen das Zeitmonster vor.

Vorgehen

„Liebe Seminarteilnehmer, sicherlich kennen Sie das auch: Manche Tage müssten manchmal mehr als 24 Stunden haben. Ehe man sich versieht, ist es schon wieder Wochenende – und vieles, was man unter der Woche noch erledigen wollte, bleibt liegen. Dies passiert auch häufig mit neuen Dingen, die man sich fest vorgenommen hat. Ich habe mir zum Beispiel vorgenommen, mindestens zwei Mal die Woche, besser drei Mal mittags

eine halbe Stunde einen Spaziergang an der frischen Luft zu machen. Eine halbe Stunde ist nun wirklich kein großer Aufwand und sollte sich gut integrieren lassen, dachte ich mir erst. Doch dann kann es natürlich anders. Die ersten beiden Male hatte es noch gut funktioniert und ich kam sehr euphorisch und zufrieden nach der Frischluftzufuhr wieder zurück an den Schreibtisch. Geht doch! Aber schon das nächste Mal kam mir ein langes Telefonat dazwischen, am nächsten Tag war ich gar nicht im Büro, dann musste ich einmal mittags rechtzeitig zu einem Kundentermin und die Woche war gelaufen. In der zweiten Woche versuchte ich noch ein paar Mal halbherzig, die heilige halbe Stunde wahrzunehmen, aber jede Menge Termindruck ließen mich mein Ziel etwas aus den Augen verlieren. In der dritten Woche war irgendwie der Schwung weg. Und schon war der gute Vorsatz beiseitegeschoben.

Und damit Ihnen das Gleiche nicht mit Ihrem Umsetzungsvorhaben aus dem Workshop passiert, werden wir einfach vorab Ihr Zeitmonster füttern. Zeitmonster haben nämlich die unangenehme Eigenschaft, jede Menge Zeit zu fressen. Ähnlich wie sich das Krümelmonster auf Kekse stürzt, verschlingen Zeitmonster Unmengen von Zeit. Das vermittelt einem manchmal den Eindruck, man hätte viel zu wenig Zeit. Aber das ist natürlich Unsinn, denn in Wirklichkeit haben wir unbegrenzt Zeit, jeden Tag aufs Neue 24 Stunden und wieder 24 Stunden und wieder … Wir müssen uns nur bewusst entscheiden, wofür wir die Zeit nutzen wollen. Angeblich fehlende Zeit ist also immer eine Frage der richtigen Prioritäten. Und damit Ihnen diese Weiterbildung auch langfristig tatsächlich etwas bringt, überlegen Sie sich bitte jetzt ein festes wöchentliches Zeitfenster, das Sie in den kommenden Wochen für die Umsetzung Ihrer Lernziele nutzen. Das muss jetzt nicht unbedingt ein fester Termin, Dienstag, 10.15 Uhr sein, sondern ein Zeitfenster, bei dem Sie wissen, dass Sie diese Zeit für sich fest und frei einplanen können und die Sie auch gerne für sich und Ihre Weiterentwicklung nutzen. Idealerweise verknüpfen Sie Ihr Zeitfenster mit einer kleinen Motivation, schließlich ist es ja Zeit, in der Sie es sich gut gehen lassen sollen. Wie wäre es also, wenn Sie sich beispielsweise den Montagmorgen mit einer Tasse Kaffee und einem Schokocroissant für die Umsetzung reservieren, d.h., Sie kommen eine halbe Stunde früher zur Arbeit und nutzen die ruhige Zeit für Ihr Umsetzungsvorhaben. Oder Sie blockieren sich eine Mittagspause mit einer zusätzlichen Stunde oder blocken am Donnerstagnachmittag ab 16 Uhr Ihren Kalender mit ‚Zeit für mich'. Überlegen Sie selbst, wie Sie Ihre Lernzeit perfekt in die Woche integrieren können und wie viel Zeit Sie wann einplanen möchten – und halten Sie Ihr Zeitfenster für sich bitte schriftlich auf der Vorlage fest, die ich Ihnen gleich verteilen werde. Gibt es hierzu noch Fragen – nein? Okay, dann geht's los."

Die Teilnehmer erhalten nun zehn Minuten Zeit, sich ihr persönliches Zeitfenster zu blocken. Jeder soll sein „Lern-Zeitfenster" schriftlich festhalten. Im Plenum soll jeder kurz blitzlichtartig erzählen, wie er sein Zeitmonster füttern wird.

Varianten

Das „Zeitmonster füttern" lässt sich auch hervorragend zu zweit umsetzen. Jeder Teilnehmer überlegt sich auch hier zunächst selbst, wann er sein persönliches Zeitfenster in seinen Wochenablauf einplanen möchte. Die Teilnehmer gehen dann mit einem Lernpartner zusammen und tauschen sich über ihre Zeitrituale aus. Beide haben nun die Aufgabe darauf zu achten, dass der andere nach dem Workshop sein Zeitfenster tatsächlich für die Umsetzung der Lernziele nutzt. So können sie sich kurz vorher gegenseitig daran erinnern oder im Anschluss nachfragen, wie gut es funktioniert hat. Beide sind dafür verantwortlich, dass die Zeiten eingehalten werden und können sich auch vorab gemeinsam überlegen, wie sie sich dafür motivieren und bei erfolgreicher Durchführung belohnen können. Zu zweit macht vieles mehr Spaß und der Druck steigt, tatsächlich aktiv zu werden.

Worauf achten?

Achten Sie als Trainer darauf, dass die Teilnehmer bei der Planung der Zeitfenster ausreichend konkret werden. Sowohl die Zeitdauer als auch das Zeitritual sowie die Länge der Durchführung (also z.B. für die nächsten sechs Wochen, bis 1. Mai) sollten konkret geplant und schriftlich fixiert werden.

Praxistipp

Das „Zeitmonster füttern" hört sich auf den ersten Blick etwas trivial an, aber die Methode verfehlt nicht ihre Wirkung. Häufig berichten mir die Teilnehmer im Anschluss, wie gut ihnen ihr Zeitritual in den Wochen nach dem Workshop getan hat. Das einstimmige Urteil: „Ohne meinen festen Termin hätte ich das einfach nicht umgesetzt."

Warum fördert diese Methode die Nachhaltigkeit?

Die Methode „Das Zeitmonster füttern" fördert die Nachhaltigkeit, da die Teilnehmer feste Zeiten in ihren Alltag einbauen, in denen sie sich mit dem Gelernten und der Umsetzung ihrer Lernziele beschäftigen. Diese geraten somit im Stress des Alltags nicht aus den Augen.

Querverweise

Das „Zeitmonster füttern" lässt sich gut mit den Methoden 66 „Fünfzehn für mich" oder 72 „Kaffee für zwei" verbinden.

56. Da war doch was – Reminder

„Es ist erfreulich, sich einer glücklichen Zeit zu erinnern."

– Ovid –

Kurzbeschreibung

Die Teilnehmer suchen sich einen Reminder aus, der sie in der Zeit nach dem Seminar an das Gelernte und ihre Lernziele erinnern soll.

Ziele

- Die Teilnehmer werden sich nochmals ihrer persönlichen Lernziele bewusst.
- Die Teilnehmer bereiten sich aktiv auf die Zeit nach dem Workshop vor.
- Inhalte und Lernziele geraten mithilfe des Reminders auch im Praxisalltag nicht aus den Augen.

Zeit

- 10 bis 15 Minuten

Material

- je nach Verfügbarkeit Dinge, die sich als Reminder eignen, z.B. Gegenstände mit Symbolcharakter, Postkarten, Entspannungsbälle, Legofiguren etc.

Gruppengröße

- unbegrenzt

Überblick

- Der Trainer bittet die Teilnehmer, sich ihr Lernziel nochmals vor Augen zu führen.
- Jeder Teilnehmer sucht sich einen Gegenstand, der ihn an sein Lernziel erinnern soll.
- Im Plenum erläutert jeder Teilnehmer, was er sich als Reminder herausgesucht hat und woran er ihn erinnern soll.
- Nach dem Seminar stellen die Teilnehmer den Reminder auf ihren Schreibtisch, um ihr Lernziel auch im hektischen Arbeitsalltag nicht aus den Augen zu verlieren.

Vorgehen

„Liebe Seminarteilnehmer, damit Sie Ihr Lernziel/Ihren persönlichen Vorsatz auch im Alltag immer wieder vor Augen haben, können Sie sich einen kleinen Helfer aussuchen; sozusagen Ihren persönlichen Reminder, den Sie auf Ihren Schreibtisch stellen und der Sie bei jedem Blick darauf daran erinnert, was Sie sich vorgenommen haben. Suchen Sie sich deshalb bitte aus den Gegenständen einen heraus, den Sie mit ihrem Vorsatz in Verbindung bringen und der Sie sofort anspricht. Es sollte etwas sein, was Ihnen gefällt und Sie an Ihren Vorsatz erinnert."

Die Teilnehmer erhalten nun Zeit, sich aus der Sammlung möglicher Reminder ihren herauszusuchen. Im Plenum soll jeder kurz seinen Reminder vorstellen und auch erläutern, woran ihn dieser in Zukunft erinnern soll.

Varianten

Als Reminder können viele Dinge dienen, z.B.:

- Eine Postkarte, auf die der Teilnehmer sein Lernziel auch noch mal schriftlich festhalten kann
- Ein kleiner Gegenstand mit Symbolcharakter, z.B. ein Spielzeugtier
- Ein Smiley-Ball
- Eine Spruchkarte
- Ein persönlicher Leitsatz, der auf einer Karte notiert wird
- Ein Kartenhalter
- Ein Song, der aufs Handy oder den MP3-Player geladen wird

Worauf achten?

Je persönlicher der Reminder, desto besser. Jeder Teilnehmer sollte etwas finden, das auch tatsächlich zu ihm passt und das er gerne nutzt. Der Reminder kann auch für viele Dinge genutzt werden, z.B. für das Umsetzungsvorhaben, einen persönlichen Vorsatz, eine wichtige Erkenntnis, ein „Darauf achte ich zukünftig" oder ein „Das möchte ich nicht mehr so machen".

Praxistipp

Je nach Seminarthema und -dauer bietet es sich an, die Reminder nach und nach im Seminar individuell für jeden Teilnehmer zu finden, d.h., es gibt keinen festen bzw. nicht nur einen festen Zeitpunkt, an dem sich alle Teilnehmer ihren Reminder suchen, sondern die gesamte Seminarzeit wird für die Suche eines passenden Reminders genutzt, wenn sich denn die Gelegenheit bietet. Seien Sie hier spontan. Häufig bieten sich bei Aussagen der Teilnehmer und Übungen viele Gelegenheiten, wichtige Erkenntnisse mit einem Symbol, Gegenstand oder Slogan zu ankern.

Warum fördert diese Methode die Nachhaltigkeit?

Die Methode „Da war doch was“ fördert die Nachhaltigkeit, da sie den Teilnehmern Gelegenheit gibt, sich nach dem Workshop mithilfe eines Gegenstands oder Slogans immer wieder an wichtige Dinge zu erinnern, die nicht in Vergessenheit geraten sollen. Der Reminder verknüpft perfekt Workshop und Alltag – und sorgt so für einen langfristigen Effekt.

Hintergrund

Ein Reminder ist deshalb sinnvoll, weil das Lernen Erwachsener in der Regel eher langsam vor sich geht. Das Gelernte wird erst nach vielen Wiederholungen im Langzeitgedächtnis dauerhaft verfügbar gehalten. Deshalb ist es so wichtig, die Wiederholung und Erinnerung an die Inhalte des Workshops fest in den Alltag zu integrieren.

57. Stolpersteine überwinden

„Zwischen Wissen und Schaffen liegt eine ungeheure Kluft, über die sich oft erst nach harten Kämpfen eine vermittelnde Brücke aufbaut."

– Robert Schumann –

Kurzbeschreibung

Jeder Teilnehmer überlegt für sich, welche Stolpersteine und Hindernisse bei der Umsetzung der gelernten Inhalte auftreten könnten. Gemeinsam werden Lösungsideen gesammelt, wie die Umsetzungshindernisse überwunden werden können.

Ziele

- Die Teilnehmer bereiten sich bereits im Seminar auf die Zeit nach der Weiterbildung vor.
- Stolpersteine bei der Umsetzung werden gedanklich vorweggenommen, sodass sich jeder Teilnehmer darauf einstellen kann.
- Das Wissen und die Erfahrungen aller werden genutzt, um Umsetzungshindernisse zu überbrücken.

Zeit

- 45 bis 120 Minuten (je nach Durchführung)

Material

- Moderationskarten

Gruppengröße

- unbegrenzt

Überblick

- Jeder Teilnehmer überlegt sich ein persönliches Umsetzungsvorhaben oder einen Vorsatz und zweitens, welche Stolpersteine bei der Umsetzung auftreten können.
- Jeder notiert sein Umsetzungsvorhaben und die potenziellen Stolpersteine auf Karten und legt diese als Parcours mit der Zielkarte „mein persönliches Umsetzungsvorhaben" aus.
- Die Projekte werden reihum in der Gruppe vorgestellt.
- Die Teilnehmer gehen zu zweit zusammen und überlegen gemeinsam, welche Ideen sie haben, die Stolpersteine zu überbrücken.
- Die Lösungsideen werden ebenfalls auf Moderationskarten festgehalten und neben den Stolpersteinen aufgestellt.

Vorgehen Im Vorfeld sei angemerkt: Die Methode kann je nach Bedarf kleiner oder größer aufgezogen werden. Die Methode bietet sich sowohl für kleinere Vorsätze an, die die Teilnehmer für die Zeit nach dem Workshop gefasst haben, als auch für größere Umsetzungsprojekte, wie sie in den Methoden zum Ausklang vorgestellt werden. Die Zeitdauer für diese Übung richtet sich entsprechend nach der Aufwendigkeit der Umsetzungsvorhaben.

Nachdem die Teilnehmer ihre Umsetzungsvorhaben bzw. ihre Vorsätze geplant und stichwortartig festgehalten haben, leite ich die Teilnehmer beispielsweise wie folgt an:

„Liebe Seminarteilnehmer, haben Sie sich Silvester eigentlich etwas vorgenommen? Ich bitte Sie mal kurz um Handzeichen, wer von Ihnen mit einem kleinen Vorsatz in das neue Jahr gestartet ist/in das neue Jahr starten wird? Vielen Dank. Ich werde Sie jetzt nicht fragen, wie erfolgreich Sie bei der Umsetzung Ihrer Vorsätze waren. Die Erfahrung zeigt nämlich, dass es recht schwierig ist, persönliche Vorsätze auch in die Tat umzusetzen. Häufig tauchen jede Menge Stolpersteine auf, die den Weg zwischen Vorsatz und Umsetzung schwierig gestalten. Schwierig, aber nicht unmöglich! Nachdem Sie alle einen Vorsatz (bzw. ein Umsetzungsprojekt) geplant haben, dass Sie im Anschluss an unseren Workshop realisieren möchten, machen wir nun mögliche, auftretenden Stolpersteine sichtbar und bauen gleichzeitig eine Brücke darüber, sodass Sie, wenn Sie sich tatsächlich an die Umsetzung machen, problemlos aktiv werden können und Ihren Vorsatz zum Erfolg führen.

Jetzt fragen Sie sich sicher, wie das gelingen kann. Das verrate ich Ihnen gerne. Und zwar würde ich Sie bitten, dass Sie sich gleich die Zeit nehmen, Ihr Umsetzungsprojekt in Form eines kleinen Parcours festzuhalten. Benennen Sie zunächst Ihr Umsetzungsvorhaben auf der Zielkarte, die Sie an das Ende Ihres Parcours stellen. Dann überlegen Sie sich, welche möglichen Stolpersteine bei der Umsetzung auftreten könnten. Nehmen Sie sich in Ruhe die Zeit, darüber nachzudenken, mit welchen Herausforderungen Sie persönlich rechnen müssen. Auch die potenziellen Stolpersteine notieren Sie bitte auf Moderationskarten. Ganz wichtig: Überlegen Sie in Ruhe und seien Sie vor allem ehrlich zu sich. Es geht hier nicht nur um äußere Einflüsse, die die Umsetzung schwierig machen könnten, sondern auch um Sie persönlich. Wenn Sie die Gefahr sehen, dass Sie in der Hektik des Alltags Ihren Vorsatz vergessen, so notieren Sie das bitte auch als einen möglichen Stolperstein."

Die Teilnehmer erhalten nun zehn bis fünfzehn Minuten Zeit nachzudenken und ihren Parcours auf Boden oder Tischen aufzubauen. Die Teilnehmer dürfen in dieser Zeit auch gerne im Raum herumgehen und nachschauen, was die Kollegen machen, sie sollen sich aber noch nicht darüber austauschen. Erst wenn alle ihren Stolperstein-Parcours aufgebaut haben, stellt jeder Teilnehmer kurz seinen Parcours vor (maximal zwei Minuten). Anschließend gehen die Teilnehmer zu zweit zusammen und überlegen sich, welche Ideen sie haben, die Stolpersteine bei den verschiedenen Projekten zu überbrücken. Hier können die Zweierteams entweder einmal alle Parcours abschreiten und Überbrückungsideen sammeln oder ein Zweierteam erklärt sich für zwei feste Parcours verantwortlich. Betrachten alle Teilnehmer alle Parcours, sind auch alle gemeinsam dafür verantwortlich, dass am Schluss bei jedem Stolpersteine mindestens eine Überbrückungsidee verankert ist. Werden feste Zuteilungen vorgenommen, versuchen die jeweiligen Zweierteams alle Stolpersteine in ihren verantwortlichen Parcours abzudecken. Fehlende Überbrückungsideen können in der gemeinsamen Besprechungsrunde von den Kollegen ergänzt werden.

Ihre Ideen zur Überbrückung der Stolpersteine notieren die Teams stichwortartig auf andersfarbigen Moderationskarten und stellen diese neben die Stolpersteine. Hierfür haben sie fünfzehn bis zwanzig Minuten Zeit. Im Anschluss daran gehen alle Teilnehmer die verschiedenen Umsetzungsparcours ab und diskutieren die Überbrückungsideen. Falls die eine oder andere Überbrückungsidee unklar geblieben ist, sollen die Kartenschreiber kurz erläutern, was sie damit gemeint haben.

Wie die Erfahrung zeigt, wiederholen sich viele Stolpersteine und auch Ideen zur Überbrückung, sodass man sich in der Abschlussrunde nach zwei, drei Parcours auf die projektspezifischen Themen konzentrieren kann.

Varianten

- Die Methode kann auch in Einzel- bzw. Zweierarbeit erfolgen. Dies bietet sich vor allem dann an, wenn etwa sehr persönliche Vorsätze gefasst werden, die man nicht in der Gruppe offenlegen möchte. Dann kann jeder Teilnehmer für sich seinen Parcours planen und zur Ideensammlung seinen Lernpartner, falls gewünscht, hinzuziehen. In der Abschlussrunde wird dann gefragt, wer sein Projekt vorstellen möchte. In der Regel finden sich hier immer einige Freiwillige, sodass sichergestellt ist, dass die Teilnehmer einen Eindruck bekommen, welche Stolpersteine häufig auftauchen und wie diese überwunden werden können.
- Eine weitere Variante der Durchführung findet sich im folgenden Abschnitt „worauf achten“.

Worauf achten?

Der Trainer sollte darauf achten, die Zeit im Auge zu behalten. Je nach Komplexität des Umsetzungsvorhabens kann bereits die Vorstellung des Projekts und der Stolpersteine jeglichen Zeitrahmen sprengen. Hier gibt es zwei Möglichkeiten: Entweder der Methode tatsächlich ausreichend Zeit einräumen (einen Vormittag), da Umsetzungsvorhaben und Stolpersteine zentral für den nachhaltigen Effekt sind oder in Gruppenarbeit einzelne Stolperstein-Parcours aufbauen lassen. So können die Teilnehmer beispielswesie in Dreier- oder Vierergruppen zusammengehen, man einigt sich auf ein Umsetzungsprojekt eines Gruppenmitglieds, bespricht dieses ausführlich gemeinsam in der Gruppe und erstellt gemeinsam nur einen Stolperstein-Parcours, den aber ausführlich.

Praxistipp

Die Stolperstein-Methode ist eine meiner persönlichen Lieblingsmethoden, da sie einen der zentralen Gründe beseitigt, warum Workshops häufig wenig bringen. Die Planung der Umsetzung eines Vorsatzes oder eines größeren Projekts mitsamt der vermeintlich auftretenden Umsetzungshindernisse und Lösungsideen hierfür sorgt in aller Regel für beste Voraussetzungen, dass die Teilnehmer auch tatsächlich in der Zeit nach dem Workshop die Dinge in die Praxis umsetzen. Nach dieser Übung spürt man die Motivation und Vorfreude der Teilnehmer, loszulegen. Häufig stachelt die Übung auch den Ehrgeiz untereinander an, „sein" Projekt auf alle Fälle zum Erfolg zu führen.

Warum fördert diese Methode die Nachhaltigkeit?

Die Methode „Stolpersteine überwinden" fördert die Nachhaltigkeit, da sie die Teilnehmer auf ein Umsetzungsvorhaben in der Zeit nach dem Workshop einstellt. Zudem werden potenzielle Umsetzungshindernisse vorab gesammelt und thematisiert sowie Lösungsideen hierfür gesammelt. Den Teilnehmern gelingt es dadurch in der Regel viel leichter, ihr Umsetzungsvorhaben erfolgreich in die Tat umzusetzen.

58. Ideenpool für den Transfer

„Wenn wir alles täten, wozu wir imstande sind, würden wir uns wahrlich in Erstaunen versetzen." – Thomas Edison –

Kurzbeschreibung

Die Teilnehmer sammeln gemeinsam auf zwei Pinnwänden Ideen, was den Transfer der gelernten Inhalte in die Praxis schwierig machen und was ihn im Gegenstück dazu unterstützen und fördern kann.

Ziele

- Die Teilnehmer setzen sich gedanklich mit der Umsetzung ihrer Vorsätze auseinander.
- Die Teilnehmer machen sich bewusst, dass es bestimmte Umsetzungshindernisse geben wird.
- Die Teilnehmer erkennen, dass eine erfolgreiche Umsetzung ihrer Vorsätze gelingen kann.

Zeit

- 30 bis 40 Minuten

Material

- zwei Pinnwände (beide Pinnwände identisch vorbereiten; auf die Vorderseite der beiden Pinnwände die Überschrift „Was könnte es für mich schwierig machen, meine Vorsätze in der Praxis umzusetzen" anbringen, auf der Rückseite die Überschrift „Was hilft mir dabei, meine Vorsätze in der Praxis umzusetzen"; die beiden Pinnwände verdeckt in zwei gegenüberliegende Ecken des Raums aufstellen);
- Siegerprämie (Gummibärchenbox oder Ähnliches)

Gruppengröße

- unbegrenzt, bei mehr als zwölf Teilnehmern zusätzliche Pinnwände bereitstellen

Überblick

- Der Trainer bereitet beide Pinnwände vor, hält die Überschriften aber noch verdeckt.
- Die Teilnehmer werden für einen Wettbewerb in zwei Gruppen eingeteilt.

- Beide Gruppen sammeln in einer ersten Runde, was es für sie persönlich schwierig machen könnte, ihre Vorsätze in die Praxis umzusetzen.
- In einer zweiten Runde sammeln die Gruppen auf der Rückseite der Pinnwand Ideen, was jedem persönlich helfen kann, die Vorsätze in die Praxis umzusetzen.
- Die entsprechenden Ideen werden direkt auf die jeweiligen Pinnwände geschrieben. Beide Gruppen arbeiten parallel.
- Die Gruppen stellen zunächst beide nacheinander ihre gesammelten Transferhindernisse vor, anschließend ihre Unterstützungstipps.
- Falls möglich, kürt der Trainer einen Sieger oder lässt die Gruppen kurz diskutieren, wer den Ideenpool gewonnen hat.
- Zum Abschluss erfolgt eine kurze Blitzlichtrunde im Plenum, was die Teilnehmer aus der Übung für ihr Umsetzungsvorhaben für sich mitnehmen können.

Vorgehen

„Liebe Seminarteilnehmer, nun ist es an der Zeit für einen kleinen Wettbewerb. Ich würde Sie bitten, sich in zwei Gruppen aufzuteilen. Wir zählen einfach mal schnell auf zwei durch, merken Sie sich bitte, ob Sie zu Gruppe 1 oder zu Gruppe 2 gehören. Okay? Und auf geht's!"

Nach der Gruppenaufteilung bitte ich, dass alle aufstehen und sich in ihrer Gruppe zusammenfinden. Die beiden Gruppen verteile ich in zwei diagonale Ecken des Seminarraums, wo die Pinnwände bereitstehen. Sobald alle bei ihren Pinnwänden stehen, gebe ich die Aufgabe bekannt:

„Achtung, wir starten nun einen kleinen Ideenpool-Wettbewerb. Es kommt darauf an, dass Sie in Ihrer Gruppe die besten Ideen zu einem Thema sammeln. Sie spielen parallel gegeneinander und haben in der ersten Runde zehn Minuten Zeit. Ihre Ideen schreiben Sie direkt mit dem Stift auf die Pinnwand. Bitte legen Sie zunächst fest, wer von Ihnen die Ideen auf der Pinnwand festhält. Das dürfen ruhig auch zwei Personen sein. Wichtig ist nur, dass alles lesbar festgehalten wird. Bei unserem Ideenpool-Wettbewerb geht Qualität vor Quantität. Es ist gut, wenn Sie viele Ideen haben, es ist aber noch besser, wenn Sie richtig gute Ideen haben. Alle bereit? Okay, Ihre Aufgabe in Runde 1 lautet wie folgt: Bitte notieren Sie alles, was es Ihnen schwer machen könnte, Ihre Vorsätze in der Zeit nach dem Workshop in die Praxis umzusetzen. Die Zeit läuft."

Für die beiden Runden haben die Teilnehmer jeweils zehn Minuten Zeit. Nach fünf Minuten und nach acht Minuten gebe ich einen Hinweis, wie viel Zeit noch vorhanden ist. Zwischendurch achte ich darauf, dass die Ideen lesbar sind. Ist die Zeit abgelaufen, dürfen die Gruppen kurz verschnaufen, dann geht es direkt in Runde zwei. Dafür werden die Pinnwände umgedreht:

„Und schon geht es in die zweite und abschließende Runde unseres Wettbewerbs. Bitte sammeln Sie nun ebenfalls in zehn Minuten Ihre besten Ideen, was jedem von Ihnen persönlich helfen kann, Ihre Vorsätze auch in die Tat umzusetzen. Auf geht's."

Auch hier gibt es wieder zwei Zeithinweise. Sind die zehn Minuten abgelaufen, gruppieren sich alle um die Pinnwand von Gruppe 1. Diese beginnt, ihre Ideen aus Runde 1 vorzustellen. Danach wird zur Pinnwand von Gruppe 2 gewechselt und die Ideen werden ebenfalls vorgestellt. Vorsichtig frage ich dann in die Runde, wer die besseren Ideen hatte und warum. Je nachdem, wie viele Wettkampftypen unter den Teilnehmern sind, wird an der Stelle heftig diskutiert. Deshalb geht es schnell an die Aufdeckung der Ideen für Runde 2. Diesmal beginnt Gruppe 2 ihre Ideen vorzustellen, anschließend wechseln alle noch mal zur Pinnwand von Gruppe 1, die ebenfalls ihre Tipps zur Umsetzung der Vorsätze präsentiert. Ist ein eindeutiger Sieger der beiden Gruppen erkennbar, erhält diese Gruppe ein kleines Siegerpräsent, ansonsten (was häufiger der Fall ist) wird der Sieg gerecht verteilt und beide Gruppen erhalten ein „Siegerpräsent".

Ist die Siegerehrung erfolgt, setzen sich alle wieder ins Plenum und die beiden Pinnwände werden nebeneinander aufgestellt. Zunächst werden die Umsetzungshindernisse noch mal gemeinsam betrachtet und diskutiert, anschließend die Tipps für die Umsetzung. In einem Abschlussblitzlicht soll jeder Teilnehmer sagen, was er aus dem Ideenpool für sein persönliches Umsetzungsvorhaben mitnehmen kann.

Varianten

- Der Ideenpool muss nicht als Wettbewerb erfolgen. Der Wettbewerb hat den Vorteil, dass häufig wieder frischer Schwung und Energie in die Gruppe kommt, was gegen Ende des Workshops meist nicht schadet. Alternativ können aber auch beide Gruppen ohne Wettbewerbscharakter gemeinsam einen großen Ideenpool sammeln.
- Anstatt dass alle Teilnehmer einmalig gemeinsam Ideen für den Transfer sammeln, können auch direkt im Anschluss an die verschiedenen Inhaltsbausteine je zwei Teilnehmer eine „Transferpatenschaft" für den gerade abgeschlossenen Baustein übernehmen. Ihre Aufgabe ist es dann, sich bis zum Seminarausklang für ihr Thema gute Ideen zu überlegen, wie die Umsetzung dieses Themas

in der Praxis erfolgen kann. Zum Abschluss des Seminars präsentieren dann alle „Transferpaten" ihre Umsetzungsideen. Das hat den Vorteil, dass die Teilnehmer meist sehr motiviert sind, gute Ideen für ihren Baustein zu präsentieren, sie zudem länger Zeit haben, sich darüber Gedanken zu machen und zum Abschluss auch noch mal alle Themen aufgefrischt werden.

Worauf achten?

Der Konkurrenzkampf zwischen den Gruppen sollte nicht die Inhalte dominieren. Möchten die Gruppen möglichst viele gute Ideen sammeln, gerät das Nachdenken über die Ideen häufig etwas zu kurz. Dafür fallen die Begriffe auf beiden Seiten der Pinnwand meist sehr spontan, was auch interessant sein kann. Wichtig ist aber dann, dass nach Beendigung des Wettbewerbs der gemeinsamen Diskussionsrunde Raum gegeben wird, sodass sich die Teilnehmer auch tiefer gehend mit den Punkten auseinandersetzen können. Führen Sie die Methode ohne Wettbewerb durch, kann für die beiden Runden ruhig jeweils fünf Minuten mehr Zeit gegeben werden, da sich dann die Teilnehmer bereits bei der Sammlung intensiver mit den genannten Punkten auseinandersetzen. Die gemeinsame Diskussionsrunde kann dafür entsprechend kürzer gestaltet werden.

Praxistipp

Bevor Sie die Gruppeneinteilung vornehmen, können Sie die Teilnehmer bitten, sich die Umsetzung ihres Vorsatzes konkret vorzustellen. Beamen Sie sozusagen ihre Teilnehmer in die Zeit nach dem Workshop und lassen Sie sie fühlen und erfahren, wie sich die Umsetzung für sie persönlich darstellen wird. Eine Minute reicht aus, dann geht es an die Gruppeneinteilung und die Sammlung der Ideen.

Warum fördert diese Methode die Nachhaltigkeit?

Die Methode fördert die Nachhaltigkeit, da sich die Teilnehmer vorab mit Umsetzungshindernissen auseinandersetzen und gleichzeitig gemeinsam Lösungsideen sammeln, wie es gelingen kann, die gelernten Inhalte auch tatsächlich in der Praxis anzuwenden. Dadurch werden Workshopinhalte und Praxisalltag der Teilnehmer ideal miteinander verknüpft und der Grundstein für einen erfolgreichen Transfer gelegt.

Hintergrund

Das Wort „Transfer" leitet sich vom lateinischen „transferre" ab. Das bedeutet „hinübertragen", „übertragen", „transportieren". In Bezug auf nachhaltige Weiterbildung stellt der Transfer sicher, dass die Teilnehmer möglichst viel von dem, was sie gelernt haben, in ihrem Alltag umsetzen und anwenden können.

59. Mein Albtraum wird wahr

„Fass Dir ein Herz und lass Dich nicht durch leere Traumgespinste schrecken!“
– Lucius Apuleius –

Kurzbeschreibung

Die Teilnehmer überlegen sich, was im Nachgang an das Seminar bei der Umsetzung der gelernten Inhalte im schlimmsten Fall passieren kann.

Ziele

- Die Teilnehmer beschäftigen sich mit der Zeit nach dem Seminar.
- Die Teilnehmer machen sich ihre potenziellen Ängste in Bezug auf persönliche Veränderungen im Alltag bewusst.
- Die gedankliche Vorwegnahme des „Worst-Case-Szenarios“ reduziert die Angst vor dem Nichtgelingen.

Zeit

- 30 bis 60 Minuten

Material

- Pinnwand „Mein Albtraum wird wahr“, Moderationskarten, alternativ Fotobilder

Gruppengröße

- unbegrenzt, bei mehr als zwölf Teilnehmern am besten eine weitere Pinnwand bereitstellen

Überblick

- Der Trainer bereitet die Pinnwand „Mein Albtraum wird wahr“ vor.
- Die Teilnehmer versetzen sich in die Zeit nach dem Seminar und jeder überlegt für sich, was seine schlimmsten Befürchtungen in Bezug auf die Umsetzung des Workshops in der Praxis sind, sozusagen sein persönlicher Albtraum.
- Die Teilnehmer gehen dann zu zweit zusammen und tauschen sich aus, was sie befürchten, was ihnen bei der Umsetzung des Gelernten im schlimmsten Fall passieren kann.

- Die Teilnehmer halten ihren „Albtraum" entweder auf Moderationskarten fest oder suchen sich ein entsprechendes Bild heraus, das ihre Befürchtungen gut beschreibt.
- Die Worst-Case-Szenarien werden mithilfe der Moderationskarten oder Bilder auf der Pinnwand festgehalten.
- Die Teilnehmer diskutieren gemeinsam im Plenum, für wie wahrscheinlich sie das Eintreten dieser Szenarien halten und wie sie damit umgehen wollen.

Vorgehen

„Liebe Seminarteilnehmer, erinnern Sie sich an den Anfang unseres Workshops? Ich hatte Ihnen gesagt, dass ich Sie gerne mit auf eine Lernreise nehmen möchte, die für Sie erst lange nach dem Seminar enden wird. Warum erst nach dem Seminar? Nun, was passieren kann ist, dass Sie hier aus diesem Workshop herausgehen und die Wirkung schlichtweg verpufft – und nach zwei Wochen in der Hektik des Alltags ist es so, als wären Sie nie hier auf Weiterbildung gewesen. Das wäre wirklich mehr als schade. Und um dies zu vermeiden, werde ich Sie in einen Albtraum versetzen – aber keine Sorge, dieser ist zeitlich begrenzt und endet letztlich natürlich im Happy End. Dennoch ist es wichtig, dass Sie sich erst mal darauf einlassen. Und zwar sollen Sie sich in die Zeit nach dem Workshop versetzen. Stellen Sie sich vor, es ist ein Mittwochmorgen zwei Wochen nach dem Seminar. Sie machen sich auf den Weg zur Arbeit, alles läuft seinen gewohnten Gang. Und am späten Vormittag wird auf einmal Ihr Schreckensszenario Realität! Sie haben brav die Inhalte unseres Workshops umgesetzt – und nun ist der Worst-Case eingetreten. Genau das, was Sie befürchtet haben, was im schlimmsten Fall passieren kann … Nehmen Sie sich einfach mal zwei Minuten Zeit und überlegen Sie, jeder für sich, was Ihre größten Befürchtungen in Bezug auf die Umsetzung unseres Workshops in der Praxis sind. Was kann Ihnen schlimmstenfalls passieren? Was befürchten Sie am meisten? Versetzen Sie sich bitte in die geschilderte Situation – in zwei Minuten erlöse ich Sie wieder aus Ihrem Albtraum."

Nach zwei Minuten erfolgt am besten ein lautes Signal und der Hinweis, dass der „Albtraum" vorbei ist. Damit die Befürchtungen nicht tatsächlich eintreten, gehen die Teilnehmer nun zu zweit zusammen und tauschen sich über ihre Befürchtungen aus. Anschließend halten sie im Zweierteam all das, was sie in Bezug auf die Umsetzung auf dem Herzen haben, auf Moderationskarten stichwortartig fest. Diese dürfen ruhig persönlich und konkret sein. Jeder soll jedoch nur das vor den anderen preisgeben, mit dem er sich wohlfühlt. Die Pinnwand wird bereitgestellt.

Abb.: Pinnwand Albtraum

Jedes Team stellt dann seine „Albträume" mithilfe der Moderationskarten vor. Hängen alle Karten, sollen die Teilnehmer in der Gruppe diskutieren, für wie wahrscheinlich sie das Auftreten der verschiedenen Szenarien halten und wie sich diese am besten vermeiden lassen. Dies kann entweder in Form einer Diskussion passieren, bei der etwa der Trainer die wichtigsten Punkte der Diskussion auf einem Flipchart festhält. Alternativ lassen sich auch hier noch mal von den Zweierteams Lösungsideen auf Moderationskarten sammeln, die direkt an die jeweiligen Befürchtungen geheftet werden, um diesen ihren Schrecken zu nehmen.

Varianten

Lassen Sie die Teilnehmer ihre Befürchtungen nicht immer nur schriftlich ausdrücken, sondern nutzen Sie auch mal Motivkarten (vgl. Methode 24 „Das Bild, das am treffendsten beschreibt"). Die Zweierteams suchen sich dann Motivkarten heraus, die ihre Befürchtungen am besten widerspiegeln. Die Motivkarten werden an die Pinnwand geklebt und mit einem Stichwort versehen, das festhält, was die Karte jeweils ausdrücken soll.

Worauf achten?

Geben Sie den Teilnehmern ausreichend Zeit, sich tatsächlich auf die Zeit nach dem Workshop einzustellen. Die Teilnehmer sollten hier nicht nur an der Oberfläche kratzen, sondern auch tatsächlich zu ihren Ängsten und Befürchtungen „durchdringen". Weisen Sie darauf hin, dass die Teilnehmer natürlich nicht alle ihre Ängste und Befürchtungen preisgeben müssen, es aber in der Regel gut tut, diese einfach mal auszusprechen. Hierfür ist der vertrauliche Zweieraustausch gedacht. Die Zweierteams können selbst entscheiden, was sie von ihrem Gespräch wie auf den Moderationskarten festhalten möchten.

Praxistipp

Die Methode ist viel effektiver, wenn sich die Teilnehmer im Vorfeld bereits Gedanken gemacht haben, was sie wie umsetzen möchten. Je konkreter diese Vorsätze sind, desto besser lassen sich Befürchtungen vorwegnehmen. Kombinieren Sie deshalb diese Methode im Vorfeld idealerweise mit einer Methode, in der Vorsätze oder Umsetzungsvorhaben geplant werden (vgl. Methoden im Ausklang).

Warum fördert diese Methode die Nachhaltigkeit?

Die Methode „Mein Albtraum wird wahr" fördert die Nachhaltigkeit, da sie die Teilnehmer dazu bringt, sich unbewusster Ängste des Nichtgelingens von Umsetzungsvorhaben bewusst zu werden. Über den gemeinsamen Austausch und das Offenlegen dieser Szenarien in der Gruppe verlieren die befürchteten Situationen ihren Schrecken. Die Teilnehmer können sich so befreiter an die Umsetzung der gelernten Inhalte machen.

Hintergrund

Das Konkretisieren von Zukunftssituationen und die Vorwegnahme von Ängsten ist eine Methode, mit der häufig im Coaching gearbeitet wird. Durch das Ansprechen und vor allem dem Relativieren der Befürchtungen verlieren diese ihren Schrecken, da sie greifbar und abgrenzbar werden – und nicht mehr als unbestimmte, nicht einzuschätzende Gefahr das Unterbewusstsein blockieren.

Querverweise

- Zum Einsatz der Motivkarten vgl. Methode 24 „Das Bild, das am treffendsten beschreibt".
- Zum Planen von Vorsätzen und Umsetzungsvorhaben vgl. Methoden 63 bis 65.

60. Reflexionsspaziergang

„Wir handeln, wie wir müssen. So lasst uns das Notwendige mit Würde, mit festem Schritte tun.“ – Friedrich von Schiller –

Kurzbeschreibung

Die Teilnehmer lassen auf einem Reflexionsspaziergang den Workshop für sich Revue passieren und planen dabei ihr persönliches Umsetzungsvorhaben.

Ziele

- Die Teilnehmer erhalten Gelegenheit, die Inhalte des Workshops für sich „sacken zu lassen“.
- Die Bewegung und die Entfernung vom Seminarraum erleichtern es, für die Zeit nach dem Workshop ein persönliches Umsetzungsvorhaben ins Auge zu fassen.
- Die Teilnehmer sollen aus der Vielzahl der Informationen und Erlebnisse die für sie wichtigsten herausfiltern.

Zeit

- 30 bis 50 Minuten

Material

- nicht notwendig

Gruppengröße

- unbegrenzt

Überblick

- Der Trainer moderiert die Übung an.
- Die Teilnehmer begeben sich allein oder zu zweit auf einen Reflexionsspaziergang.
- Sie lassen die für sie wichtigsten Erkenntnisse Revue passieren.
- Die Teilnehmer machen sich Gedanken, was sie langfristig mit dem Workshop erreichen möchten und planen auf dem Spaziergang ein persönliches Umsetzungsvorhaben.
- Die Teilnehmer halten die für sie wichtigsten Punkte schriftlich für sich fest.
- Im Plenum können Erkenntnisse und Pläne abschließend kurz angesprochen werden.

Vorgehen

„Liebe Seminarteilnehmer, wie ich mir vorstellen kann, raucht Ihnen mittlerweile der Kopf. Wir haben in den vergangenen Tagen auch jede Menge erlebt und erfahren. Vermutlich meldet jedoch nicht nur Ihr Kopf ‚Höchstfüllmenge erreicht', sondern Ihr Rücken gibt auch das ein oder andere Signal, dass er doch seine Sitzposition mal wieder verlassen möchte. Und das darf er auch gleich!

Ich möchte nicht, dass Sie nach Hause gehen, angefüllt von all den Erlebnissen und Inhalten hier, in Ihrem Kopf aber so ein Durcheinander ist, dass letztlich gar nichts hängen bleibt. Das wäre schade. Deshalb möchte ich, dass Sie die anstehende halbe Stunde nutzen, Frischluft zu tanken, sich zu bewegen und in Ihrem Kopf Ordnung zu schaffen. Ein paar Schritte können da oft viel bewirken. Machen Sie einfach einen kleinen Reflexionsspaziergang, lassen Sie es sich an der frischen Luft gut gehen. Ob Sie bereits die Zeit des Spaziergangs nutzen, um in Ihrem Kopf Ordnung zu schaffen oder Sie lieber erst mal ausspannen und an gar nichts denken, bleibt ganz Ihnen überlassen. Beides hat seine Berechtigung. Sobald Sie aber von Ihrem Spaziergang zurückgekehrt sind, würde ich Sie bitten, dass Sie für sich Ihre wichtigsten Erkenntnisse aus dem Workshop festhalten und sich auch überlegen, was Sie langfristig mit diesem Workshop erreichen möchten. Sie sind ganz frei, wie Sie dabei vorgehen. Machen Sie schlichte Aufzählungspunkte und notieren Sie Ihre Erkenntnisse, fotografieren Sie die Ihnen wichtigsten Flipcharts und Pinnwände ab, gestalten Sie ein DIN-A4-Blatt in Form eines Mind Maps ganz individuell oder malen Sie auf, was Sie nicht vergessen möchten. In Form und Inhalt sind Sie ganz frei, die einzige Regel: Sie sollen für sich das Wichtigste festhalten und gleichzeitig ein persönliches Umsetzungsvorhaben ins Auge fassen. Wer möchte, kann im Anschluss seine Übersicht und seinen Plan den anderen vorstellen, aber das ist kein Zwang. Sie können auch eine sehr individuelle Zusammenfassung machen, die ausschließlich in Ihren Händen bleibt. Kurzum: Gehen Sie spazieren, lassen Sie es sich gut tun, lüften Sie Ihren Kopf durch und halten Sie dann wichtige Erkenntnisse und persönliche Pläne aus dem Seminar für sich fest."

Die Teilnehmer erhalten nun 20 bis 30 Minuten Zeit für den Spaziergang und 15 Minuten für ihre persönliche Zusammenfassung und Planung. Am besten geben Sie als Trainer eine Endzeit vor und die Teilnehmer können selbst bestimmen, wie sie sich die Zeit einteilen. Im Anschluss können Freiwillige im Plenum ihre Zusammenfassungen präsentieren.

Varianten

Der Reflexionsspaziergang muss nicht immer mit einer schriftlichen Zusammenfassung und der Planung eines Umsetzungsvorhabens kombiniert werden. Je nach Zeit und Gruppendynamik bietet es sich auch an, die Teilnehmer einfach eine halbe Stunde spazieren gehen zu lassen, sodass sich das ein oder andere setzen kann. Alternativ kann der Reflexionsspaziergang auch mit dem Ziel erfolgen, sich zu überlegen, ob es noch offene Fragen oder Themen gibt. Der Reflexionsspaziergang kann auch zu zweit erfolgen, beispielsweise mit dem Lernpartner. So haben die beiden Teilnehmer Gelegenheit, im Austausch noch mal das ein oder andere Revue passieren zu lassen bzw. sich auch gegenseitig Feedback zu geben. Der Reflexionsspaziergang lässt sich hier sehr individuell einsetzen, auch was den Zeitpunkt anbetrifft: Die Übung bietet sich nicht nur zum Abschluss, sondern natürlich auch während des Seminars an, um zwischendurch Dinge sacken zu lassen und neue Energie zu tanken.

Worauf achten?

Achten Sie darauf, den Teilnehmern deutlich zu machen, dass sie für sich den größten Nutzen aus dem Reflexionsspaziergang ziehen sollen. Jeder ist dabei frei, wie er das machen möchte. Hin und wieder kann es auch sinnvoll sein, einfach mal die Gedanken fließen zu lassen, ohne den Druck einer persönlichen Zusammenfassung oder der Festlegung eines Ziels zu haben. Das ist absolut in Ordnung, für die Teilnehmer gibt es keinen Zwang, irgendetwas zu tun. Manche nutzen auch die Zeit, sich im Seminarraum noch mal intensiv umzuschauen, Flipcharts zu fotografieren und ihre Handouts durchzugehen. Weisen Sie in der Anmoderation darauf hin, dass jeder für sich die zur Verfügung stehende Zeit so gestalten soll, dass es ihm etwas bringt. Frischluft, Bewegung und Ordnung der Inhalte bringen jedoch nach langjährigen Erfahrungswerten die besten Ergebnisse. Auch das dürfen Sie Ihren Teilnehmern mit auf den Weg geben.

Praxistipp

Um die Teilnehmer auf kreative Ideen für ihre persönliche Zusammenfassung zu bringen, biete ich oft selbst eine bildliche Zusammenfassung auf einer Pinnwand oder einem Flipchart an. Wichtig ist dabei, darauf hinzuweisen, dass die Zusammenfassung keinen Wert auf Vollständigkeit legen soll, sondern lediglich die persönlich wichtigen Dinge festhalten soll. Das Zeigen eines entsprechenden Mediums hat häufig zur Folge, dass einige Teilnehmer sehr kreativ in ihren Zusammenfassungen werden und diese auch gerne den anderen präsentieren. Dadurch werden Inhalte noch mal auf vielfältige Art zusammengefasst dargestellt und können nach Zustimmung des jeweiligen Teilnehmers auch mit ins Fotoprotokoll aufgenommen werden.

Warum fördert diese Methode die Nachhaltigkeit?

Die Methode „Reflexionsspaziergang" fördert die Nachhaltigkeit, da sie den Teilnehmern noch während des Seminars die Möglichkeit gibt, wichtige Informationen und Erkenntnisse zu ordnen und für sich festzuhalten. Präsentieren einige der Teilnehmer ihre Zusammenfassungen, erhöht sich über die Wiederholung und Vielfältigkeit der Darstellung der Erinnerungswert. Zudem machen sich die Teilnehmer Gedanken, was sie in der Zeit nach dem Seminar erreichen möchten.

Hintergrund/ Literaturtipp

Aus didaktischer Sicht ist es wichtig, Informationen nicht nur an Teilnehmer weiterzugeben, sondern diesen immer wieder die Möglichkeit zu geben, die Informationen auch zu verarbeiten. Dies kann sowohl in Form einer aktiven Auseinandersetzung mit den Inhalten bzw. in Form eines Rollenspiels oder einer sonstigen Übung erfolgen, aber auch in einem passiven Sackenlassen des Gelernten. Deswegen sind die Zwischendurch- als natürlich auch die Abschluss-Reflexionen sehr wichtig.

Querverweise

Der Reflexionsspaziergang lässt sich sehr gut mit den Methoden 63 bis 65 im Ausklang kombinieren, indem die Teilnehmer ihre ersten Gedanken zu einem persönlichen Umsetzungsvorhaben konkretisieren und fest durchplanen.

61. Generalprobe

„Sei ein Gestalter, kein Erdulder."

– Sprichwort –

Kurzbeschreibung

Die Teilnehmer spielen in Gedanken ihr Umsetzungsvorhaben einmal durch und machen die Personen sichtbar, die bei der Umsetzung in Form von Unterstützern und Verhinderern eine Rolle spielen werden.

Ziele

- Die Teilnehmer konkretisieren ihr Umsetzungsvorhaben.
- Die Teilnehmer erkennen, wie viel Unterstützung sie aus ihrem Umfeld für ihr Umsetzungsvorhaben bekommen.
- Die Teilnehmer sammeln Ideen, wie auch mit vermeintlichen Verhinderern umgegangen werden kann.

Zeit

- 60 Minuten

Material

- leere Flipchart-Bögen, Stifte, falls vorhanden Papierfiguren (Moderationsbedarf)

Gruppengröße

- unbegrenzt; bei kleineren Gruppen können die „Generalproben" im Plenum vorgestellt werden und alle diskutieren, bei größeren Gruppen bietet es sich an, dass die Vorstellung und Diskussion in Dreiergruppen erfolgt

Überblick

- Der Trainer moderiert die Aufgabe an.
- Die Teilnehmer malen auf einem Flipchart alle Personen auf, die bei der Umsetzung ihres Vorhabens eine Rolle spielen.
- Jede Figur erhält einen (auch gerne symbolischen) Namen und wird als Unterstützer oder Verhinderer eingeschätzt.
- Jeder Teilnehmer stellt seine „Generalprobe" den anderen vor.
- Gemeinsam werden Ideen gesammelt, wie die vermeintlichen Verhinderer zu Unterstützern des Projektes werden können.

Vorgehen

„Liebe Seminarteilnehmer, heute nutzen wir die Gunst der Stunde: Sie haben Gelegenheit, Ihr Umsetzungsvorhaben zu konkretisieren und zumindest gedanklich zu proben. Ihre Generalprobe hat vor allem das Ziel, dass Sie sich all der Personen bewusst werden, die Einfluss auf die Umsetzung haben. Deshalb würde ich Sie bitten, dass Sie sich die Zeit nehmen, für sich zu überlegen, welche Personen denn tatsächlich eine Rolle bei Ihrem Vorhaben spielen bzw. auch spielen sollen, weil Sie sie beispielsweise als Motivator einplanen. Denken Sie dabei sowohl an Personen aus Ihrem beruflichen als auch Ihrem privaten Umfeld. Gehen Sie in Gedanken die nächsten Wochen durch und konkretisieren Sie für sich, welche Schritte bei Ihrem Umsetzungsvorhaben anstehen und wie es optimal laufen würde. Dann notieren Sie sich alle Personen, die bei Ihrer Umsetzung eine Rolle spielen bzw. spielen könnten, weil Sie sie mit einbeziehen möchten. Bitte machen Sie diese Personen auf einem Flipchart für uns alle sichtbar. Sie können die Personen direkt benennen oder Ihnen lieber einen symbolischen Namen geben – aus Ihren Aufzeichnungen soll klar werden, wer in welcher Funktion eine Rolle bei Ihrem Vorhaben spielt, es ist nicht wichtig, dass Sie die Person namentlich offenlegen. Malen Sie die Personen auf und versuchen Sie, in Ihre ‚Generalprobe' eine Ordnung zu bringen, sodass die Personen nicht unverbunden nebeneinander aufgereiht werden, sondern Sie für sich eine Struktur hereinbringen. So könnten Sie beispielsweise die Personen nach Art ihrer Wichtigkeit oder nach der Nähe zu Ihrem Arbeitsplatz anordnen. Überlegen Sie für sich, was für Ihr Umsetzungsvorhaben am sinnvollsten ist.

Sobald Sie alle Personen haben, auch die, die nur ganz am Rande eine Rolle spielen, überlegen Sie sich bitte in einem zweiten Schritt, wer von diesen Personen eher ‚Unterstützer' und wer eher ‚Verhinderer' ist. Wer wird es Ihnen leicht machen, wer wird Sie motivieren, wer wird es Ihnen eher schwer machen, Sie demotivieren oder vielleicht sogar den ein oder anderen Stolperstein in den Weg legen. Bitte kennzeichnen Sie die Personen entsprechend, vielleicht schaffen Sie es sogar, eine Prozentzahl bei jeder Person anzugeben, mit wie viel Prozent Unterstützung oder Widerstand Sie wohl zu rechnen haben.

Hierfür haben Sie 20 Minuten Zeit. Anschließend gehen Sie bitte zu zweit oder zu dritt zusammen, stellen sich gegenseitig die Personen Ihrer Generalprobe vor und überlegen gemeinsam, wie potenzielle Verhinderer zu Unterstützern werden können."

Varianten

Bei bis zu acht Teilnehmern bietet es sich an, die Flipcharts reihum vor allen vorzustellen und gemeinsam Ideen zu sammeln, wie die Verhinderer zu Unterstützer werden können. Bei größeren Gruppen empfiehlt sich der Austausch in Zweier- bis Vierergruppen. Im Anschluss sollte dann eine Abschlussrunde im Plenum erfolgen, in der jede Gruppe kurz ihre Highlights und besten Ideen präsentiert.

Worauf achten?

Je nach Art der Anmoderation kann die „Generalprobe" eher dazu dienen, vorhandene Ressourcen und Unterstützung aus dem Umfeld aufzuspüren und sich bewusst zu machen oder eher Verhinderer, also potenzielle Stolpersteine, zu erkennen und sich zu überlegen, wie diese „umgangen" werden können. Sie können die Entscheidung darüber aber auch den Teilnehmern überlassen und die Übung neutral anmoderieren. Wichtig ist aber, dass die Teilnehmer am Schluss der „Generalprobe" mit einem guten Gefühl in ihr Umsetzungsvorhaben gehen. Deshalb sollten Sie, auch wenn zunächst Verhinderer verstärkt angesprochen werden, am Schluss immer Unterstützer ergänzen, sodass die Teilnehmer erkennen, dass sie mit ihrem Vorhaben nicht alleine sind, sondern sich entsprechende Unterstützung holen können.

Praxistipp

Damit gute Ideen gesammelt werden können, wie vermeintliche Verhinderer zu Unterstützer werden können, ist es wichtig, dass die Teilnehmer bei jeder Person nicht nur das vermutete Verhalten erläutern, sondern auch potenzielle Beweggründe für das Verhalten mit anführen.

Warum fördert diese Methode die Nachhaltigkeit?

Die Methode „Generalprobe" fördert die Nachhaltigkeit, da sie das Umsetzungsvorhaben der Teilnehmer konkret werden lässt. Die Teilnehmer erkennen, welche Personen bei ihrem Umsetzungsprojekt in welcher Form beteiligt sind. So können sie die Unterstützung und vorhandenen Ressourcen bei der Umsetzung gezielt nutzen und erhalten zudem Anregungen, wie mit vermeintlichen Verhinderern umgegangen werden kann.

Querverweis

Die Methode lässt sich gut mit Methode 71 „Support vor Ort" kombinieren.

62. Führungsdialog

„Die Zukunft soll man nicht voraussehen wollen, sondern möglich machen."
– Antoine de Saint-Exupéry –

Kurzbeschreibung

Zu Ende des Seminars werden die Führungskräfte der Teilnehmer in den Workshop eingeladen, um sich über die Inhalte zu informieren und um gemeinsam zu besprechen, wie die Umsetzung gelingen kann.

Ziele

- Das Arbeitsumfeld der Teilnehmer wird in den Workshop eingebunden.
- Die Umsetzung der Inhalte wird gemeinsam mit den Führungskräften besprochen und so die beidseitige Verantwortung von Teilnehmer und Führungskraft am langfristigen Erfolg der Veranstaltung bewusst gemacht.
- Es werden günstige Rahmenbedingungen für die Umsetzung der Inhalte geschaffen.

Zeit

- 120 bis 150 Minuten (für Vorbereitung 60 Minuten, für den Führungsdialog selbst zwischen 60 und 90 Minuten), je nach Veranstaltung kann für einen Führungsdialog auch ein ganzer Nachmittag eingeplant und sinnvoll verbracht werden

Material

- Flipchart zur Protokollierung der Diskussion

Gruppengröße

- unbegrenzt

Überblick

- Die Führungskräfte der Teilnehmer werden in den Workshop eingeladen.
- Die Teilnehmer bereiten den Führungsdialog vor.
- Die Teilnehmer präsentieren vor ihren Führungskräften, was sie im Workshop gelernt haben und wie sie das Gelernte in die Praxis umsetzen möchten.
- Es wird gemeinsam diskutiert, was für eine erfolgreiche Umsetzung vonnöten ist und wie diese gelingen kann.

Vorgehen

Der Einsatz des Führungsdialoges erfordert zwei Phasen: Erstens die Vorbereitung durch die Teilnehmer und zweitens den Austausch mit den Vorgesetzten. Zunächst sind die Teilnehmer gefragt, die wichtigsten Inhalte zusammenzufassen, unter Umständen entsprechende Medien vorzubereiten, sich zu überlegen, wer wie präsentiert und wie der Führungsdialog ablaufen soll. Wichtig ist vor allem, dass die Teilnehmer diskutieren, was sie mit den Führungskräften besprechen möchten. Schwerpunkt sollte sein: Was benötigen wir für eine erfolgreiche Umsetzung der Inhalte? Was bietet uns Hilfestellung, wer bietet uns Unterstützung, was ist vonnöten? Wichtig ist auch zu klären, wer die Diskussion moderiert und mitprotokolliert.

Der Auftrag an die Teilnehmer zur Vorbereitung kann wie folgt gestaltet werden:

„Liebe Seminarteilnehmer, wir machen uns jetzt daran, den für heute Nachmittag anstehenden Dialog mit Ihren Führungskräften vorzubereiten. Hier sind Sie gefragt: Sie sollen erstens Ihre Führungskräfte in Kenntnis setzen, welche Inhalte im Workshop vermittelt und welche Themen besprochen wurden. Sie müssen abstimmen und gemeinsam planen, was Sie wie präsentieren möchten und wer diese Rolle übernimmt. Zweitens wollen wir heute Nachmittag gemeinsam diskutieren, wie die Inhalte erfolgreich und langfristig umgesetzt werden können. Hierzu sollten Sie besprechen, welche Erwartungen Sie an Ihre Führungskräfte haben, welche Unterstützung Sie benötigen und wie günstige Rahmenbedingungen geschaffen werden können. Darüber hinaus sollten Sie gemeinsam planen, wie der Führungsdialog ablaufen soll und wer von Ihnen diesen moderieren möchte. Mein Vorschlag für eine effektive Vorbereitung sieht wie folgt aus:

- *Bitte setzen Sie sich in Vierergruppen zusammen und gehen Sie in einen kurzen Gedankenaustausch, was relevante Inhalte des Workshops waren, die Sie gerne Ihren Vorgesetzten präsentieren möchten. Für das Brainstorming haben Sie fünf Minuten Zeit.*
- *Kommen Sie wieder im Plenum zusammen. Jede Gruppe erzählt kurz, was die Ergebnisse Ihres Brainstormings sind.*
- *Besprechen Sie nun gemeinsam, welche Inhalte Sie tatsächlich vorstellen möchten. Bestimmen Sie ein oder zwei Personen aus Ihrem Kreis, die die Koordination des Führungsdialogs übernehmen.*
- *Überlegen Sie anschließend, welche Unterstützung Sie von Ihren Vorgesetzten erbitten möchten, damit die Umsetzung der gelernten Inhalte in die Praxis gelingt. Wer kann dabei hilfreich sein, was muss passieren, wie müssen die Rahmenbedingungen gestaltet werden?*

- *Stimmen Sie Inhalte, Ablauf und Verantwortliche des Führungsdialogs ab.*
- *Bereiten Sie sich entsprechend vor. Nutzen Sie Medien zur Unterstützung Ihrer Präsentation.*
- *An Zeit stehen Ihnen für die Vorbereitung insgesamt 60 Minuten zur Verfügung.*
- *Falls Sie Unterstützung benötigen, signalisieren Sie mir dies bitte. Ich helfe Ihnen gerne und jederzeit. Ansonsten übergebe ich die Verantwortung für das erfolgreiche Gelingen des Führungsdialogs in Ihre Hände."*

Dies ist nur ein Beispiel, wie die Vorbereitung für einen Führungsdialog ablaufen kann. Je nach Thema, Unternehmen und Rahmenbedingungen kann diese stark variieren und Zeitbedarf benötigen. Wichtig ist, dass die Teilnehmer erkennen, dass die Verantwortung für Inhalt und Ablauf des Führungsdialogs in ihren Händen liegen, Sie als Trainer lediglich die Rolle des Unterstützers einnehmen, wenn Hilfe eingefordert wird. Machen Sie den Teilnehmern auch noch mal deutlich, wie wichtig es ist, dass es ihnen gelingt, ihre Führungskräfte zu beeindrucken und zu motivieren, geeignete Rahmenbedingungen für die Umsetzung zu schaffen.

Der Führungsdialog selbst kann wie folgt ablaufen:

10 Min.	- Herzliches Willkommen und Begrüßung durch den Trainer
	- Kurze Vorstellung der Ziele und des Ablaufs des Führungsdialogs
	- Der Trainer übergibt Moderation an Teilnehmer
20 Min.	- Teilnehmer präsentieren Inhalte und Themen des Workshops
10 Min.	- Zeit für Nachfragen
30-45 Min.	- Moderierter Führungsdialog „Wie kann die erfolgreiche Umsetzung gelingen?"
	- Ideen der Teilnehmer werden vorgestellt und diskutiert
15 Min.	- Ergebnissicherung und Maßnahmenplan
5 Min.	- Zusammenfassung, Dank und Abschluss durch den Trainer

Worauf achten?

Damit der Führungsdialog gelingen kann, ist es wichtig, dass die Rollen geklärt und sich aller ihrer Rollen bewusst sind. Während des Führungsdialogs wechseln die Teilnehmer in die Rolle „Gastgeber", ein oder zwei der Teilnehmer übernehmen die Moderatorenrolle und die

Führungskräfte sind sowohl „Gäste“ als auch „Wegbereiter für die Umsetzung“.

Je nach Thema und Unternehmen kann der Führungsdialog friedlich und konstruktiv oder eher kritisch fordernd ablaufen. Falls Sie letzteres vermuten, ist es gut, wenn Sie die Moderatorenrolle für den Führungsdialog in Abstimmung mit den Teilnehmern selbst übernehmen und darauf achten, dass alle wertschätzend sachlich und konstruktiv miteinander umgehen.

Praxistipp

- Der „Führungsdialog“ ist eine Methode, die für die nachhaltige Umsetzung der Inhalte den entscheidenden Unterschied machen kann. Erklären sich die Führungskräfte tatsächlich bereit, sich Zeit für den Austausch mit den Workshop-Teilnehmern zu nehmen und gemeinsam zu überlegen, wie ein Transfer gelingen kann, sind die besten Voraussetzungen für eine nachhaltige Wirkung im Unternehmen erzielt. Allerdings lässt sich das nicht erzwingen, versuchen Sie aber in der Auftragsklärung entsprechend mit Nachdruck zu diskutieren und zu überzeugen.
- Die Methode ist in der Regel nur dann sinnvoll organisier- und umsetzbar, wenn die Teilnehmer der Weiterbildung aus einem, maximal zwei Unternehmen kommen.

Warum fördert diese Methode die Nachhaltigkeit?

Die Methode „Führungsdialog“ fördert die Nachhaltigkeit, da sie die Umsetzung der Inhalte zum festen Bestandteil des Seminars macht. Durch die Einbindung der Führungskräfte können günstige Rahmenbedingungen diskutiert und geschaffen werden, die eine erfolgreiche Umsetzung fördern. Zudem werden die Führungskräfte mit in die Verantwortung einbezogen. Auch für die Teilnehmer erhöht sich dadurch der Druck im positiven Sinne, die Umsetzung der Inhalte anzugehen und erfolgreich umzusetzen.

63. Gratulation – Umsetzung geschafft!

„Alle Dinge beginnen mit einer Vision. Sie haben ihren Ursprung in einer Vision, müssen dann auch noch ins Werk umgesetzt werden."

– Indianische Weisheit –

Kurzbeschreibung

Die Teilnehmer versetzen sich in die Zeit einige Wochen nach dem Seminarende und interviewen sich gegenseitig, wie die Umsetzung rückblickend funktioniert hat.

Ziele

- Die erfolgreiche Umsetzung wird gedanklich vorweggenommen.
- Die Teilnehmer machen sich die verschiedenen Schritte des Umsetzungsweges bewusst.
- Die Teilnehmer starten motiviert, da der Erfolg machbar erscheint.

Zeit

- 45 bis 70 Minuten

Material

- Moderationskarten

Gruppengröße

- unbegrenzt

Überblick

- Der Trainer moderiert die Aufgabenstellung an.
- Die Teilnehmer gehen mit ihrem Lernpartner zusammen und versetzen sich in die Zeit einige Wochen nach dem Seminarende.
- Der jeweilige Lernpartner gratuliert zur erfolgreichen Umsetzung des persönlichen Projektes.
- Rückblickend werden die verschiedenen Schritte gedanklich durchgespielt, die zur Erreichung des Umsetzungsziels vonnöten waren.
- Die Schritte werden auf Moderationskarten geschrieben und in Form eines persönlichen Umsetzungsweges auf dem Boden ausgelegt.

- Jeder Teilnehmer schreitet seinen persönlichen Umsetzungsweg ab.
- Die Rollen wechseln.
- Es erfolgt eine kurze Abschlussrunde im Plenum.

Vorgehen

„Liebe Seminarteilnehmer, jetzt ist es an der Zeit, um eine Zeitreise zu unternehmen. Und zwar werden wir uns alle gleich in die Zukunft beamen! Sie steigen zusammen mit Ihrem Lernpartner in die Zeitmaschine und reisen in die Zukunft. Ihr Reiseweg beträgt sechs Wochen, d.h., Sie katapultieren sich von jetzt sechs Wochen in die Zukunft. Und das Tolle an unserer Zeitmaschine ist, dass Sie aussteigen, wenn es am schönsten ist. Nämlich dann, wenn Sie Ihr Umsetzungsvorhaben erfolgreich gemeistert haben und mit Stolz zurückblicken auf den Weg, den Sie bis dorthin zurückgelegt haben.

Wie funktioniert unsere Zeitreise? Bitte gehen Sie gleich mit Ihrem Lernpartner zusammen und reisen Sie gemeinsam von der Gegenwart in die Zukunft. Ihr Umsetzungsziel ist erreicht und Sie berichten Ihrem Lernpartner stolz, was Sie geschafft haben. Dieser gratuliert Ihnen zu Ihrer herausragenden Leistung und fragt nach, wie Sie sich aktuell fühlen, wie es Ihnen geht, was Ihre Kollegen bzw. die Familie zu Ihren erreichten Zielen sagen. Versetzen Sie sich tatsächlich in die Situation und erspüren Sie, wie es Ihnen ergeht. Anschließend beschreiten Sie Ihren Lernweg, den Weg, den Sie bis zur Umsetzung des Vorhabens gegangen sind, in rückwärtiger Reihenfolge. Was war der letzte Schritt kurz vor der Umsetzung? Und davor? Was haben Sie wiederum davor getan, um Ihrem Ziel einen Schritt näher zu kommen?

Der Lernpartner hält die verschiedenen Stationen bzw. Meilensteine auf Moderationskarten fest und legt diese als eine Art Umsetzungsweg auf dem Boden aus. So durchschreiten Sie die Zeit von der Zukunft ‚Umsetzungsziel erreicht, bin stolz auf meine Leistung' schrittweise rückwärts in die Gegenwart. Ist das erfolgt, gehen Sie bitte noch mal gemeinsam vom Startpunkt zum Ziel. Schauen Sie, ob Sie alle Meilensteine und notwendigen Schritte vermerkt haben, sonst ergänzen Sie und überlegen Sie sich auch, welche Ressourcen geholfen haben und welche Chancen auf dem Weg dorthin genutzt wurden. Erst wenn Sie das Gefühl haben, dass Ihr Umsetzungsweg alle wichtigen Punkte enthält, schreiten Sie ihn noch einmal für sich in Ruhe von der Gegenwart in die Zukunft ab. Erspüren Sie ganz genau, wie sich das für Sie anfühlt. Danach wechseln die Rollen: Ihr Lernpartner katapultiert sich in die Zukunft und Sie erstellen ge-

meinsam dessen Umsetzungsweg. Gibt es zu unserer Reise in die Zukunft noch Fragen?"

Sind die Fragen geklärt, geht es an die Umsetzung. Jedes Zweierteam sollte ausreichend Platz und Ruhe für sich haben, um ungestört die Übung durchzugehen. Unterstützen Sie als Trainer gerade am Anfang, sodass sich alle tatsächlich in Gedanken in die Zukunft begeben und von dort aus rückwärts gehen. Je nach Gruppe kann es auch sinnvoll sein, die Übung mit einem Teilnehmer exemplarisch vorzuführen, sodass alle erkennen, wie der Ablauf sein sollte.

Haben beide im Zweierteam ihren Umsetzungsweg erstellt und abgeschritten, bietet sich eine Abschlussrunde im Plenum an. Für die anderen ist es immer interessant zu erfahren, wie die Übung bei den Kollegen gelaufen ist. Lassen Sie die Teilnehmer ihre Eindrücke schildern und fragen Sie danach, wie es sich angefühlt hat, zum Schluss den Weg von der Gegenwart in die Zukunft zu gehen. Hier wird nämlich in der Regel jede Menge positive Energie freigesetzt, die direkt zur Motivation für die Umsetzung genutzt werden kann.

Varianten

Beim Erstellen des Umsetzungsweges können Sie variieren und die Teilnehmer auch fragen, welche Hürden auf dem Umsetzungsweg jeweils überwunden werden mussten und wer oder was ihnen geholfen hat, die jeweilige Hürde zu umgehen und den nächsten Meilenstein auf ihrem Weg zu erreichen.

Worauf achten?

- Damit die Imagination tatsächlich funktioniert, sollen sich die Teilnehmer Zeit geben, die Situation „Ziel ist erreicht" auch tatsächlich zu spüren. Der Lernpartner sollte zunächst ernsthaft und mit Stolz gratulieren, damit sich sein Partner in die Situation einfinden und diese mit allen Sinnen wahrnehmen kann. Der Lernpartner sollte anschließend viel fragen, damit für den Partner Bilder im Kopf entstehen und er sich die Situation möglichst konkret ausmalen kann.
- Und achten Sie auf alle Fälle darauf, dass jeder am Schluss noch mal seinen Weg vom Startpunkt (Gegenwart) in Richtung „Vision erreicht" abschreitet und erspürt, wie sich das anfühlt.

Praxistipp

Das schrittweise „Rückwärtsbewegen" in Richtung Gegenwart funktioniert leichter, wenn beide Teilnehmer auch immer in der Vergangenheit reden, da das Ziel, die Vision ja schon erreicht ist und man sich von dort „rückwärts" in Richtung Gegenwart bewegt.

Warum fördert diese Methode die Nachhaltigkeit?

Die Methode „Gratulation – Umsetzung geschafft" fördert die Nachhaltigkeit, da sie die Teilnehmer die Umsetzung ihres Vorhabens konkret planen lässt. Durch die Vorwegnahme des erfolgreichen Gelingens gehen die Teilnehmer motiviert an die Umsetzung. Die Teilnehmer erkennen die verschiedenen Schritte, die für eine persönliche Umsetzung notwendig sind.

Hintergrund

Als so genannte „Sprungbrett-Methode" wird eine Coaching-Intervention bezeichnet, die die Intuitions- und Gefühlsebene anspricht. Mit einem gedanklichen Sprungbrett katapultiert sich der Klient oder Teilnehmer mithilfe des Coachs in die Zukunft, in der die Vision in diesem Moment Realität ist. Dabei ist das Ausmalen der Vision wichtig, der Klient soll die Situation intensiv spüren und wahrnehmen können. Vom Gelungenen kann sich der Klient dann schrittweise rückwärts in Richtung Gegenwart bewegen.

Querverweise

Die Methode lässt sich gut mit „Mein guter Freund" (Methode 28) und „Mein persönliches Umsetzungsprojekt" (Methode 64) kombinieren.

64. Mein persönliches Umsetzungsprojekt

„Was ich heute bin, ist ein Hinweis auf das, was ich gelernt habe, aber nicht auf das, was mein Potenzial ist." – Virginia Satir –

Kurzbeschreibung

Die Teilnehmer legen ihre persönlichen Entwicklungsziele fest und planen ihr Umsetzungsvorhaben.

Ziele

- Die Teilnehmer setzen sich persönliche Umsetzungsziele.
- Die Umsetzung wird thematisiert und geplant.
- Die Teilnehmer starten motiviert mit der Umsetzung des Gelernten im Alltag.

Zeit

- 60 bis 90 Minuten

Material

- Moderationsbedarf, Vorlage zum Festhalten des persönlichen Projektes (Arbeitsblatt oder Nachhaltigkeits-Bestseller, vgl. Methode 27)

Gruppengröße

- unbegrenzt

Überblick

- Der Trainer moderiert die Aufgabenstellung an.
- Jeder Teilnehmer rekapituliert für sich noch mal die wichtigsten Erkenntnisse aus der Weiterbildung.
- Die Teilnehmer überlegen sich, was sie davon im Alltag umsetzen möchten.
- Die Teilnehmer tauschen sich über ihre Vorhaben und ihre individuellen Entwicklungsziele mit ihren Lernpartnern aus.
- Das persönliche Umsetzungsvorhaben wird konkretisiert und schriftlich fixiert.
- Die Projekte werden im Plenum vorgestellt.

Vorgehen

Das Wichtigste für einen nachhaltigen Lerneffekt ist, dass sich jeder Teilnehmer für die Zeit nach dem Workshop überlegt, wie er das Gelernte in die Praxis umsetzen möchte und welche Ziele er hier verfolgt. Insofern sollte jeder Workshop, der nachhaltig angelegt ist, ein persönliches Umsetzungsvorhaben beinhalten. Dieses können Sie beispielsweise wie folgt umsetzen:

„Liebe Seminarteilnehmer, so langsam biegen wir auf die Zielgerade unseres Seminars ein. Damit der Nutzen, den Sie aus der Weiterbildung ziehen können, nicht zum Seminarende hin verpufft, ist es wichtig, dass Sie sich Gedanken machen, was Sie von den Inhalten in Ihren Alltag integrieren möchten. Zunächst einmal sind Sie hier ganz persönlich gefragt, aktiv zu werden. Nehmen Sie sich zunächst noch mal in Ruhe die Zeit zu rekapitulieren, was für Sie wichtige Erkenntnisse und Inhalte des Seminars waren. Anschließend überlegen Sie sich, was Sie davon wie in den Alltag integrieren möchten. Was sind die Dinge, die Sie sich persönlich fest vornehmen? Planen Sie Ihr ganz persönliches Umsetzungsvorhaben. Legen Sie dabei die Ziele fest, die Sie erreichen möchten. Hierfür hat jeder von Ihnen 30 Minuten Zeit. Sobald Sie Ihre Ziele und Ihr Vorhaben konkretisiert haben, gehen Sie bitte in den Austausch mit Ihrem Lernpartner. Schildern Sie sich gegenseitig Ihre Vorhaben und geben Sie sich Rückmeldung: Wie hört sich das für Sie an? Hat Ihr Lernpartner die Punkte herausgesucht, die ihm am meisten bringen? Ist er bei ‚seinen' Themen gelandet? Stellt das Vorhaben eine Herausforderung dar, die motiviert zu meistern ist? Hört sich das Vorhaben für Sie realistisch an? Gibt es Dinge, an die Ihr Lernpartner noch nicht gedacht hat, die aber auch sinnvoll sein könnten? Tauschen Sie sich bitte gegenseitig aus und konkretisieren Sie im Anschluss Ihr Umsetzungsvorhaben und Ihre Ziele. Schreiben Sie sich diese auf und sehen Sie die schriftliche Fixierung als einen Vertrag, den Sie mit sich selbst schließen und für dessen Einhaltung und Erreichung Sie verantwortlich sind. Im Anschluss soll jeder sein persönliches Umsetzungsvorhaben im Plenum präsentieren."

In der Regel erläutere ich zunächst erst einmal komplett die Aufgabenstellung und weise die Teilnehmer dann noch mal auf den Ablauf hin:

- Rekapitulation der wichtiges Erkenntnisse
- Überlegung: Was will ich umsetzen bzw. im Alltag integrieren? Was ist mein Vorhaben? Wie sehen meine Ziele aus?
- Austausch mit dem Lernpartner und gegenseitige Rückmeldung
- Konkretisierung und schriftliche Festlegung des persönlichen Umsetzungsvorhabens

Bevor die Teilnehmer nun loslegen, erläutere ich ihnen noch mal gesondert, worauf sie bei der Formulierung ihrer Ziele achten sollen.

- Das Ziel sollte im eigenen Einflussbereich liegen. Jeder kann es von sich aus erreichen, wenn er aktiv wird.
- Das Ziel sollte eine positive Herausforderung darstellen, d.h. man weiß, man muss sich dafür anstrengen, aber es ist auch machbar.
- Das Ziel sollte positiv formuliert sein (also nicht „nicht mehr" sondern „was stattdessen").
- Das Ziel sollte terminiert sein und der Endzeitpunkt nicht zu weit entfernt, da sonst die Motivation verloren gehen kann.
- Und das Ziel sollte so konkret formuliert sein, dass zum Endzeitpunkt auch klar erkannt werden kann, ob das Ziel tatsächlich erreicht wurde. Das Ziel sollte also überprüfbar sein.

Falls dazu keine Fragen auftauchen, machen sich die Teilnehmer an die Planung und Fixierung ihres Umsetzungsvorhabens. Abschließend präsentiert jeder sein persönliches Umsetzungsvorhaben im Plenum. Die Verkündung ist wichtig, denn mit dem öffentlichen Kundtun steigen die Verbindlichkeit und die Motivation, die geplanten Dinge anzugehen (siehe Praxistipp).

Varianten

Lassen Sie die Lernpartner am Schluss gegenseitig ihr Umsetzungsvorhaben unterzeichnen. Mit der Unterschrift bestätigen die Teilnehmer, dass sie gegenseitig Verantwortung übernehmen, beide Umsetzungsvorhaben zum Erfolg zu führen.

Worauf achten?

Weisen Sie Ihre Teilnehmer auch zwischendurch noch mal darauf hin, dass das Ziel von ihnen selbstständig erreichbar sein soll, möglichst konkret und positiv formuliert, überprüfbar auf Erfolg und in naher Zukunft auch umsetzbar, da dies manchmal von der Planung bis zur schriftlichen Fixierung der Ziele aus den Augen gerät.

Praxistipp

Schaffen Sie für die Vorstellung und Verkündung der Umsetzungsprojekte eine besondere und motivierende Atmosphäre. Sie können beispielsweise ein kleines Podest aufbauen, auf dem jeder Teilnehmer sein Vorhaben laut und deutlich für alle verkündet. Jedes Vorhaben wird mit lautem Klatschen der Teilnehmer begrüßt. Oder Sie gestalten die Verkündigung wie den Einmarsch einer Sportlermannschaft in die Halle. Alle Teilnehmer stellen sich in Form eines Spaliers auf, jeder Teilnehmer wird ausgerufen, läuft unter dem Beifall der Menge nach vorne, verkündet sein Vorhaben und läuft mit High Five durch die Reihen zurück ans Ende des Spaliers. Falls möglich, sorgen Sie für die entsprechende musikalische Untermalung.

Warum fördert diese Methode die Nachhaltigkeit?

Die Methode „Mein persönliches Umsetzungsprojekt" fördert die Nachhaltigkeit, da sich die Teilnehmer Lernziele setzen und planen, wie sie das Gelernte in ihrem Alltag umsetzen. Insofern ist das persönliche Umsetzungsprojekt weniger „eine" Methode, sondern Grundvoraussetzung für einen nachhaltigen Lerneffekt im Praxisalltag der Teilnehmer.

Querverweise

Die Methode lässt sich gut mit dem „Nachhaltigkeits-Bestseller" (Methode 27), mit „Mein guter Freund" (Methode 28) und dem „Kaffee für zwei" (Methode 72) kombinieren.

65. Umsetzung leicht gemacht

„Es ist nicht genug zu wissen, man muss es auch anwenden, es ist nicht genug zu wollen, man muss es auch tun."

– Johann Wolfgang von Goethe –

Kurzbeschreibung

Die Teilnehmer überlegen sich in einem ersten Schritt gemeinsam viele kleine Maßnahmen, von denen sie sich vorstellen können, diese nach dem Seminar umzusetzen. In einem zweiten Schritt stellen sie für die ausgewählten Maßnahmen eine persönliche Kosten-Nutzen-Bilanz auf.

Ziele

- Die Teilnehmer konkretisieren die Umsetzung.
- Sie nehmen sich kleine realistische Schritte der Umsetzung vor.
- Sie erkennen, dass auch mit überschaubarem Aufwand viel erreicht werden kann.

Zeit

- 60 Minuten

Material

- Moderationsbedarf

Gruppengröße

- unbegrenzt

Überblick

- Der Trainer moderiert die Aufgabenstellung an.
- Die Teilnehmer gehen in Kleingruppen zusammen.
- Jede Kleingruppe überlegt sich möglichst viele kleine Maßnahmen, die sich nach dem Seminar einfach umsetzen lassen.
- Die Maßnahmen werden auf Moderationskarten geschrieben.
- Alle Gruppen stellen ihre gesammelten Maßnahmen vor, die dazugehörigen Karten werden auf dem Boden ausgelegt.
- Jeder Teilnehmer sucht sich aus der Sammlung drei konkrete Maßnahmen heraus und überlegt sich, was er für die Umsetzung „investieren" muss und mit welchem „Ertrag", sprich Nutzen er rechnen kann.
- In der Abschlussrunde stellt jeder Teilnehmer seine drei Maßnahmen sowie ihre Kosten-Nutzen-Bilanz vor.

Vorgehen

„Liebe Seminarteilnehmer, Theorie und Wissen sind das eine, Praxis und Anwendung das andere. Damit Sie wirklich langfristig von der Weiterbildung profitieren können, wollen wir beides eng miteinander verzahnen. Im Folgenden sollen Sie sich deshalb Gedanken machen, was sich denn von dem, was Sie hier gehört, gelernt und ausprobiert haben, auch tatsächlich bei Ihnen im Alltag umsetzen lässt. Gehen Sie bitte zu dritt oder zu viert zusammen, tauschen Sie sich aus und sammeln Sie möglichst viele kleine Maßnahmen, wie Sie das Gelernte konkret in die Praxis umsetzen können. Schreiben Sie Ihre Ideen bitte auf Moderationskarten, je mehr Sie finden, desto besser!"

Die Teilnehmer erhalten je nach Komplexität des Seminarthemas zehn bis zwanzig Minuten Zeit für das Brainstorming in der Gruppe. Anschließend stellt jede Gruppe ihre Ideen vor. Die dazugehörigen Moderationskarten werden auf dem Boden ausgelegt. Jeder Teilnehmer soll sich aus der Sammlung drei Maßnahmen heraussuchen. Die dazugehörige Moderationskarte sollte aber am Boden liegen bleiben, da es häufig „Lieblingsumsetzungsmaßnahmen" gibt, die mehrere Teilnehmer ins Visier nehmen. Die Teilnehmer können sich ihre Maßnahmen „doppeln", d.h. noch mal selbst auf Moderationskarten schreiben. Mit ihren ausgewählten Ideen sollen die Teilnehmer nun für sich eine Kosten-Nutzen-Bilanz aufstellen, sie sollen sich für jede Maßnahme in Ruhe überlegen, was sie investieren müssen, um die Maßnahme tatsächlich umzusetzen und was dafür ihr Nutzen ist. Die Kosten-Nutzen-Bilanz kann in Form einer Bilanz in zwei Spalten „Kosten" und „Nutzen" erfolgen. Alternativ können die Teilnehmer auch eine Waage aufzeichnen und die Bausteine einfügen, die auf der Investitionsseite und auf der Nutzenseite zum Tragen kommen. Abschließend stellt jeder Teilnehmer seine drei Maßnahmen sowie die persönliche Kosten-Nutzen-Bilanz für seine „Lieblingsmaßnahme" im Plenum vor.

Varianten

- Die Umsetzungsmaßnahmen können zunächst auch mit dem Lernpartner diskutiert werden. Zu zweit fällt es meistens leichter, Investitionen und Nutzen einzuschätzen.
- Neben der persönlichen Kosten-Nutzen-Bilanz können auch Punkte berücksichtigt werden, die für die Kollegen, Kunden oder das Unternehmen eine Rolle spielen.

Worauf achten?

- Achten Sie darauf, dass die Teilnehmer konkret werden – das gilt sowohl bei der Sammlung der Maßnahmen als auch bei der Festlegung des notwendigen Aufwands und Ertrags. Je konkreter diese Punkte formuliert werden, desto greifbarer und realistischer gestaltet sich die Umsetzungsplanung.

- Den Teilnehmern fällt es in der Regel leichter, die Kosten, also die Investitionen zu bezeichnen („Hierfür müsste ich einmal in der Woche üben und mir die Zeit nehmen ...). Sie haben öfters Schwierigkeiten, den Nutzen zu konkretisieren. Unterstützen Sie deshalb Ihre Teilnehmer bei der Kosten-Nutzen-Bilanz. Fragen Sie zum Beispiel, was wäre, wenn sie im Gegenzug nichts verändern würden, woran man als Erstes erkennen würde, dass sie etwas verändern, welche kleinen Auswirkungen dies auf wen und wie hat, worauf sich diese Veränderungen wiederum auswirken könnten usw. Und weisen Sie darauf hin, dass natürlich auch Gefühle wie Stolz, Zufriedenheit etc. Punkte sind, die auf der Nutzenseite zu verbuchen sind.

Praxistipp

Für die Sammlung der Ideen ist es hilfreich, wenn Sie die Teilnehmer tatsächlich in eine kreative Brainstorming-Phase versetzen. Im ersten Schritt sollen die Teilnehmer nämlich nicht zu viel rational darüber nachdenken, was möglich wäre, sondern ihre Gedanken frei sprudeln lassen. Zunächst sollen spontane Ideen für die Umsetzung zusammengetragen werden und zwar so viele Ideen wie möglich. Weisen Sie Ihre Teilnehmer darauf hin, dass es gerne verrückt, ausgefallen und unrealistisch werden darf. Erst im zweiten Schritt, nämlich dann, wenn jeder Teilnehmer sich seine Maßnahmen heraussucht, erfolgt die Filterung, was davon wirklich umsetzbar ist.

Warum fördert diese Methode die Nachhaltigkeit?

Die Methode „Umsetzung leicht gemacht" fördert die Nachhaltigkeit, da sich die Teilnehmer bewusst machen, was sie alles aus der Weiterbildung im Alltag umsetzen können. Zudem wählen die Teilnehmer für sich drei Maßnahmen aus, für die sie eine Kosten-Nutzen-Bilanz aufstellen. Dadurch erkennen die Teilnehmer, wie groß der Nutzen der Umsetzung für sie sein kann und machen sich auch den dazugehörigen Aufwand bewusst. Dadurch steigt die Motivation zur Umsetzung.

Querverweise

Die Methode lässt sich gut mit dem „Nachhaltigkeits-Bestseller" (Methode 27) kombinieren. Die Teilnehmer können ihre geplanten Umsetzungsmaßnahmen mit den dazugehörigen Kosten-Nutzen-Bilanzen darin festhalten und so für die weitere Umsetzung fixieren.

Nachhaltige Methoden und Interventionen im Nachgang

Ziel

Umsetzung in Alltag und Praxis bewerkstelligen.

Übersicht

Mein Tipp

Die wichtigste Zeit einer Weiterbildung ist die Zeit nach der Weiterbildung! Den Teilnehmern muss es erst noch gelingen, das Gelernte in die Praxis umzusetzen. „Sanftes" Einfordern der geplanten Veränderungen und Unterstützung helfen beim Transfer!

66. Fünfzehn für mich

„Wer nicht ab und zu in sich geht, trifft irgendwann dort niemand mehr an."
– Unbekannt –

Kurzbeschreibung Die Teilnehmer planen eine Viertelstunde Zeit ein, die sie am Tag der Zusendung des Fotoprotokolls zur Nachreflexion nutzen.

Ziele

- Die Teilnehmer lassen mit etwas zeitlichem Abstand und mithilfe des Fotoprotokolls den Workshop Revue passieren.
- Die Teilnehmer rufen sich wichtige Erkenntnisse des Workshops nochmals ins Gedächtnis.
- Die Weiterbildung wird in den Alltag integriert.

Zeit

- 15 Minuten

Material

- Fotoprotokoll

Gruppengröße

- unbegrenzt

Überblick

- Der Trainer mailt den Teilnehmern einige Tage nach dem Workshop das Fotoprotokoll zu.
- Die Teilnehmer planen fünfzehn Minuten Zeit ein, die sie nutzen, um in Ruhe das Fotoprotokoll durchzugehen und den Workshop Revue passieren zu lassen.
- Der Fokus liegt dabei auf den Fragen: Was hat mir die Weiterbildung gebracht? Wie setze ich die Inhalte um?

Vorgehen *„Liebe Workshopteilnehmer, wie bereits angekündigt erhalten Sie anbei das Fotoprotokoll zu unserem Workshop. Bitte planen Sie fünfzehn Minuten ein, in denen Sie Zeit haben, unseren Workshop noch mal in Ruhe durchzugehen und sich die Punkte in Erinnerung zu rufen, die Ihnen wichtig erscheinen. Sehen Sie die 15 Minuten als Auszeit für sich, in denen Sie sich etwas Gutes tun. Richten Sie Ihre Aufmerksamkeit dabei auf zwei Fragen: Was hat mir der*

Workshop gebracht und wie kann ich die Inhalte in meinem Alltag umsetzen? Viel Spaß und gutes Gelingen!"

Varianten

- Die Übung lässt sich sehr gut mit dem „Nachhaltigkeits-Bestseller" (Methode 27) kombinieren. Die Teilnehmer können im Anschluss an die Reflexion ihre wichtigsten Erkenntnisse und die nächsten Schritte der Umsetzung schriftlich festhalten.
- Eine weitere Möglichkeit besteht darin, dass die Teilnehmer sich nach ihrer persönlichen Reflexion Zeit für einen telefonischen Austausch mit ihrem Lernpartner nehmen.
- Die „Fünfzehn für mich" können auch genutzt werden, um den Trainer im Anschluss per E-Mail kurze Rückmeldung zu Nutzen und Erkenntnissen zu geben. Dadurch erhöht sich auch die Verbindlichkeit, sich tatsächlich fünfzehn Minuten Zeit zu nehmen.

Praxistipp

Die „Fünfzehn für mich" sind eine einfache Übung mit großer Wirkung. Häufig nutzen die Teilnehmer das Fotoprotokoll tatsächlich, um kurz mal reinzugucken. Wird die Auffrischung jedoch fest als Aufgabe formuliert und eingefordert, erhalten die Wiederholungsminuten eine andere Bedeutung und Verbindlichkeit für die Teilnehmer.

Warum fördert diese Methode die Nachhaltigkeit?

Die Methode „Fünfzehn für mich" fördert die Nachhaltigkeit, da sie die Teilnehmer dazu bringt, sich auch nach dem Workshop nochmals in Ruhe mit den Inhalten auseinanderzusetzen. Die Auffrischung des einen oder anderen Gedankens erhöht das Erinnerungsvermögen und ist ideal für einen langfristigen Lerneffekt.

Hintergrund/ Literaturtipp

Auch bei dieser Methode greift das schon mal an anderer Stelle erläuterte Prinzip der „Entspannung für Gedächtniskonsolidierung", was bedeutet, dass es für unser Lernen wichtig ist, dem Gehirn die notwendige Zeit für die Speicherung von Informationen und der Verknüpfung von Bedeutungszusammenhängen zu geben. Nähere Informationen hierzu finden sich in:

- Herrmann, Ulrich (Hrsg.): Neurodidaktik. Grundlagen und Vorschläge für ein gehirngerechtes Lehren und Lernen. Beltz, 2. Aufl. 2009.

Querverweis

Gut kombinierbar mit Methode 27 „Nachhaltigkeits-Bestseller".

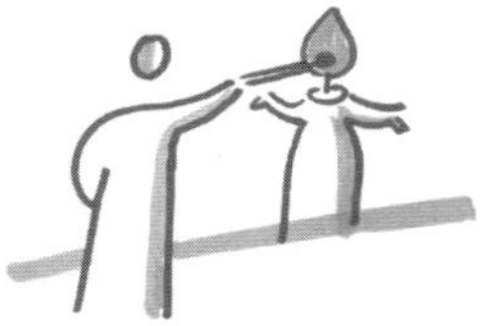

67. Der sanfte Hauch des Trainers

„Was Du mir sagst, das vergesse ich. Was Du mir zeigst, daran erinnere ich mich. Was Du mich tun lässt, das verstehe ich." – Konfuzius –

Kurzbeschreibung

Der Trainer sendet den Teilnehmern in regelmäßigen Abständen nach dem Seminar Auffrischungs-E-Mails zur Motivation.

Ziele

- Die Inhalte und den Workshop lebendig halten.
- Die Teilnehmer an das Umsetzungsvorhaben erinnern.
- Den Teilnehmern verdeutlichen, dass der Trainer auch nach dem Workshop als Ansprechpartner fungiert.

Zeit

- 5 Minuten

Material

- E-Mails

Gruppengröße

- unbegrenzt

Überblick

- Der Trainer sendet den Teilnehmern zu festen Zeitpunkten und in regelmäßigen Abständen E-Mails zur Erinnerung an Workshop, Inhalte und Umsetzungsvorhaben zu.

Vorgehen

Für eine „Motivations-E-Mail" reichen meist zwei oder drei schlichte, sachliche Erinnerungssätze, wie das folgende Beispiel zeigt:

„Liebe Teilnehmer, hoffentlich sind Sie nach unserem Workshop wieder gut in Ihren Arbeitsalltag gestartet. Mittlerweile sind schon wieder mehr als zwei Wochen seit unserem Seminarabschluss vergangen. Damit Ihnen Ihr Umsetzungsvorhaben in der Hektik des Alltags nicht aus den Augen gerät, motiviere ich Sie noch mal fest, sich Zeit für die Umsetzung Ihrer Workshop-Ziele zu nehmen. Das kostet zwar etwas Zeit und Energie, sorgt aber auch für jede Menge Erfolgserlebnisse. Sie schaffen das!"

Varianten

- Ihrer Fantasie sind bei der Formulierung der E-Mails keine Grenzen gesetzt. Manchmal ergeben bestimmte Ereignisse oder lustige Sprüche aus dem Workshop gute Ideen für kreative Erinnerungs-Mails. In einem meiner Workshops prägte ein Teilnehmer den Begriff der „magischen Aura", die ein guter Präsentierender mitbringen sollte. Die „magische Aura" wurde zum geflügelten Wort des Workshops, sodass natürlich die Erinnerungs-E-Mail perfekt dafür geeignet war, dies nochmals aufzugreifen.
- Motivations-E-Mails lassen sich auch gut mit Sinn-Sprüchen, Zitaten oder kurzen Geschichten kombinieren.

Worauf achten?

Achten Sie bei den Formulierungen darauf, dass die Teilnehmer die E-Mails nicht als Zwang und Kontrolle verstehen. Ihr Ziel ist dann erreicht, wenn die Teilnehmer nach Lesen der E-Mail motiviert sind, ihr Umsetzungsvorhaben weiter zu verfolgen – und gleichzeitig Interesse und eine gewisse Verbindlichkeit spüren, dies zu tun.

Praxistipp

„Der sanfte Hauch" ist eine Intervention mit geringem Aufwand und großer Wirkung. Häufig sind es nicht aufwendige, außergewöhnliche Methoden, die Nachhaltigkeit sicherstellen, sondern viele kleine Dinge. Probieren Sie es aus!

Warum fördert diese Methode die Nachhaltigkeit?

Die Methode „Der Hauch des Trainers" fördert die Nachhaltigkeit, da die Teilnehmer in regelmäßigen Abständen an den Workshop und ihr Umsetzungsvorhaben erinnert werden. Zudem erhöht die Aufmerksamkeit des Trainers die Verbindlichkeit in Bezug auf die Umsetzung des Vorhabens.

Hintergrund/ Literaturtipp

Der „Hauch des Trainers" wirkt nicht nur über die von den Teilnehmern erkennbare Aufmerksamkeit und Motivation des Trainings, sondern auch über die Erinnerung: Ein Lernen findet nur statt, wenn die Nervenzellen in unserem Gehirn mehrfach angeregt werden, über ihre Synapsen Verbindung miteinander aufzunehmen. Ein regelmäßiges Wiederholen fördert diesen Vorgang und festigt das Erlernte. Nähere Informationen hierzu finden sich in:

- Herrmann, Ulrich (Hrsg.): Neurodidaktik. Grundlagen und Vorschläge für ein gehirngerechtes Lehren und Lernen. Beltz, 2. Aufl. 2009.

68. Vier Augen zur Nachbereitung

„Lehre tut viel, aber Aufmunterung alles."

– Johann Wolfgang von Goethe –

Kurzbeschreibung

Der Teilnehmer führt mit seinem Vorgesetzten ein Feedbackgespräch über den Lernerfolg und die Möglichkeiten der Umsetzung des Gelernten.

Ziele

- Die Teilnehmer machen sich Gedanken, was sie gelernt haben.
- Die Vorgesetzten zeigen Interesse an der Weiterbildung und der Person des Teilnehmers.
- Gemeinsam können Möglichkeiten der Umsetzung besprochen und in die Tat umgesetzt werden.

Zeit

- 10 bis 30 Minuten

Material

- nicht nötig

Gruppengröße

- unbegrenzt

Überblick

- Der Trainer erinnert die Vorgesetzten bzw. die Teilnehmer an das Vier-Augen-Gespräch.
- Jeder Teilnehmer setzt sich mit seinem Vorgesetzten für ein offenes Feedback-Gespräch zusammen.
- Beide besprechen, wie das Gelernte am Arbeitsplatz umgesetzt werden kann und Teilnehmer und Unternehmen langfristig vom Workshop profitieren.

Vorgehen

Leitfragen für ein Nachbereitungsgespräch können sein:

- Wie ist der Workshop aus Ihrer Sicht gelaufen?
- In einem ersten Rückblick: Wie schätzen Sie den Erfolg der Weiterbildung für sich ein?

- Was hat sich für Sie durch die Weiterbildung konkret verändert? Was denken Sie: Wer hat diese Veränderungen wahrgenommen? In welcher Form?
- Inwieweit konnten Sie Ihre Ziele schon umsetzen? Was steht noch an?
- Welche Herausforderungen sind bei der Umsetzung am Arbeitsplatz aufgetreten? Was waren die Gründe dafür?
- Wie würde es für Sie besser laufen? Welche Hilfe benötigen Sie bei der weiteren Umsetzung?
- Wenn Sie an das nächste halbe Jahr denken: Was sind Ihre langfristigen Ziele?
- Wie kann ich Sie dabei unterstützen, damit Sie auch über die nächsten Wochen hinaus von der Weiterbildung profitieren?
- Gibt es Inhalte und Themen, die für Ihre Kollegen und unsere Abteilung hilfreich sind? Wie können wir diese den anderen zugänglich machen?

Worauf achten?

Versuchen Sie, das Unternehmen und die Vorgesetzten zu diesem Nachbereitungs-Gespräch zu motivieren. Alle Beteiligten sollen erkennen, wie wichtig ein solches Gespräch ist. Reine Pflichterfüllung im Sinne von „Jetzt schauen wir halt, dass wir das hinter uns bringen" ist kontraproduktiv. Das echte Interesse der Führungskräfte ist hingegen ein sehr wichtiger Motivationsfaktor für die Umsetzungsziele.

Praxistipp

Idealerweise kombinieren Sie das Feedback-Gespräch mit dem Vorbereitungsgespräch (siehe Methode 7 „Vier-Augen-Gespräch"), vereinbaren dies am besten bereits in der Auftragsklärung und erinnern rechtzeitig an den Termin.

Warum fördert diese Methode die Nachhaltigkeit?

Die „Vier-Augen zur Nachbereitung" fördern die Nachhaltigkeit, da sich die Teilnehmer im Rückblick Gedanken zu ihrem Lernerfolg machen und diese mit ihrem Vorgesetzten besprechen. Dies erhöht sowohl den Wert als auch die Verbindlichkeit der Weiterbildung. Beide vereinbaren gemeinsam, wie das Gelernte optimal am Arbeitsplatz umgesetzt werden kann.

Querverweis

Vergleiche Methode 7 „Vier-Augen-Gespräch" zur Einstimmung auf den Workshop.

69. Erfolgsbörse

„Das Beispiel ist eines der erfolgreichsten Lehrer, obgleich es wortlos lehrt."
– Samuel Smiles –

Kurzbeschreibung Die Teilnehmer tauschen untereinander gelungene Umsetzungsbeispiele aus.

Ziele

- Die Teilnehmer werden dazu angeregt, die gelernten Inhalte tatsächlich auszuprobieren.
- Best-Practices werden weitergegeben.
- Die Erfolgsbörse motiviert alle, neue Verhaltensweisen und Vorhaben auszuprobieren.

Zeit

- variabel

Material

- Die Umsetzungsbeispiele können entweder per E-Mail ausgetauscht oder in ein Forum eingestellt werden, auf das alle Zugriff haben.

Gruppengröße

- unbegrenzt

Überblick

- Der Trainer weist die Teilnehmer bereits während des Workshops auf die „Erfolgsbörse" hin.
- Es wird geklärt, über welches Medium sich die Teilnehmer austauschen wollen.
- Der Trainer eröffnet drei Wochen nach dem Workshop die Erfolgsbörse.
- Jeder Teilnehmer kann seine Best-Practices dort einstellen bzw. per E-Mail weitergeben.
- Es findet ein Erfahrungsaustausch der Teilnehmer statt.

Vorgehen Erfolgsbörsen können auf vielfältige Art und Weise ins Leben gerufen werden. Ob schlicht per E-Mail, das Einstellen auf einer Lernplattform, die Nutzung von Facebook und Twitter, je nach Rahmenbedingungen und Vorlieben der Teilnehmer lässt sich hier viel umsetzen. Abhängig von der Art des Workshops bzw. der Umsetzungsvorhaben lässt sich die Erfolgsbörse für zahlreiche Zwecke nutzen, wie zum Beispiel:

- Erfolgserlebnisse bei der Umsetzung
- „Best-Practices“ nach dem Motto „<so gelingt es“
- Suche nach Unterstützung bei Umsetzungshindernissen
- Schlichter Erfahrungsaustausch
- Gegenseitige Motivation

Varianten

Die Teilnehmer während des Workshops „verpflichten“, d.h. fest einteilen, „Best-Practices“ einzustellen bzw. die Koordination der Erfolgsbörse in die Hände von zwei Teilnehmern legen, die sich darum kümmern, den Austausch am Leben zu erhalten.

Worauf achten?

Die „Erfolgsbörse“ ist eine Methode, die erfolgreich starten muss, sonst verläuft sie schnell im Sande. Deshalb als Trainer darauf achten, dass die Teilnehmer angeregt werden, ihr Wissen weiterzugeben.

Praxistipp

Überlegen Sie sich gemeinsam mit den Teilnehmern, wie die „Erfolgsbörse“ umgesetzt werden soll, damit sie den Teilnehmern den größten Nutzen bringt. Erst wenn die Teilnehmer aus der Börse tatsächlich einen Mehrwert generieren, ist deren Gelingen wahrscheinlich. Wer möchte, fragt deshalb während des Workshops die Teilnehmer per Kartenabfrage, wie die Erfolgsbörse gestaltet sein muss bzw. was wie untereinander weitergegeben werden soll, damit die Börse jedem von ihnen tatsächlich Unterstützung bietet.

Warum fördert diese Methode die Nachhaltigkeit?

Die „Erfolgsbörse“ fördert die Nachhaltigkeit, da sie den Austausch der Teilnehmer nach dem Workshop am Leben hält und Unterstützung bei den Umsetzungsvorhaben bietet. Der Wissensaustausch setzt das Lernen der Teilnehmer fort, alle können von den Erfolgserlebnissen anderer profitieren.

Hintergrund

Die „Erfolgsbörse“ greift ein wichtiges Prinzip der Motivation auf, nämlich sich seine Erfolge bewusst zu machen und diese auch hervorzuheben. Indem wir das, was wir geschafft haben, bewusst wahrnehmen, können wir dies als Erfolgsposten auf unserem inneren Konto verbuchen, was uns zu Recht stolz macht. Die Zufriedenheit über das, was wir geschafft haben, ist die beste langfristige Motivation.

70. Die Beichte ablegen

„Nur die allergescheitesten Leute benutzen ihren Scharfsinn nicht bloß zur Beurteilung anderer, sondern auch ihrer selbst."

– Marie von Ebner-Eschenbach –

Kurzbeschreibung

Die Teilnehmer dokumentieren den Erfolg ihres Umsetzungsvorhabens und melden das Ergebnis ihrem Trainer zurück.

Ziele

- Die Teilnehmer fühlen sich verpflichtet, ihr Vorhaben auch tatsächlich umzusetzen.
- Die Teilnehmer reflektieren für sich selbst, inwieweit sie ihr Vorhaben erfolgreich umsetzen konnten.
- Der Trainer erhält Feedback, inwieweit der Transfer funktioniert hat, bzw. wo noch Unterstützung vonnöten ist.

Zeit

- 10 bis 30 Minuten (ja nach Komplexität des Umsetzungsvorhabens)

Material

- per E-Mail

Gruppengröße

- unbegrenzt

Überblick

- Den Teilnehmern wird ein fester Termin mitgeteilt, an welchem sie dem Trainer Rückmeldung über Stand und Erfolg ihres Umsetzungsvorhabens geben.

Vorgehen

Der Trainer vereinbart mit den Teilnehmern bereits während der Weiterbildung einen festen Termin, zu dem die Teilnehmer den Stand ihres Umsetzungsvorhabens rückmelden sollen. Idealerweise erinnert der Trainer die Teilnehmer eine Woche vor dem Termin per E-Mail noch mal daran, dass sie nicht vergessen sollen, sich bis Tag x Zeit zu nehmen, ihr Umsetzungsvorhaben zu reflektieren, erfolgte Schritte zu rekapitulieren und den aktuellen Stand sowie das Erreichte für sich selbst zu dokumentieren und auch dem Trainer per Mail rückzumelden. Die Fragen hierfür können beispielsweise lauten:

- Was hatte ich mir für die Zeit nach dem Workshop vorgenommen?
- Was davon konnte ich bereits umsetzen? Welche Veränderungen lassen sich konkret feststellen?
- Welche Dinge sind noch offen geblieben? Warum?
- Was hat mich bei der Umsetzung unterstützt, was hat mich eher behindert?
- Welche Ziele möchte ich noch bis wann umsetzen? Was sind die nächsten Schritte hierfür?
- Benötige ich hierfür Unterstützung? Wenn ja, wer könnte mich unterstützen und in welcher Form könnte dies geschehen?
- Wie zufrieden bin ich am heutigen Tag mit dem Erreichten? Wie hätte der Lernprozess für mich noch besser laufen können?

Zu klären ist, wie im Anschluss auf die Rückmeldung des Umsetzungsstandes vorgegangen wird. Manchmal kann die „Beichte ablegen" allein dadurch schon viel bewirken, dass die Teilnehmer zur Rückmeldung verpflichtet werden. Ob und wie sie dann weiter vorgehen, kann einerseits in den Händen der Teilnehmer verbleiben. Andererseits kann die Rückmeldung genutzt werden, individuelle Unterstützung des Trainers einzufordern, falls dies erforderlich ist. So kann die Methode auch genutzt werden, um weitere Unterstützung, wie „Coaching de luxe" (Methode 78) anzufragen oder Fragestellungen für den Reflexionstag oder ein Netzwerktreffen (Methoden 74 und 76) einzubringen. Sehr gut lässt sich die Methode auch mit dem „heißen Draht zum Trainer" (Methode 73) verbinden. Dann kann die „Beichte ablegen" als Möglichkeit verstanden werden, sich über den aktuellen Stand Klarheit zu verschaffen und in der telefonischen Sprechstunde das ein oder andere Thema persönlich mit dem Trainer zu besprechen.

Varianten

„Die Beichte ablegen" kann theoretisch mit einem standardisierten Fragebogen erfolgen, in den die Teilnehmer nur kurz ihre Antworten einzutragen bzw. anzukreuzen haben. Meiner Erfahrung nach verpufft dadurch die Wirkung der Methode größtenteils. Viel sinnvoller ist es, wenn die Teilnehmer sich tatsächlich die Zeit nehmen, den Stand ihres Umsetzungsvorhabens in eigenen Worten wiederzugeben. Das Nachdenken und die Zeit für das Formulieren setzen bereits viel in Bewegung. Deshalb arbeite ich hier lieber mit offenen Fragen anstatt standardisierten Fragebögen. Für große Gruppen oder bei langfristigen Umsetzungsprojekten erfüllen diese aber ihren Zweck.

Worauf achten?

„Die Beichte ablegen" dient in erster Linie als Unterstützung für die Teilnehmer, sich die Zeit zu nehmen zu reflektieren, inwieweit die Umsetzung ihrer Vorhaben bereits geglückt ist bzw. welche Schritte noch vonnöten sind. Ein fester Termin und eine E-Mail an den Trainer erhöhen die Verbindlichkeit für das Umsetzungsvorhaben. Ich spreche hier gerne von „sanftem Zwang". Sobald „Die Beichte ablegen" von den Teilnehmern aber nur als Kontrollfunktion verstanden wird, wirkt die Methode kontraproduktiv. Deshalb ist es wichtig darauf zu achten, die Methode zur Motivation und Unterstützung für die Teilnehmer einzusetzen. Die Methode kündige ich deshalb immer auf humorvolle Art und Weise an – „Die Beichte ablegen" soll den Teilnehmern nämlich durchaus die Möglichkeit geben, sich Klarheit zu verschaffen, die kleinen Versäumnisse offenzulegen, hierbei auf ein verständnisvolles Ohr zu stoßen, sich hinterher „befreit" zu fühlen, aber auch „Buße" zu tun, d.h., noch nicht Erledigtes neu motiviert anzugehen.

Praxistipp

Unabhängig davon, wie im Anschluss an „Die Beichte ablegen" vorgegangen wird (siehe Varianten), sollte der Trainer jedem Teilnehmer wenn möglich ein paar persönliche Worte des Feedbacks und der Anerkennung auf die Mitteilung des aktuellen Standes rückmelden. Bei vielen Teilnehmern ist dies nicht immer umsetzbar, aber dann empfiehlt sich eine „Motivations- und Durchhalte-Mail" an alle.

Warum fördert diese Methode die Nachhaltigkeit?

Die Methode „Die Beichte ablegen" fördert die Nachhaltigkeit, da sie die Teilnehmer in die Pflicht nimmt, ihr Umsetzungsvorhaben anzugehen, zu dokumentieren und dem Trainer rückzumelden. „Die Beichte ablegen" ist eine der Methoden, die viel für einen langfristigen Lerneffekt bewirken können, da sie die Teilnehmer dazu bringt, sich nach dem Workshop tatsächlich an die Umsetzung ihrer Vorsätze zu machen.

Querverweise

Gut kombinierbar mit den Methoden 73 („Der heiße Draht zum Trainer"), 74 („Reflexionstag"), 76 („Netzwerktreffen mit kollegialer Beratung") und 78 („Coaching de luxe").

71. Support vor Ort

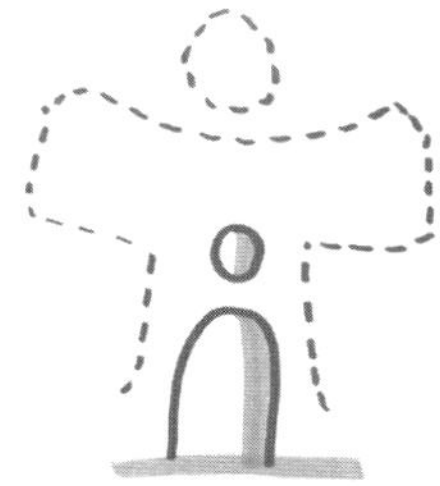

„Das, was wir Menschen am meisten brauchen, ist ein Mensch, der uns dazu bringt, das zu tun, wozu wir fähig sind." – Ralph W. Emerson –

Kurzbeschreibung

Die Teilnehmer suchen sich einen Kollegen, der sie bei der Umsetzung ihres Vorhabens vor Ort am Arbeitsplatz unterstützt.

Ziele

- Workshop und Praxisalltag der Teilnehmer werden verbunden.
- Die Teilnehmer erhalten Unterstützung bei der Umsetzung.
- Der Einbezug des direkten Arbeitsumfeldes erhöht die Verbindlichkeit, das Gelernte in die Praxis umzusetzen.

Zeit

- variabel

Material

- nicht notwendig

Gruppengröße

- unbegrenzt

Überblick

- Die Teilnehmer erhalten die Aufgabe, sich direkt nach dem Workshop mit einem Kollegen am Arbeitsplatz zusammenzusetzen und diesen über ihr Umsetzungsvorhaben zu informieren.
- Der Kollege soll so weit wie möglich Unterstützung leisten und regelmäßig nachfragen, wie das Umsetzungsprojekt läuft.
- Nach vier bis sechs Wochen besprechen beide, wie erfolgreich die Zusammenarbeit gelaufen ist und welche Erfolge im Lernprozess erzielt werden konnten.

Vorgehen

Der „Support vor Ort" lässt sich nur schwer in einem allgemeinen Beispiel beschreiben. Zu verschieden sind die Umsetzungsvorhaben und damit verbunden die Unterstützung, die am Arbeitsplatz tatsächlich geleistet werden kann. Wie die Erfahrung zeigt, sind es meistens jedoch kleine Dinge, die viel bewirken, so z.B. regelmäßig nachzufragen,

Veränderungen widerzuspiegeln, rückzumelden, wenn bemerkt wird, dass der Kollege wieder in alte Verhaltensweisen rutscht, zwischendurch zu motivieren usw.

Varianten

Beim „Support vor Ort“ kann es vorkommen, dass die Teilnehmer monieren, dass es niemand Geeigneten gibt, den sie um Hilfe fragen können. Für den „Support vor Ort“ ist es jedoch nicht zwingend notwendig, eine Vertrauensperson am direkten Arbeitsplatz bzw. im eigenen Arbeitsteam zu haben. Falls es hier niemanden gibt, können Kollegen aus dem weiteren Umfeld oder sonstige berufliche Weggefährten ebenfalls um Unterstützung gebeten werden. Häufig kann auch auf die Unterstützung einer Vertrauensperson aus dem Familien- oder Freundeskreis zurückgegriffen werden. In der Regel ist es nicht notwendig, dass die Vertrauensperson sich inhaltlich mit dem Umsetzungsvorhaben auskennt. Viel wichtiger sind ein offenes Ohr, regelmäßige Rückfragen und Zeit, an denen berichtet werden kann, die Vertrauensperson zuhört, Feedback gibt und mit Rat und Tat zur Seite steht.

Worauf achten?

Die Teilnehmer sollten sich vorab genau überlegen, wer ihnen bei ihrem Umsetzungsvorhaben auf welche Art und Weise Hilfestellung vor Ort geben kann. Die Methode lässt sich deshalb ideal mit der „Generalprobe“ (Methode 61) kombinieren.

Praxistipp

Für die Teilnehmer ist es häufig ungewohnt, Unterstützung einzufordern. Hier helfen oft Beispiele in der Anmoderation, dass bereits kleine Gesten viel bewirken können.

Warum fördert diese Methode die Nachhaltigkeit?

Der „Support vor Ort“ fördert die Nachhaltigkeit, da der Teilnehmer direkte Unterstützung am Arbeitsplatz erhält, um sein Umsetzungsvorhaben zu realisieren. Der Unterstützer kann nicht nur bei Umsetzungshindernissen hilfreich zur Seite stehen, sondern nimmt auch eine gewisse Kontroll- und Feedback-Funktion wahr und erhöht dadurch die Verbindlichkeit, Vorsätze tatsächlich umzusetzen.

Querverweis

Gut kombinierbar mit Methode 61 „Generalprobe“.

72. Kaffee für zwei

„Die Kunst des Ausruhens ist Teil der Kunst des Arbeitens."
– John Steinbeck –

Kurzbeschreibung

Die Teilnehmer treffen sich vier Wochen nach dem Workshop mit ihrem Lernpartner und tauschen sich über die Resultate aus.

Ziele

- Die Teilnehmer verlieren die Inhalte des Workshops im Alltag nicht aus den Augen.
- Die Teilnehmer nehmen sich nach vier Wochen Zeit für eine ausführliche Reflexion.
- Die Lernpartner unterstützen sich gegenseitig bei der Fortsetzung ihres Entwicklungsprozesses und holen sich neuen Schwung für die Umsetzung.

Zeit

- variabel

Material

- nicht notwendig

Gruppengröße

- unbegrenzt

Überblick

- Der Trainer erinnert die Teilnehmer per Mail an den „Kaffee für zwei".
- Die Teilnehmer treffen sich vier Wochen nach dem Workshop für eine ausführliche Reflexion zum Austausch mit ihrem Lernpartner.
- Lernerfolge und Umsetzungshindernisse werden besprochen. Die Lernpartner motivieren und unterstützen sich gegenseitig, am Ball zu bleiben.

Vorgehen

Der „Kaffee für zwei" sollte bereits im Workshop angekündigt und besprochen werden, sodass die Teilnehmer sich darauf einstellen können. Die Erinnerung an den „Kaffee für zwei" kann wie folgt geschehen:

„Liebe Seminarteilnehmer, seit unserem Workshop sind bereits vier Wochen vergangen. Ich hoffe, dass Sie noch das ein oder andere von unseren gemeinsamen Weiterbildungstagen in Erinnerung haben und sich die Umsetzung Ihres persönlichen Vorhabens erfolgreich gestaltet! Wie bereits angekündigt, sollten Sie sich in der kommenden Woche die Zeit nehmen, sich mit ihrem Lernpartner zu treffen und auszutauschen. Nutzen Sie die gemeinsame Zeit, wichtige Dinge noch mal zu rekapitulieren und zu besprechen, wie sich das Umsetzungsvorhaben gestaltet. Unterstützen und motivieren Sie sich gegenseitig so weit wie möglich – und bringen Sie klar auf den Tisch, was gut läuft, was Sie aber auch noch angehen möchten. Ich wünsche Ihnen viel Spaß und Erfolg für Ihren ‚Kaffee für zwei'!"

Varianten

Zur Not können die Teilnehmer statt des persönlichen Treffens auch auf ein Telefonat zurückgreifen. Wenn irgendwie möglich, ist der persönliche Austausch aber vorzuziehen.

Worauf achten?

Geben Sie den Teilnehmern bei der Erinnerung an den Termin ein paar Stichpunkte mit auf den Weg, was Inhalt des Austausches sein sollte. Sonst kann es im Eifer des Gefechts und der Freude über das Wiedersehen passieren, dass der Workshop über den persönlichen Austausch ins Hintertreffen gerät – auch wenn dies die Teilnehmer gar nicht beabsichtigt hatten.

Praxistipp

Machen Sie den Teilnehmern bereits im Workshop bei Ankündigung des „Kaffee für zwei" klar, dass die Methode am meisten bringt, wenn die Teilnehmer persönlichen und inhaltlichen Austausch mit Spaß kombinieren. Jeder soll sich auf den Kaffee freuen, alte Erinnerungen an den Workshop austauschen, lachen, aber auch Unterstützung bei der Umsetzung erfahren können.

Warum fördert diese Methode die Nachhaltigkeit?

Die Methode hält den Workshop lange im Alltag der Teilnehmer präsent. Das Treffen gibt einen Anreiz, sich tatsächlich an die Umsetzung des Gelernten zu machen. Die Lernpartner können sich zudem gegenseitig darin unterstützen, ihre Ziele auch langfristig umzusetzen.

Querverweis

Lässt sich sehr gut mit dem „guten Freund" (Methode 28) kombinieren.

73. Der heiße Draht zum Trainer

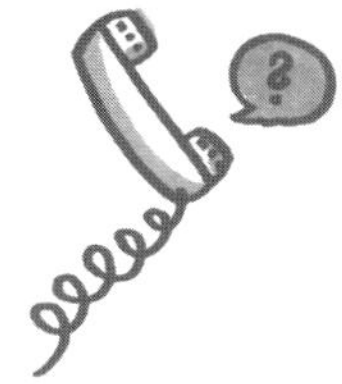

„Man löst keine Probleme, indem man sie auf Eis legt."

– Winston Churchill –

Kurzbeschreibung

Der Trainer richtet eine telefonische Sprechstunde ein, in der die Teilnehmer die Möglichkeit haben, sich Unterstützung beim Trainer für ihr Umsetzungsvorhaben zu holen.

Ziele

- Die Teilnehmer bleiben in Bezug auf ihr Umsetzungsvorhaben am Ball.
- Die Teilnehmer können Fragen und Herausforderungen, die in der Zeit nach dem Workshop aufgetaucht sind, mit ihrem Trainer besprechen.
- Transfer-Probleme können beseitigt werden.

Zeit

- telefonische Sprechstunde beispielsweise zwei Mal zwei halbe Tage zur Auswahl (abhängig von Art der Durchführung)

Material

- nicht nötig

Gruppengröße

- bis 12 Teilnehmer; bei größeren Gruppen oder wenn die telefonische Rücksprache von allen Teilnehmern eingefordert wird, müssen die Sprechzeiten ausgedehnt werden

Überblick

- Der Trainer informiert die Teilnehmer über die telefonische Sprechstunde.
- Die Teilnehmer haben während dem „heißen Draht zum Trainer" Gelegenheit, ihre aktuellen Fragen und Herausforderungen bei der Umsetzung zu besprechen.

Vorgehen

Die telefonische Sprechstunde kann wie folgt angekündigt werden:
„Liebe Seminarteilnehmer, um Sie bestmöglich bei der Umsetzung unseres Workshops zu unterstützen, habe ich für Sie einen ,heißen Draht zum Trai-

ner' eingerichtet. Wenn Sie möchten, dann können Sie mich am kommenden Montag, den xx., zwischen acht und zwölf Uhr sowie am Donnerstag, den xx., zwischen 14 und 18 Uhr unter folgender Nummer telefonisch erreichen, um mit mir aufgetauchte Fragen bzw. Ihre Herausforderungen bei der Umsetzung zu besprechen. Ich freue mich auf Ihren Anruf!"

Varianten

- Der heiße Draht zum Trainer kann auch dazu genutzt werden, festzustellen, bei welchen Teilnehmern das Bedürfnis nach einer individuellen Coaching-Sitzung vorhanden bzw. aufgetaucht ist (siehe Methode 78, „Coaching de luxe").
- Ebenso lassen sich größere Herausforderungen der Teilnehmer sammeln und bei einem anschließenden Netzwerktreffen mit kollegialer Beratung (siehe Methode 76) lösen.

Worauf achten?

Überlegen Sie sich als Trainer vorab, wie der heiße Draht erfolgen soll. Die telefonische Sprechstunde kann dazu dienen, mit jedem Teilnehmer noch mal kurz zu sprechen oder aber auch nur denen zur Verfügung zu stehen, die ein Anliegen auf dem Herzen haben.

Praxistipp

Ein Tipp für die Organisation: Die Teilnehmer sollen sich mithilfe einer elektronischen Plattform wie doodle (www.doodle.de) im Zeitabstand von zwanzig Minuten einen festen Telefontermin reservieren. Das hat für Sie den Vorteil, dass Sie wissen, wann wer anruft und Sie haben automatisch eine Zeitbegrenzung von z.B. 20 Minuten. Reichen diese Zeitfenster für einzelne Anliegen nicht aus, können individuelle Coaching-/Anschlusstermine vereinbart werden.

Warum fördert diese Methode die Nachhaltigkeit?

„Der heiße Draht zum Trainer" fördert die Nachhaltigkeit, da die Teilnehmer auch nach dem Seminar Unterstützung für die Umsetzung der Inhalte in ihren Alltag erhalten. Der Trainer fungiert als Ansprechperson für potenzielle Umsetzungshindernisse. Die Teilnehmer fühlen sich nicht alleine gelassen und gehen somit motivierter an den Transfer.

Querverweise

- Die Methode ist ähnlich der Methode 10 zur Einstimmung „Ein Ohr für Sie" und lässt sich sehr gut mit dieser kombinieren. Dann erhalten die Teilnehmer sowohl vor als auch nach dem Workshop die Gelegenheit, telefonisch Kontakt zum Trainer zu suchen.
- Ebenso gut kombinierbar mit Methode 76 („Netzwerktreffen") und 78 („Coaching de luxe").

74. Reflexionstag – einfach und erfolgreich

„Zusammenkommen ist ein Beginn, zusammenbleiben ist ein Fortschritt, zusammenarbeiten ist ein Erfolg." – Henry Ford –

Kurzbeschreibung

Die Teilnehmer treffen sich vier bis sechs Wochen nach dem Workshop für einen gemeinsamen Reflexionstag mit dem Trainer.

Ziele

- Teilnehmer und Trainer haben Gelegenheit, Inhalte aufzufrischen.
- Umsetzungshindernisse und -erfolge können gemeinsam besprochen werden.
- Fragen, die beim Ausprobieren des Gelernten aufgetaucht sind, können beantwortet werden.
- Zeit zum Üben und Ausprobieren.

Zeit

- eintägig

Material

- Moderationsbedarf

Gruppengröße

- unbegrenzt

Überblick

Trainer und Teilnehmer treffen sich vier bis sechs Wochen nach dem Workshop zu einem Reflexionstag. Auf der Agenda können stehen:

- Rückblick und Auffrischung von Inhalten
- Zeit zum Üben, Einüben, Feedback geben und erhalten
- Besprechen und Lösen von Umsetzungshindernissen
- Beantworten von Fragen, die in der Zwischenzeit aufgetaucht sind

Vorgehen

Ein Reflexionstag lässt sich vielfältig gestalten. Es bietet sich an, die Teilnehmer bereits am Ende des Workshops zu fragen, wie der Reflexionstag verlaufen sollte, damit er für sie von Nutzen ist. Häufig nennen die Teilnehmer hier bereits einige Punkte, die sie noch vertiefen und einüben möchten. Wer die telefonische Trainer-Hotline (Methode 73) im Einsatz hatte, erhält zusätzliche Informationen, was Themen sein könnten, die den Teilnehmern in der Zwischenzeit auf dem Herzen liegen. Ansonsten können Sie Ihre Teilnehmer auch vorab per Mail fragen, ob es spezielle Wünsche für den Reflexionstag gibt. Oder Sie gehen ganz einfach spontan in den Tag und erfragen morgens, wie Ihre Teilnehmer den Tag gestalten möchten. Die Agenda für so einen Tag kann wie folgt aussehen:

- Ausführliche Morgenrunde
  - Wie ist es uns in der Zwischenzeit ergangen?
- Rückblick durch den Trainer
- Kartensammlung
  - Was möchte ich heute gerne üben, ausprobieren, besprechen?
  - Auf welche Fragen/Herausforderungen hätte ich heute gerne eine Antwort?
- Karten vorstellen und clustern
- Falls Übungsthemen zu umfangreich sind, die Karten mit einer Punktabfrage priorisieren
- Übungen mit intensivem Feedback
- Ideenwettbewerb oder Praxisvernissage (Methoden 44 und 45)
- Besprechung und Planung
  - Wie soll es weitergehen?
  - Persönliche Schritte können im Nachhaltigkeits-Bestseller notiert werden (Methode 27)
- Abschlussrunde
- Jeder Teilnehmer erhält vom Trainer einen Reminder, um den Reflexionstag und die erarbeiteten Inhalte in Erinnerung zu behalten (Methode 56)

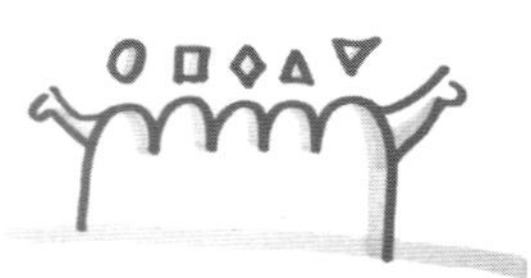

Varianten

Am Reflexionstag können auch viele Interventionen genutzt werden, die bei den Methoden im Ausklang und Nachgang vorgestellt werden. So können gemeinsam „Best-Practices" ausgetauscht werden (Methode 69 „Erfolgsbörse"), Umsetzungshindernisse thematisiert (Methode 57 „Stolpersteine überwinden") oder Ideen für den Transfer (Methode 58 „Ideenpool") gesammelt werden.

Worauf achten?

Geben Sie den Teilnehmern auf alle Fälle ausreichend Zeit, sich auszutauschen und von ihren Erfahrungen zu berichten. In der Regel ist ein großes Bedürfnis vorhanden zu erfahren, wie es den anderen in der Zwischenzeit ergangen ist und ob sie mit den gleichen Umsetzungshindernissen zu kämpfen hatten.

Praxistipp

Setzen Sie sich in der Auftragsklärung unbedingt für den Reflexionstag ein. Für die nachhaltige Wirkung macht es einen enormen Unterschied, ob ein Reflexionstag stattfindet. Viele Weiterbildungsakademien haben solch einen Tag mittlerweile fest in ihr Programm aufgenommen und das zu Recht.

Warum fördert diese Methode die Nachhaltigkeit?

Der „Reflexionstag“ fördert die Nachhaltigkeit, da die Teilnehmer die Gelegenheit bekommen, nochmals im vertrauten Kreise die Inhalte zu wiederholen, einzuüben und Probleme, die in der Praxis bei der Umsetzung des Gelernten aufgetaucht sind, zu besprechen und gemeinsam zu lösen. Zudem erhöht ein Reflexionstag den sanften Druck auf die Teilnehmer, ihr Umsetzungsvorhaben erfolgreich zu Ende zu bringen.

Hintergrund

Konsequent weitergedacht ist der „Reflexionstag“ eine didaktische Grundform des sog. Intervalltrainings. Der Begriff des Intervalltrainings kommt ursprünglich aus dem Sport und beschreibt eine Trainingsform, in der sich Belastungs- und Erholungsphasen abwechseln. In der Weiterbildung werden Intervalltrainings genutzt, um die Teilnehmer über mehrere Maßnahmen hinweg für einen längeren Zeitraum mit neuem Wissen vertraut zu machen. Nähere Informationen finden sich in Baustein 2 (Seite 21 ff.).

Querverweise

Der „Reflexionstag“ lässt sich gut mit folgenden Methoden kombinieren: Methode 27 „Nachhaltigkeits-Beststeller“, Methode 44 „Ideenwettbewerb“, Methode 45 „Praxisvernissage“, Methode 56 „Da war doch was – Reminder“, Methode 57 „Stolpersteine überwinden“, Methode 58 „Ideenpool für den Transfer“ und Methode 69 „Erfolgsbörse“.

75. Raum zum Ausprobieren – der dritte Lernort

„Die Übung ist in allem beste Lehrerin den Sterblichen.“

– Euripides –

Kurzbeschreibung

Teilnehmer und Trainer erhalten an einem mit etwas zeitlichem Abstand zum Workshop erfolgenden Praxistag Gelegenheit, ausschließlich praktisch zu üben, Feedback zu erhalten und sich weiterzuentwickeln.

Ziele

- Die Teilnehmer bekommen neben dem Workshop und der Arbeitspraxis eine zusätzliche Übungsmöglichkeit.
- Neue Verhaltensweisen können ausprobiert und eingeübt werden.
- Die Teilnehmer erhalten umfassend Feedback und Möglichkeit zur direkten Umsetzung und Weiterentwicklung.

Zeit

- eintägig

Material

- Moderationsbedarf, Pinnwände

Gruppengröße

- bis 12 Teilnehmer

Überblick

- Der Termin für den Praxistag wird vereinbart.
- Der Trainer erinnert ein bis zwei Wochen vor dem Termin die Teilnehmer per E-Mail, sich die wichtigsten Inhalte des Workshops nochmals anzusehen und sich zu überlegen, was sie am Praxistag ausprobieren und üben möchten.
- Übungswünsche können an den Trainer rückgemeldet werden.
- Der Trainer bereitet Übungsmöglichkeiten (Rollenspiele, interaktive Übungen etc.) vor.
- Er führt zu Beginn des Praxistages in die Kunst des konstruktiven Feedback-Gebens ein.
- In wechselnden Kleingruppen, Zweiergruppen und Plenum wird Nonstop ausprobiert, geübt und Feedback gegeben.
- Es folgt eine abschließende Fazitrunde im Plenum.

Vorgehen

Üben können die Teilnehmer auf vielfältige Art und Weise. Generell werden Reproduktions-, Anwendungs- und Transferaufgaben unterschieden.

- *Reproduktionsaufgaben* dienen der Wiederholung des Gelernten. So sollen die Teilnehmer beispielsweise die vier verschiedenen Ebenen der Kommunikation (Kommunikationsquadrat nach Schulz von Thun) wiedergeben.
- *Anwendungsaufgaben* dienen dazu, gelerntes Wissen in bestimmten Situationen umzusetzen. Um im Beispiel der Kommunikationsebenen zu bleiben, könnten die Teilnehmer ein Rollenspiel inszenieren und die Kollegen sollen unterscheiden, welche Sätze und Szenen welchen Kommunikationsebenen zuzuordnen sind.
- *Transferaufgaben* wiederum sollen den Teilnehmern ermöglichen, das gelernte Wissen in der Praxis bzw. einer praxisähnlichen Situation und Übung anzuwenden. Als Beispiel könnten die Teilnehmer ein tatsächlich am Arbeitsplatz anstehendes Mitarbeitergespräch anhand der vier Ebenen vorbereiten, im Rollenspiel ausprobieren und hierfür Feedback erhalten.

Neben der Auswahl der Übungen ist die Qualität des Feedbacks wichtig. Der „dritte Lernort" ist eine hervorragende Möglichkeit, konstruktives, offenes Feedback zu erhalten; etwas, was uns sonst selten widerfährt. Verdeutlichen Sie als Trainer Ihren Teilnehmern zu Anfang diesen Mehrwert und nehmen Sie sie auch in die Pflicht, die notwendige Konzentration und das Engagement einzusetzen, um sich gegenseitig qualifiziertes Feedback zu geben, da davon alle extrem profitieren.

Für qualifiziertes Feedback arbeite ich am liebsten mit dem *www.feedback.de-Schema*, da es alle wichtigen Punkte kurz und praktisch anwendbar beschreibt und die Teilnehmer es ruckzuck umsetzen können.

Feedback-Geber

W ahrnehmung – Beobachtung schildern: *Mir ist aufgefallen .../Ich habe beobachtet ...*

W irkung – Wirkung und/oder Konsequenzen beschreiben: *Auf mich wirkt das .../Für mich bedeutet das ...*

W unsch – Veränderung ansprechen: *Ich würde mir wünschen, dass .../ Mein Vorschlag ist ...*

Feedback-Nehmer

D anken: Der Feedback-Nehmer nimmt das Feedback ohne Kommentierung und Rechtfertigung mit einem schlichten „Danke" entgegen.

E ntscheiden, ob er es annimmt: Der Feedback-Nehmer lässt das Feedback in Ruhe auf sich wirken und entscheidet für sich, wie hilfreich das Feedback für ihn war und was davon er umsetzen möchte.

Worauf achten?

Achten Sie als Trainer darauf, dass die Teilnehmer verschiedene Übungsmöglichkeiten in Kleingruppen haben, sodass für jeden etwas dabei ist. Den etwas introvertierteren Teilnehmern fällt es häufig schwer, Übungswünsche zu äußern. Setzen Sie deshalb auf ein vielfältiges Angebot, Auswahlmöglichkeiten sowie Selbstbestimmung und Selbstorganisation der Teilnehmer.

Praxistipp

Die Methode ist fast ein Muss für nachhaltige Weiterbildung – und doch findet sie noch nicht allzu häufig statt. Das Problem: Zusätzliche Kosten für die Auftraggeber und das verständliche Argument, dass die Teilnehmer zum Üben ja bereits während des Workshops ausreichend Zeit hätten. Dem ist aber nicht so. Deswegen gilt es in der Auftragsklärung, gut zu argumentieren. Workshop ohne weitere Maßnahmen – und die Wirkung verpufft. Workshop mit Reflexions- oder Praxistag – Erfolg gesichert. Reflexionstage setzen sich mittlerweile eher durch, ein erster Schritt ist es, Reflexions- und Praxistage zu kombinieren, aber dann die Übungsmöglichkeiten auch klar abzutrennen und nicht mit Theorie-Wiederholung oder Praxisfragen zu vermischen.

Warum fördert diese Methode die Nachhaltigkeit?

Hier haben die Teilnehmer an einem Praxistag die Gelegenheit, zu üben und neue Verhaltensweisen zu festigen.

Hintergrund/ Literaturtipp

Der Name „dritter Lernort" geht zurück auf meinen Interviewpartner Prof. Dr. Jörg Wendorff, der sich dafür aussprach, neben der Theorie im Seminar und der Praxis des Arbeitslebens noch einen dritten Ort für die Teilnehmer bereitzustellen, an dem sie ohne neuen Input ausschließlich üben und sich ausprobieren können, sozusagen eine Art „Lehr-Lern-Labor".

Je praxisnäher die Übungen sind, desto mehr Nutzen können die Teilnehmer daraus ziehen. Deswegen lohnt es sich, mit konkreten Situationen und Unterlagen aus dem Alltag der Teilnehmer zu arbeiten. Eine sehr gute Übungssammlung, wie sich die Arbeitspraxis in das Seminar integrieren lässt, erhält das Buch von T. Schmidt: Real Life Training. Wie Sie die Realität in den Seminarraum holen, managerSeminare, 2013.

76. Netzwerktreffen mit kollegialer Beratung

„Gemeinsam ist man stark."

– Sprichwort –

Kurzbeschreibung

Die Teilnehmer und der Trainer besprechen mithilfe einer standardisierten lösungsorientierten Beratungsrunde aktuelle herausfordernde Situationen.

Ziele

- Die Teilnehmer erhalten Anregungen und Lösungen in für sie schwierigen Situationen nach dem Workshop.
- Die Teilnehmer lernen eine lösungsorientierte Beratungsmethode kennen.
- Die Teilnehmer bauen untereinander Netzwerke auf, die auch nach der Weiterbildung weiterexistieren.

Zeit

- halbtägig

Material

- Flipchart, Stifte, Moderationskarten, Pinnwand „Ablauf kollegiale Beratung"

Gruppengröße

- Die Gruppengröße für das Netzwerktreffen selbst ist unbegrenzt, bei mehr als 12 Teilnehmern kann die Gruppe für die kollegialen Beratungsrunden in mehrere kleinere Gruppen aufgeteilt werden (ideal zwischen 6 und 10 Teilnehmer).

Überblick

- Der Trainer bzw. der Auftraggeber lädt die Teilnehmer zu einem Netzwerktreffen ein.
- Alle erhalten Zeit, Kontakte aufzufrischen und sich auszutauschen.
- Der Trainer stellt, falls noch nicht bekannt, die Methode der kollegialen Beratung vor.
- Es werden Fälle und Fragen der Teilnehmer gesammelt, bei denen sie gerne den Rat der Anwesenden einholen würden.

- Mithilfe eines standardisierten Beratungsablaufs werden in verschiedenen kollegialen Praxisrunden gemeinsam Lösungen für die Fragen der Teilnehmer gesammelt.
- Es bietet sich ein geselliger Ausklang an.
- Im Anschluss können die Teilnehmer nach Kennenlernen der Methode selbstständige Netzwerktreffen organisieren und eigenständig kollegiale Praxisberatungen durchführen.

Vorgehen

Für ein Netzwerktreffen bietet es sich an, den Teilnehmer zunächst ausreichend Zeit zu geben, sich auszutauschen und zu erfahren, wie es den Kollegen in der Zwischenzeit erging. Anschließend können die Teilnehmer ihre Praxisfragen und -herausforderungen einbringen. Idealerweise werden diese auf Moderationskarten geschrieben und an Flipchart oder Pinnwand gesammelt. Jeder Fragensteller erläutert in ein paar Sätzen sein Anliegen (vgl. für eine Anleitung hierzu ausführlicher „Meine größte Herausforderung", Methode 25). Anschließend wird die kollegiale Praxisberatung als Methode vorgestellt, z.B. so:

„Liebe Seminarteilnehmer, bevor wir nun beginnen, möchte ich Ihnen natürlich erst einmal erläutern, wie die kollegiale Beratung funktioniert. Hinter dieser Methode verbirgt sich ein systematisches Beratungsgespräch mit fester Rollenverteilung und festgelegtem Ablauf. Es gibt drei Rollen: Der Fallgeber, der sein Anliegen einbringt und beraten wird. Der Moderator, der den Prozess steuert und die Experten, nämlich wir alle, die gemeinsam nach Lösungen für den Fallgeber suchen. Ich werde Ihnen nun den Ablauf der kollegialen Beratung vorstellen."

Bereiten Sie am besten eine Pinnwand mit dem Ablauf, den Zeiten und den Regeln der kollegialen Praxisberatung vor, sodass die Teilnehmer diese Informationen während der Durchführung immer vor Augen haben. Der Ablauf gestaltet sich wie folgt:

1. Rollenverteilung (5 Min.)	
2. Situation schildern – kurz „darum geht's" (5 Min.)	keine Fragen
3. Schlüsselfrage: Was möchten Sie konkret?	
4. Situation klären (15 Min.)	keine Interpretation, nur Verständnisfragen
5. Erweiterung der Problemsicht (10 Min.)	nur Hypothesen, noch keine Lösungen
6. Stellungnahme des Fallgebers (5 Min.)	keine Diskussionen
7. Lösungen entwickeln und vorstellen (20 Min.)	keine Diskussionen
8. Fallgeber entscheidet (5 Min.)	keine Diskussionen
9. Austausch über Prozess (5 Min.)	

„Die kollegiale Beratung" läuft nun wie folgt ab:

Phase 1: Vorstellung der Situation

Hier schildert der Fallgeber zunächst sein Anliegen. Er stellt seine Situation dar und formuliert seine Fragestellung, die er gerne beantwortet haben möchte. Diese Phase dauert fünf Minuten. Der Moderator ist für die Einhaltung der Zeiten verantwortlich. Die Experten hören in dieser Zeit aufmerksam zu und machen sich gegebenenfalls Notizen. In dieser Phase dürfen noch keine Fragen gestellt werden. Die Schlüsselfrage des Fallgebers wird vom Moderator zum Abschluss sichtbar für alle im Wortlaut des Fallgebers auf einem Flipchart festgehalten.

Phase 2: Klärung der Situation

In dieser Phase dürfen die Experten Verständnis- und Informationsfragen stellen. Der Fallgeber versucht die Fragen möglichst differenziert zu beantworten. Die Fragen sollen dazu dienen, die Situation des Fallgebers zu verstehen – also im Sinne von „Was ist mir noch unklar? Was will ich noch wissen?" Der Moderator achtet darauf, dass keine Interpretationen oder gar schon Lösungsvorschläge der Experten erfolgen, sondern ausschließlich Verständnis- und Informationsfragen gestellt werden. Für diese Phase der kollegialen Beratung stehen 15 Minuten zur Verfügung.

Phase 3: Erweiterung der Problemsicht/Hypothesen

Nun dürfen und sollen die Experten ihre Einfälle und Assoziationen zu dem geschilderten Fall benennen. Hierbei darf tabulos assoziiert werden, so als wäre der Fallgeber nicht mehr im Raum und wir anderen würden uns über seinen Fall und ihn unterhalten. Hypothesen, Vermutungen und Eindrücke werden frei heraus geschildert. Hierbei lohnt es sich, den Fallgeber ein wenig außerhalb des Sitzkreises zu positionieren, sodass er erst gar nicht in Versuchung kommt, sich einzuschalten. Der Fallgeber hört nämlich aufmerksam zu, greift aber nicht in das Geschehen ein. Er darf nicht kommentieren. Der Moderator achtet auf diese stillschweigende Rolle des Ratsuchenden ebenso wie darauf, dass die Experten hier noch keine Lösungen vortragen, sondern lediglich Vermutungen äußern. Typische Formulierungen hierfür können beispielsweise sein: „Mir ist aufgefallen dass, ...", „Ich könnte mir vorstellen ...", „Es hört sich vielleicht total verrückt an, aber ...". Für die Äußerung von Hypothesen haben die Teilnehmer zehn Minuten Zeit.

Phase 4: Stellungnahme des Fallgebers

Nun erfolgt in fünf Minuten eine Stellungnahme des Fallgebers zu den Hypothesen der Experten nach dem Motto „Interessant fand ich ...", „Zutreffend ist sicherlich ...". Der Fallgeber soll sich dabei aber nicht rechtfertigen oder lange begründen. Er sagt kurz und schlicht, welche der Hypothesen sich für ihn stimmig anhören. Der Moderator achtet darauf, dass keine Diskussionen aufkommen. Die Experten verhalten sich in dieser Phase ruhig. Zum Abschluss dieser Phase fragt der Moderator beim Fallgeber nach, ob die anfangs gestellte Schlüsselfrage weiterhin Gültigkeit besitzt oder er diese aufgrund der bislang gemachten Überlegungen nochmals ändern möchte. Falls der Fallgeber seine Schlüsselfrage neu stellen oder umformulieren möchte, notiert der Moderator die neue Schlüsselfrage wieder sichtbar für alle am Flipchart.

Phase 5: Lösungsvorschläge der Experten

Die Experten entwickeln nun Lösungsvorschläge für den Fallgeber: „Wenn ich in der Situation wäre, würde ich ..." Die Experten halten ihre Ideen und Lösungen auf Moderationskarten fest. Sie haben dafür zehn Minuten Zeit. In dieser Zeit wird nicht diskutiert, sondern in Einzelarbeit ohne Diskussionen Lösungen entwickelt. Auch der Moderator kann seine Ideen einbringen.

Phase 6: Präsentation der Lösungsvorschläge

Die Experten stellen ihre Ideen nun in zehn Minuten reihum dem Fallgeber vor. Auch hier wird nicht diskutiert. Der Fallgeber hört aufmerksam zu, gibt aber keine Kommentare ab.

Phase 7: Entscheidung des Fallgebers

Der Fallgeber erläutert in fünf Minuten, welche der Lösungsvorschläge ihm sinnvoll erscheinen bzw. welche er umsetzen wird. Hierbei werden diejenigen Lösungen vorgestellt, die sinnvoll erscheinen. Der Fallgeber soll nicht begründen, warum und welche Lösungen er für nicht tragfähig hält. Der Moderator achtet auf die Lösungsorientierung. Die Experten hören in dieser Phase ruhig zu.

Phase 8: Austausch/Reflexion

Zum Abschluss findet ein Austausch über den Prozess an sich statt. Zunächst gibt der Fallgeber eine kurze Rückmeldung, wie es ihm ergangen ist, dann der Moderator. Anschließend können sich die Experten äußern, was ihnen aufgefallen ist und was sie für sich aus der kollegialen Beratung mitnehmen können. Zeitdauer: fünf bis zehn Minuten.

Nachdem der Trainer die Methode und den Ablauf vorgestellt hat, entscheiden die Teilnehmer, welcher der Fälle im Plenum beraten werden soll. Hierzu verteilt der Trainer an jeden Teilnehmer drei Klebepunkte:

„Wir stimmen jetzt nicht mit den Füßen, sondern mit den Punkten ab. Bitte verteilen Sie Ihre drei Punkte auf die Fälle, die beraten werden sollen. Sie dürfen auch alle drei Punkte für ein Anliegen vergeben. Einzige Regel: Alle drei Punkte sind zu kleben."

Die Teilnehmer kleben die Punkte zu den auf den Moderationskarten gesammelten Anliegen auf dem Flipchart. Der Trainer zählt anschließend die Punkte und notiert die Punktzahl neben den Fällen. Derjenige Fallgeber, der die meisten Punkte erhalten hat, kann seinen Fall in der kollegialen Praxisberatung einbringen. Bei zwei punktgleichen Anliegen klären die beiden betroffenen Teilnehmer untereinander, wer sich beraten lassen kann. Im Zweifelsfall wird über Münzwurf gelost.

Im Anschluss findet nun eine tatsächliche Praxisberatung in dieser Form statt. Der Fallgeber rückt seinen Stuhl in die Mitte, der Moderator kann während des Prozesses am Flipchart die Kernbotschaften und wichtige Aussagen mitvisualisieren. Es ist sinnvoll, wenn der Trainer beim ersten Mal die Moderatorenrolle einnimmt und beim Übergang in die jeweilige Phase noch mal erläutert, was zu tun ist. Spätestens bei einer zweiten Praxisberatung wandert die Moderatorenrolle in den Teilnehmerkreis; der Trainer kann in diesem Falle noch unterstützend eingreifen. Je nach eingeplanter Zeitdauer können zwei bis drei Praxisberatungen durchgeführt werden. Dies lässt sich in drei bis vier Stunden bewerkstelligen. Das erstmalige Durchführen einer kollegialen Praxisberatung dauert häufig länger als der standardisierte Ablauf vorsieht, da der Trainer zu Anfang Beispiele zur Optimierung des Prozesses geben kann, ab der zweiten Durchführung lässt sich die Dauer der Beratung aufgrund der vorgegebenen Zeiten sehr gut planen.

Nach den kollegialen Praxisberatungen empfiehlt sich eine Abschlussrunde, in der nicht nur Feedback über das Netzwerktreffen gegeben wird, sondern auch weitere Schritte und Treffen geplant werden können. Ziel sollte es sein, dass neben dem ersten organisierten Netzwerktreffen weitere folgen, die von den Teilnehmern initiiert, organisiert und durchgeführt werden.

Worauf achten?

Die Qualität der kollegialen Beratung steht und fällt mit den Fragen zur Klärung der Situation. Diejenigen Gruppen, die noch wenig Erfahrung in der kollegialen Beratung haben, versuchen hier in der Regel das „Problem" des Fallgebers zu durchdringen und so viel wie möglich zu fragen, um das Problem tatsächlich zu verstehen. Dies ist zwar eine verständliche und häufig auch automatische Vorgehensweise, de facto bringt dies den Fallgeber aber nicht weiter. Der Trainer sollte darauf achten, dass die Teilnehmer lösungsorientiert fragen und immer wieder darauf hinweisen, dass es in der kollegialen Beratung nicht darum geht, das Problem des Fallgebers zu durchdringen, sondern ihn in seiner Lösungsfindung zu unterstützen. Arbeiten Sie deshalb in der kollegialen Beratung mit lösungsorientierten Fragen, die sie auch den Teilnehmern an die Hand geben. Solche lösungsorientierten Fragen können sein:

1. Fragen zum Problemkontext (möglichst kurz halten!)

- *Seit wann besteht das Problem? In welcher Intensität? Wo/bei welchen Themen tritt das Problem auf? Wo nicht?*
- *Inwieweit ist das für Sie ein Problem?*
- *Hat es auch Vorteile, dass die Situation so und nicht anders ist?*
- *Woran würden Sie merken, dass Ihr Problem nicht mehr besteht?*
- *Wer ist wie beteiligt?*
- *Wie würde ein Außenstehender die Situation beschreiben?*
- *Wer müsste was tun, damit alles so bleibt, wie es ist?*
- *Was müssten Sie tun, damit alles so bleibt, wie es ist?*

2. Fragen zum Lösungskontext

- *Woran würden Sie merken, dass Ihr Problem gelöst ist?*
- *Was müsste sich ändern, damit Ihr Problem gelöst wäre?*
- *Wer müsste dazu was tun?*
- *Was wäre das erste Anzeichen dafür, dass sich etwas ändert?*
- *Was müssten Sie tun, um auf einer Skala zwischen 1 und 10 Ihrem Ziel einen Schritt näher zu kommen?*
- *Wenn das Problem gelöst wäre, wer würde sich darüber freuen? Wer eher nicht?*

3. Fragen nach Lösungen in der Vergangenheit/Ausnahmen

- *Gibt es Zeiten oder Situationen, in denen Sie einer Lösung näher waren?*
- *Wie war das genau? Was war anders? Was hat geholfen? Was noch?*
- *Wie oft, wie lange, wann nicht oder wann ist das Problem bisher nicht/ weniger stark aufgetreten?*
- *Was war da anders? Was haben Sie da anders gemacht?*

- *Wie haben Sie es geschafft, das Problem in diesen Zeiten nicht auftreten zu lassen?*
- *Wie könnten Sie mehr davon tun?*

4. Frage nach Ressourcen

- *Was klappt gut?*
- *Was soll so bleiben? Was soll sich möglichst nicht verändern?*
- *Wen könnten Sie um Unterstützung bitten?*
- *Wer hilft Ihnen dabei, so stabil zu sein? Wer hilft im Umfeld?*
- *Was hat dazu beigetragen, dass es nicht längst viel schlimmer ist?*

5. Perspektivenwechsel

- *Angenommen, ein Freund hätte das Problem: Was würden Sie ihm raten?*
- *Angenommen, wir würden Herrn Y fragen: Wie würde er die Situation beschreiben?*

6. Fragen zur Möglichkeitskonstruktion/hypothetische Fragen

- *Nur mal angenommen, Sie wären Teamleiter und ich Ihr Mitarbeiter: Was würden Sie mir raten?*
- *Gesetzt den Fall, dass …*
- *Was wäre wenn …*
- *Wer würde dann wie reagieren?*

7. Verhaltensfragen statt Fragen zur Situation

- *Was tut dieser Mitarbeiter? Und was tun Sie?*
- *Was tun Sie in dieser Situation nicht, was in anderen Situationen erfolgreich war?*

8. Verschlimmerungsfragen

- *Was können Sie tun, um das Problem zu verschlimmern?*
- *Was können andere tun, um das Problem für Sie zu verschlimmern?*

9. Skalierungsfragen

(z.B. Motivation, Zuversicht, Zielerreichung skalieren)

- *Wo stehen Sie auf einer Skala von 0 bis 10?*
- *Was war hilfreich, 4 zu erreichen?*
- *Woran würden Sie merken, dass Sie bei 5 sind?*
- *Was müssten Sie dazu tun?*

Der Trainer sollte nicht versäumen, zu Beginn der kollegialen Beratung auf die Vertraulichkeit der Themen hinweisen und noch mal Einigkeit darüber herstellen, dass keine Informationen den Raum verlassen.

Praxistipp

- Eine kollegiale Beratung sollte in einer Seminargruppe nur dann durchgeführt werden, wenn unter den Teilnehmern eine gewisse Vertrauensbasis vorhanden ist. Es erfordert einiges an Mut, in einer Gruppe über entsprechende persönliche Herausforderungen, auch wenn sie aus dem beruflichen Kontext stammen, zu sprechen.
- In der Regel taucht bei jedem ersten Netzwerktreffen das Thema „Wie finden wir einen Termin für ein weiteres Treffen" auf. Hier ist die kostenlose Plattform www.doodle.de perfekt, mit ihr können Termine problemlos geplant werden.

Warum fördert diese Methode die Nachhaltigkeit?

Das Netzwerktreffen fördert die Nachhaltigkeit, da es die Vertrauensbasis zwischen den Teilnehmern stärkt und diese ihren Kontakt untereinander ausbauen. Zudem können alle ihre Fragen zu aktuell herausfordernden Situationen einbringen und erhalten mithilfe der kollegialen Praxisberatungen Anregungen und Lösungen. Umsetzungsprobleme können so beseitigt werden.

Hintergrund/ Literaturtipps

Die kollegiale Praxisberatung ist ein systematisches Beratungsgespräch, in dem sich Seminarteilnehmer oder Kollegen nach einer vorgegebenen Gesprächsstruktur wechselseitig zu beruflichen Fragen und Schlüsselthemen beraten und gemeinsam Lösungen entwickeln. Die kollegiale Beratung findet in Gruppen von 6 bis 12 Mitgliedern statt, deren Mitglieder abwechselnd ihre Praxisfragen, Probleme und „Fälle" einbringen. Ein Teilnehmer leitet als Moderator die Gruppe durch die sechs Phasen des standardisierten Beratungsgespräches und aktiviert dabei die Erfahrungen und Ideen der übrigen Teilnehmer. Alle Teilnehmer beraten den Fallgeber und suchen gemeinsam nach Anregungen und Lösungsideen, die den Ratsuchenden weiterbringen sollen. Die Rollenverteilung wechselt bei jedem Fall, bleibt aber immer im Kreise der Teilnehmer. Es gibt keinen Berater oder Experten von außen, der in die Gruppe kommt. Das macht das Kollegiale an der kollegialen Beratung aus.

Die Praxisberatung lässt sich auf vielfältige Weise durchführen. Anregungen hierzu finden Sie in den folgenden Büchern:

- Benien, Karl: Beratung in Aktion. Windmühle, 3. Aufl. 2009.
- Schulz von Thun, Friedemann: Praxisberatung in Gruppen. Beltz, 6. Aufl. 2006.

Querverweis

Gut kombinierbar mit Methode 25 „Meine größte Herausforderung".

77. Follow-up vor Ort – Praxisbegleitung

„Manche Dinge muss man einfach persönlich erleben."
– Sprichwort –

Kurzbeschreibung

Der Trainer besucht und unterstützt die Teilnehmer vor Ort an ihrem Arbeitsplatz.

Ziele

- Die Teilnehmer werden in ihrem Umsetzungsvorhaben unterstützt.
- Der Trainer kann die Teilnehmer in „Realsituation" erleben.
- Die Übereinstimmung von Hilfestellung und Arbeitsumfeld wird sichergestellt.

Zeit

- nach Bedarf

Material

- Basisausrüstung Moderationsbedarf

Gruppengröße

- entfällt

Überblick

- Trainer und Teilnehmer vereinbaren Termin und Ziel der Praxisbegleitung vor Ort.
- Der Trainer erlebt und beobachtet den Teilnehmer in der von ihm gewünschten Arbeitssituation.
- Er unterstützt und coacht den Teilnehmer in der anvisierten Fragestellung.

Vorgehen

Die Praxisbegleitung ist keine Methode, die standardisiert erfolgen kann. Hier wechselt der Trainer in die Rolle des Coachs und Beraters. Welche Methoden für das individuelle Follow-up sinnvoll sind, ist abhängig von der jeweiligen Herausforderung und dem jeweiligen Umfeld des Teilnehmers. Ideal ist es, wenn die Praxisbegleitung vor Ort bereits während der Auftragsklärung festgelegt und mit den Teilnehmern während des Workshops besprochen wird.

Für die Organisation sind folgende Fragen zu klären:
- Wann soll die Praxisbegleitung erfolgen, d.h., wie viel Zeit soll zwischen Workshop und Follow-up liegen?
- Welche Themen und Situationen sollen Teil der Praxisberatung sein?
- Was ist vor Ort zu berücksichtigen? Wer ist bzw. sollte wie beteiligt sein?
- Welcher Zeitrahmen ist optimal?
- Soll die Praxisbegleitung ein- oder mehrmalig stattfinden?

Mit dem Teilnehmer sind zu klären:
- Was sind seine persönlichen Lernziele bzw. sein persönliches Umsetzungsprojekt?
- In welcher Situation möchte er Begleitung und Feedback erhalten?
- Was sind für ihn persönliche, konkrete Ziele der Praxisberatung?
- Wie soll die Praxisberatung ablaufen, damit sie für ihn den größten Nutzen bringt?

Sind alle Fragen im Vorfeld geklärt und auch das Unternehmen/die Vorgesetzten informiert und eingebunden, bietet es sich an, am Tag zuvor noch mal kurz mit dem Teilnehmer zu telefonieren und zu klären, wie der aktuelle Stand ist. Am Tag der Praxisbegleitung ist es besser, den Teilnehmer wie vereinbart aufzusuchen und ohne größere Vorgespräche und Klärungen mit der Beobachtung des Teilnehmers in seinem Arbeitsumfeld bzw. in der gewünschten Situation zu beginnen und sich Notizen zu machen. Ansonsten entsteht häufig eine (noch vertiefte) Laborsituation, die kontraproduktiv ist. Nach der Begleitung des Teilnehmers (ideal ist es natürlich, den Teilnehmer in mehreren Situationen oder mehrfach in der gleichen Situation zu erleben) setzen sich Trainer und Teilnehmer in Ruhe zusammen. Der Trainer spiegelt seine Eindrücke wider und beide besprechen gemeinsam, wie die weiteren Schritte für den Teilnehmer sind: Passen die anvisierten Lernziele noch? Müssen diese abgeändert oder erweitert werden? Welche Verhaltensweisen sind hilfreich für die Umsetzung? Was unterstützt darüber hinaus?

Für das Feedback nutze ich gerne die neurologischen Ebenen nach Robert Dilts. Hier wird auf folgenden sieben Ebenen Rückmeldung gegeben:
1. **Umwelt:** Wie gestaltet sich das Umfeld des Teilnehmers?
2. **Verhalten:** Welches Verhalten ist objektiv beobachtbar?
3. **Fähigkeiten:** Welche Kompetenzen und Stärken sind erkennbar?
4. **Glaubenssätze:** Welche vermuteten inneren Regeln und Glaubenssätze scheinen bei der Arbeit denkbar?
5. **Werte:** Welche Grundannahmen und Motive liegen dem Verhalten wohl zugrunde?

6. **Identität:** Welcher charakteristische Name passt zum Teilnehmer und spiegelt sein Verhalten treffend wider?
7. **Kraftquelle:** Woraus bezieht der Teilnehmer seine Motivation?

Varianten

- Je nach Weiterbildungsthema kann es sich auch anbieten, ein Follow-up aller Teilnehmer bei einem der Teilnehmer vor Ort zu unternehmen, d.h., alle haben die Möglichkeit, Unternehmen, Team und Arbeitssituation eines Teilnehmers kennenzulernen. Der Fokus liegt dann mehr auf der Einbindung eines Praxisbeispiels für alle, als auf der Hilfestellung für einen einzelnen Teilnehmer – wobei sich das auch gut kombinieren lässt.
- Eine weitere Möglichkeit ist es, im Anschluss an das ausführliche Gespräch mit dem Teilnehmer den Vorgesetzten mit hinzuzunehmen. Dann können gemeinsam Vereinbarungen getroffen werden und der Vorgesetzte ist in das Follow-up eingebunden. Was nicht passieren sollte: Trainer und Vorgesetzter tauschen sich im Anschluss über den Teilnehmer aus. Hier gilt klar die Vertrauensregel. Ein gemeinsames Gespräch kann aber sowohl dem Interesse der Führungskraft als auch dem Interesse des Teilnehmers nach Unterstützung bei der Umsetzung gerecht werden.

Worauf achten?

Im Gegensatz zum „Coaching de luxe" (Methode 78) liegt der Schwerpunkt der Praxisbegleitung auf dem Kennenlernen des Umfeldes der Teilnehmer. Der Trainer soll den Teilnehmer in dessen alltäglichen Arbeitssituation erleben.

Praxistipp

Je wertschätzender Sie das Feedback geben und je konkreter Sie in der Planung weiterer Schritte werden, desto erfolgreicher verläuft das Follow-up. Falls möglich, kombiniere ich gerne die Praxisbegleitung mit einem Persönlichkeitstest, der entweder Bestandteil des Seminars war oder mit der Praxisbegleitung erfolgt. Mithilfe des Persönlichkeitstests und der Rückspiegelung der konkreten Verhaltensweisen können die Teilnehmer sich selbst hervorragend analysieren. Das bringt oft „Aha-Erlebnisse" zutage nach dem Motto: „Jetzt wird mir endlich klar, warum ..."

Warum fördert diese Methode die Nachhaltigkeit?

Der „Follow-up vor Ort" fördert die Nachhaltigkeit, da die Methode den Teilnehmer vor Ort in seiner realen Arbeitswelt unterstützt. Der Trainer hat die Möglichkeit, seine Hilfestellung passgenau auf das Arbeitsumfeld und die Rolle sowie das Verhalten des Teilnehmers in der realen, alltäglichen Arbeitssituation abzustimmen.

Literaturtipp

Näheres zu den neurologischen Ebenen nach Dilts findet sich in:

- Dilts, Robert: Identität, Glaubenssysteme und Gesundheit. Junfermann, 2006.

78. Coaching de luxe

„Nicht die Menschen versagen, aber die alten Rezepte."
– Sprichwort –

Kurzbeschreibung

Bei Bedarf erhält ein Teilnehmer im Anschluss an den Workshop eine zweistündige Coachingsitzung, um persönliche Fragen und Herausforderungen der Umsetzung individuell zu klären.

Ziele

- Die Teilnehmer erhalten Unterstützung beim Transfer.
- Die Teilnehmer haben die Sicherheit, bei Problemen in der Umsetzung auf Hilfe zurückgreifen zu können.
- Der Trainer kann gezielt und individuell auf seinen Coachee eingehen.

Zeit

- zwei Stunden

Material

- Schreibblock, Stift

Gruppengröße

- Einzelcoaching

Überblick

- Der Teilnehmer bittet bei Problemen in der Umsetzung um einen Coachingtermin.

Vorgehen

Die Kombination von Seminar und Einzelcoaching ist ideal für einen langfristigen Lerneffekt. Bei Bedarf kontaktiert der Teilnehmer den Trainer und beide vereinbaren eine entsprechende Coachingsitzung.

Worauf achten?

- Die ideale Kombination von Seminar und Einzelcoaching scheitert in der Praxis häufig an den Kosten. Einzelcoachings müssen auch nicht per se für alle Teilnehmer durchgeführt werden, aber Teilnehmer sollten die Möglichkeit haben, bei Bedarf darauf zurückzugreifen.

- Gerade bei Führungsseminaren ist die Kombination von Einzelcoachings im Anschluss an eine Weiterbildung häufiger der Fall. Didaktisch perfekt, aber dabei darf nicht vergessen werden: Ein Einzelcoaching ist kein Training. Der Coachee muss Vertrauen zu seinem Coach haben und das Coaching von sich aus wollen. Eine „zwangsweise" vermittelte Coachingsitzung hat keinerlei Nutzen. Auch hier sollte jeder Teilnehmer die Möglichkeit haben, ohne Begründung zu wählen „Ja, möchte ich" und „Nein, braucht es nicht".

Praxistipp

Wie meine Erfahrungen zeigen, sind freiwillige Einzelcoachings im Anschluss an Weiterbildungen enorm bereichernd. Coachee und Trainer kennen sich bereits aus der Weiterbildung und eine gewisse Vertrauensbasis ist vorhanden. Dadurch kann man auch in kurzer Zeit „tief" gehen und persönliche Themen mit dem Coachee erarbeiten, die langfristig wirken. Das „Coaching de luxe" wirkt häufig als Katalysator für die Workshop-Inhalte und geplanten Veränderungen.

Warum fördert diese Methode die Nachhaltigkeit?

Das „Coaching de luxe" fördert die Nachhaltigkeit, da jeder Teilnehmer im Anschluss an die Weiterbildung individuelle Hilfe bei der Umsetzung einfordern kann. Umsetzungshindernisse können gemeinsam besprochen und gelöst werden. Der Trainer kann als Coach mit dem jeweiligen Teilnehmer persönlich und stärkenorientiert Lernerfahrungen festigen.

Hintergrund/ Literaturtipps

Wer sich ein wenig näher mit der Materie „Coaching" beschäftigen möchte, dem seien folgende zwei Bücher empfohlen:

- Radatz, Sonja: Beratung ohne Ratschlag. Verlag systemisches Management. 2008.
- Wehrle, Martin: Die 100 besten Coaching-Übungen. Das große Workbook für Einsteiger und Profis zur Entwicklung der eigenen Coaching-Fähigkeiten. managerSeminare, 6. Aufl. 2012.

Querverweise

Das „Coaching de luxe" lässt sich gut mit „Der heiße Draht zum Trainer" (Methode 73) kombinieren. Hier können die Teilnehmer in der telefonischen Sprechstunde bereits den Wunsch nach einer individuellen Coachingsitzung anmelden.

79. Peer Groups

„Manchmal träume ich davon, dass ich nicht immer nur blühen muss, sondern Zeit und Ruhe habe, um Kraft für neue Triebe zu sammeln."
– Unbekannt –

Kurzbeschreibung

Die Teilnehmer vernetzen sich untereinander in Peer Groups und treffen sich nach der Weiterbildung selbst organisiert und regelmäßig zum Erfahrungsaustausch und gemeinsamen Lernen.

Ziele

- Die Teilnehmer untereinander vernetzen, um die Weiterbildung „aktuell" zu halten.
- Die Erfahrungen aller zur Lösungen aktueller Herausforderungen nutzen.
- Die Umsetzung der Lernziele und die ständige Weiterentwicklung sicherstellen.

Gruppengröße

- Die ideale Größe für ein Peer-Group-Treffen liegt zwischen sechs und zehn Teilnehmern. So hat jeder die Möglichkeit, sich individuell einzubringen und die Gruppe zerfällt nicht in Untergruppen.

Überblick

- Der Trainer macht die Teilnehmer während der Weiterbildung auf die Möglichkeit von Peer Groups aufmerksam und motiviert zu deren Bildung.
- Die Teilnehmer finden selbstständig zu Peer Groups zusammen.
- Die Peer-Group-Treffen werden von den Teilnehmern organisiert.
- Inhalte und Ablauf der Sitzungen werden individuell von den Beteiligten geplant.

Vorgehen

Im Gegensatz zum „Netzwerktreffen mit kollegialer Beratung" (Methode 76) werden die Inhalte und der Ablauf von Peer-Group-Treffen von den Teilnehmern frei festgelegt. Jede Gruppe erarbeitet sich hier in der Regel selbstständig den für sie optimalen Ablauf. Wie intensiv wird gearbeitet? Wer ist bereit, inhaltlich Neues vorzustellen? Wie geben wir

Erfolgsstorys weiter? Wie können individuelle, aktuelle Herausforderungen eingebracht werden? Wie viel Zeit wollen wir dem persönlichen Austausch geben? Wie lange und wie häufig wollen wir uns treffen? – das sind alles typische Fragen, die beim Entstehen neuer Peer Groups eine Rolle spielen.

Worauf achten?

Peer Groups entstehen selten aus einer einzelnen Maßnahme heraus. Oft macht aber schon ein Reflexionstag im Anschluss den Unterschied aus. Je vertrauter die Gruppenatmosphäre und je mehr Möglichkeiten die Teilnehmer während der Weiterbildung hatten, selbstständig in Gruppen an Themen zu arbeiten und zu erleben, wie konstruktiv die Zusammenarbeit sein kann, desto wahrscheinlicher ist das Bilden von Peer Groups.

Praxistipp

Aus eigener Erfahrung weiß ich, wie wertvoll die Bildung von Peer Groups nach Weiterbildungen ist. So treffe ich mich heute noch nach Jahren regelmäßig mit den Kollegen aus meiner systemischen Weiterbildung und bin immer wieder erstaunt, wie intensiv der Kontakt und die Inspiration ist, die ich aus diesen Treffen ziehen kann. Da die Teilnehmer aber deutschland- bzw. europaweit verteilt sind, reduzieren sich die Treffen auf ein/zwei Mal im Jahr. Regelmäßige Peer-Group-Treffen alle acht bis zwölf Wochen setzen voraus, dass Teilnehmer zusammenfinden, die aus einer Region kommen.

Warum fördert diese Methode die Nachhaltigkeit?

Die Bildung von „Peer Groups" fördert die Nachhaltigkeit, da sie die Teilnehmer dazu anregen, sich untereinander zu vernetzen und so Inhalte nach der Weiterbildung immer wieder aufzufrischen und den Kontakt am Leben zu halten. Die Weiterbildung gerät dadurch nicht ins Vergessen. Zudem sind Peer Groups ideal dazu geeignet, individuelle Herausforderungen bei der Umsetzung und persönlichen Weiterentwicklung im vertrauten Kreise zu besprechen und Anregungen zu erhalten.

Hintergrund

Der Begriff der Peer Group kommt ursprünglich aus der Soziologie und Pädagogik und bezeichnet dort eine Bezugsgruppe mit ähnlichen Interessen, innerhalb derer wir Erfahrungen austauschen und Gemeinsamkeit erleben (von englisch „Peer" – der Gleichaltrige, Ebenbürtige). Jugendliche haben beispielsweise häufig ihre Cliquen, die ihnen ermöglichen, sich von ihrem Elternhaus abzugrenzen und eigene Erfahrungen in einem geschützten Bereich zu machen. In der Didaktik werden Teilnehmer einer Weiterbildung als Peer Group bezeichnet.

Diese können sich hinsichtlich Alter, sozialem Status und Interessen durchaus unterscheiden, sind aber über die Weiterbildung und dem gemeinsamen Interesse am Austausch und Lernen miteinander verbunden. Gerade die Unterschiedlichkeit der Mitglieder kann zu einem sehr fruchtbaren Austausch und einer lernförderlichen Gruppendynamik führen.

Querverweise

Die „Peer Groups" lassen sich hervorragend mit der „Erfolgsbörse" (Methode 69) und der „Kollegialen Beratung" (Methode 76) kombinieren.

Meine Top Twelve der schnellen, nachhaltigen Methoden und Interventionen

Hier finden Sie meine persönliche Lieblingsliste der kleinen Helfer für nachhaltige Seminare.

Mein Tipp

Es sind nicht immer die aufwendigen Methoden, die für einen nachhaltigen Lerneffekt sorgen. Ein bewusster Umgang mit dem Thema und kleinere Interventionen können jede Menge bewirken. Ein paar Beispiele finden Sie in meiner Top-Twelve-Liste der schnellen, unkomplizierten Methoden für mehr Nachhaltigkeit, die sich in jeden Workshop ohne Aufwand integrieren lassen!

1. Vier-Augen-Gespräch

Die Teilnehmer tauschen sich mit ihrem Vorgesetzten oder einer Vertrauensperson darüber aus, was sie mit der Weiterbildungsmaßnahme erreichen möchten und wie die Umsetzung des Gelernten am Arbeitsplatz erfolgen kann. (Methode 7, S. 86)

2. Wunschziel erreicht

Die Teilnehmer überlegen sich zu Beginn des Workshops, welches Ziel sie persönlich erreichen wollen, damit der Workshop für sie von Nutzen ist. (Methode 14, S. 106)

3. Meine größte Herausforderung

Die Teilnehmer teilen ihre persönlichen Praxisfragen und -herausforderungen mit, die sie in Bezug auf das Seminarthema haben. (Methode 25, S. 153)

4. Nachhaltigkeits-Bestseller

Die Teilnehmer halten in einem Transferbuch parallel zum Seminar ihre „Bestseller", sprich die wichtigsten Erkenntnisse, fest und dokumentieren Lernprozess und Umsetzung. (Methode 27, S. 161)

5. 1-2-3 – keine Hexerei

Der Trainer zählt den Teilnehmern immer wieder die drei Kernbotschaften des Seminars auf. (Methode 39, S. 200)

6. Ideenwettbewerb

Die Teilnehmer sammeln auf ihre (Praxis-)Fragen Tipps und Antworten. Die jeweils beste Idee wird prämiert. (Methode 44, S. 216)

7. Unsere „Take-home-Messages"

Die Teilnehmer sammeln ihre wichtigsten Erkenntnisse, die sie mit nach Hause nehmen. (Methode 54, S. 253)

8. Da war doch was – Reminder

Die Teilnehmer suchen sich einen Reminder aus, der sie in der Zeit nach dem Seminar an das Gelernte und ihre Lernziele erinnern soll. (Methode 56, S. 258)

9. Ideenpool für den Transfer

Die Teilnehmer sammeln gemeinsam auf zwei Pinnwänden Ideen, was den Transfer der gelernten Inhalte in die Praxis schwierig machen und was ihn im Gegenstück dazu unterstützen und fördern kann. (Methode 58, S. 265)

10. Reflexionsspaziergang

Die Teilnehmer lassen auf einem Reflexionsspaziergang den Workshop für sich Revue passieren und planen dabei ihr persönliches Umsetzungsvorhaben. (Methode 60, S. 273)

11. Mein persönliches Umsetzungsprojekt

Die Teilnehmer legen ihre persönlichen Entwicklungsziele fest und planen ihr Umsetzungsvorhaben. (Methode 64, S. 289)

12. Die Beichte ablegen

Die Teilnehmer dokumentieren den Erfolg ihres Umsetzungsvorhabens und melden das Ergebnis ihrem Trainer zurück. (Methode 70, S. 304)

Meine Top Ten der liebsten nachhaltigen Metaphern und Geschichten

Übersicht

1. Eine Frage der richtigen Prioritäten

Ein Gelehrter hatte für seine Schüler ein Experiment vorbereitet, nachdem tags zuvor eine heftige Diskussion unter den Schülern entbrannt war, warum so viele Menschen nach dem Glück streben und doch nur selten zufriedenzustellen sind. So präsentierte er seinen Schülern ein leeres Glas und füllte dieses mit drei großen, wunderschön gezeichneten Steinen. Er hob es in die Höhe, um es seinen Schülern zu zeigen und fragte sie: „Ist das Glas voll?" Und die Schüler antworteten: „Ja, Meister. Das Glas ist voll, denn es passt kein weiterer Stein mehr hinein."

Nun griff der Weise in ein kleines Säckchen, das er mitgebracht hatte und das gefüllt war mit Kieselsteinen. Er nahm eine Handvoll Kieselsteine und füllte sie in das Glas. Die Kieselsteine füllten die Zwischenräume des Glases. Wieder hob der Gelehrte das Glas in die Höhe und fragte seine Schüler: „Und meine Schüler, was denkt Ihr: Ist das Glas voll?" Und wieder antworteten die Schüler: „Ja, Meister. Das Glas ist jetzt tatsächlich voll."

Daraufhin nahm der Weise ein zweites kleines Säckchen und holte eine Handvoll Sand heraus. Den Sand ließ er sanft in das Glas zwischen die schönen Steine und die kleinen Kieselsteine rieseln: „Nun, meine Schüler. Was sagt Ihr nun? Nun ist das Glas gefüllt, nicht wahr?" – „Ja, Meister", bestätigten die Schüler.

Daraufhin nahm er das Glas und drehte es auf den Kopf, sodass alles heraus fiel. „Und wisst Ihr, was die Menschen machen? Sie füllen ihr Leben zuerst mit Sand und wundern sich dann, dass keine Kieselsteine mehr hineinpassen. Manche quetschen noch das ein oder andere Kieselsteinchen dazwischen und wundern sich, dass keiner der wunderschönen Steine mehr hineinpasst. Wenn Ihr jedoch euer Leben richtig füllen wollt, dann beginnt mit den wunderschönen Steinen und räumt ihnen den zentralen Platz in Eurem Leben ein. Familie, Freunde, Gesundheit – das sind die Dinge, die Euer Leben lebenswert machen, auch wenn alles andere wegfallen sollte. Dann füllt den Rest mit einer Handvoll Kieselsteinen, wie einer sinnvollen Arbeit, einem Haus und einem Garten – und wenn dann noch Platz und Zeit ist, dann nehmt den Sand dazu, all die kleinen Dinge, nach denen wir oft trachten, die uns aber meist nur die Energie für die wichtigen hinwegnehmen. Kommt aber nicht auf die Idee, mit dem Sand zu beginnen, denn Ihr seht, was dann passiert." Und der Gelehrte nahm das Glas erneut in die Hand und füllte es bis oben hin mit Sand, sodass kein Platz für die anderen Steine blieb.

2. Von der Illusion des Straßenbahn-Führers

Ein Schüler beschließt, sich nach den Jahren seines Studiums auf eine große Reise zu machen. Er verabschiedet sich von seinem Lehrer und fragt den Weisen, ob er ihm noch einen Rat mit auf den Weg geben könnte. Der Weise antwortet ihm wohlbedacht:

„Mein Schüler, viele Jahre hast Du hart studiert und vieles gelernt. Ich denke, Du solltest gut gerüstet für die Reise Deines Lebens sein. Doch egal, was kommen mag, erliege nicht der Illusion des Straßenbahn-Führers, der denkt, er bestimme die Geschicke und lenke die Straßenbahn, wohin sie soll. Er ist nicht etwa der Fahrer, der entscheidet, wohin die Reise gehen soll. Ihm bleibt nur die Möglichkeit, zu bremsen oder zu beschleunigen. Seine Route jedoch ist festgelegt, die Schienen zeichnen den Weg vor. Endstation und Zwischenhalte sind geregelt, der Fahrplan bestimmt den Takt. Und das Einzige, was der Straßenbahn-Führer in Händen hält, ist die Geschwindigkeit der vorgegebenen Reise: Soll es schnell gehen oder langsam, muss er Gas geben oder auf die Bremse treten. Auch wenn er den Eindruck erweckt, die Bahn zu führen, bestimmt er letztlich nur über die Geschwindigkeit auf einem auf festen Schienen vorgegebenen Weg.

Achte deshalb genau auf Dein Leben, mein Schüler! Manchmal verläuft das nämlich wie bei dem Straßenbahn-Führer. Manche machen sich vor, sie würden ihr Leben lenken und das Ziel festlegen, derweil bewegen sie sich auf festen Schienen und lassen sich vom Rattern der Rädern auf den Gleisen einlullen. Ihr Leben scheint vorgezeichnet wie die Route des Straßenbahn-Führers. Vergesse deshalb nicht, zwischendurch auszusteigen, die festgefahrenen Gleise zu verlassen und herauszufinden, wo Dein Leben als Nächstes hingehen soll."

3. Der kleine Pinguin

Es war einmal ein kleiner Pinguin, der mit seiner Mutter zwischen Felsen und Eisschollen am Meer wohnte. Beide warteten auf die Rückkehr des Vaters, der sich auf die Suche nach einem neuen Rastplatz begeben hatte. Doch dem kleinen Pinguin gefiel das Leben zwischen den anderen Tieren am Meeresrand gar nicht. Die Möwen verspotteten ihn: „Schaut Euch mal den kleinen Kerl da unten an. Trägt seine Flügel im Smoking, aber kann noch nicht mal fliegen. Was für ein kleiner Wichtigtuer."

Auch die Eidechsen, die sich auf den Felsen in der Sonne aalten, machten sich über ihn lustig: „Was bist Du denn für ein tollpatschiger Kerl. So groß und plump wie Du möchten wir nicht sein" – und verschwanden blitzschnell zwischen den Felsen, sobald der Pinguin auftauchte. Und nicht anders erging es ihm mit den Krabbenkindern, die am Strand fangen spielten und sich vorwärts, rückwärts, seitwärts wieselflink fortbewegten.

Das machte den kleinen Kerl traurig und er träumte sich an einen sonnigen Südsee-Strand. In seinem Traum fragte er die Affenkinder, die zwischen den Palmen umherschwangen, ob er mit ihnen spielen dürfe. Doch die Affenkinder brachen nur in lautes Lachen aus und kletterten noch höher: „Wie willst Du denn mit uns spielen, Du seltsamer Wicht. Du kannst doch noch nicht mal richtig laufen." Und voller Übermut warfen sie eine Kokosnuss nach ihm. Der kleine Pinguin konnte ihr gerade noch ausweichen. Mit dem Aufprall der Kokosnuss war der Pinguin wieder hellwach.

Einsam und traurig watschelte er über den Strand zurück zu seinem Felsen. „Ach Mama", sagte er, „warum kann ich eigentlich nicht so sein wie die anderen?" Und die Pinguin-Mama antworte: „Mein Sohn, sei nicht traurig. Du sollst Dir nicht wünschen, so zu sein wie die anderen. Andere gibt es schon genug. Du bist einzigartig. Und wenn Dir das Leben zwischen Eisschollen und Felsen schwerfällt, so hadere nicht mit Dir. Du darfst Dich nicht wundern, wenn es am Strand nicht flutscht. Mach lieber einen kleinen Schritt und spring ins Wasser – und Du wirst sehen, wie es ist, in Deinem Element zu sein." Und die Pinguin-Mama gab dem kleinen Pinguin einen kleinen Stoß und beide sprangen ins Wasser. Pinguine sind hervorragende Schwimmer, wendig, flink und schnell, die perfekten Wassertänzer, die mit Leichtigkeit die Fluten durchqueren. Und in den Wellen spürte der kleine Pinguin, was es heißt, in seinem Element zu sein.

4. Von der Kraft der Überzeugung

Ein Bauer fand einmal beim Pflügen auf dem Feld ein Adler-Ei. Er nahm das Ei mit nach Hause und legte es im Hühnerstall einer seiner Hennen ins Nest. Die Henne brütete das Ei brav wie ein eigenes aus und das Adler-Junge schlüpfte. Von Geburt an wuchs der Adler mit den Hennen auf. Da er sich für ein Huhn hielt, gackerte er. Wenn er Hunger hatte, scharrte er wie die anderen Hühner in der Erde nach Würmern und Insekten. Und wie seine Geschwister nutzte er seine Flügel höchstens mal, um den Hofhund abzuschrecken und sich aufzuplustern, aber mehr als einen halben Meter flatterte er nicht in die Höhe. So vergingen die Jahre und der Adler wurde alt.

Eines Tages sah er einen prächtigen Vogel, der hoch über ihm am Himmel majestätisch seine Kreise zog. Voller Bewunderung und Andacht blickte der Adler dem Vogel hinterher. „Wer war dieser Vogel?“, fragte er das Huhn, das neben ihm stand. „Das war der König der Vögel, ein prächtiger Adler“, antwortete ihm seine Mitbewohnerin. „Wäre es nicht herrlich, wenn wir auch so fliegen und die Welt von oben betrachten könnten?“, schwärmte der Adler. „Vergiss es“, sagte das Huhn, „wir sind Hühner und werden das niemals können.“

Und so vergaß es der Adler wieder und starb in dem Glauben, ein Huhn gewesen zu sein.

5. Wie man Veränderungen begegnen kann

Es war einmal ein glückliches Volk von fleißigen Jägern und Sammlern. Das Volk zog zufrieden umher und suchte sich die schönsten Plätze zum Rasten und Jagen. Der Ruf der Männer als geschickte Jäger war legendär und unter ihren Frauen waren viele, die sich auf Naturkräuter und Heilpflanzen verstanden. So musste das Volk niemals Not leiden und die Kinder wuchsen glücklich und wohlgenährt auf.

Eines Tages fand das Volk einen perfekten Rastplatz, nah am Wasser und geschützt vor Feinden auf einer Anhöhe. Die Männer und Frauen beschlossen, dort ihre Zelte aufzuschlagen. Es gefiel ihnen gut, die Gegend war friedlich und das Wild zahlreich. So ließen sie für eine weitere Woche ihre Zelte dort aufgeschlagen und für eine weitere und nach Ablauf der dritten Woche beschlossen sie hierzubleiben und stattdessen einen Zaun um ihre Lagerstatt zu bauen, um sich vor feindlichen Angriffen zu schützen. Sie bestellten das Land, zähmten die Tiere und häuften einige Reichtümer an. Um nicht allzu leichte Beute für andere Völker zu werden, steckten sie viel Kraft und Holz in die Erweiterung ihrer Zäune. Manch Reisender schaute bei ihnen vorbei und erzählte von anderen Völkern und Plätzen, doch unser Volk interessierte das nicht. Manch feindlichen Angriff mussten sie abwehren, doch mit jeder Attacke bauten sie ihre Verteidigung aus, sodass sie geschützt vor den Blicken von außen waren.

Eines Tages nun begann der Bach, der durch ihr Lager führte, weniger Wasser zu führen, doch das Volk sorgte das nicht. Als der Sommer extreme Hitze mit sich brachte und das Flussbett weiter auszutrocknen begann, wies einer der Männer auf den drohenden Wassermangel hin, doch das Volk wollte davon nichts wissen und brandmarkte den Mann als Unglücksbringer. Es dauerte nicht lange, da war der Fluss nahezu komplett versiegt und die ersten Tiere starben an Wassermangel. Doch noch immer reagierte niemand. Erst als der Bach keinen einzigen Tropfen Wasser mehr führte, ließ der Älteste Leitern herbeitragen, um festzustellen, was auf der anderen Seite des Zaunes war. Und siehe da: Das fruchtbare Weideland hatte sich in eine Steinwüste verwandelt. Da beschloss das Volk weiterzuwandern, um nicht zu verdursten. Doch dazu war es schon zu spät; sie hatten das Wandern verlernt.

6. Das Loch im Gehsteig

1. Ich gehe eine Straße entlang. Da ist ein tiefes Loch im Gehsteig. Ich falle hinein. Ich bin verloren. Es ist nicht meine Schuld. Es dauert endlos, wieder herauszukommen.

2. Ich gehe dieselbe Straße entlang. Da ist ein tiefes Loch im Gehsteig. Ich tue so, als sähe ich es nicht. Ich falle hinein. Ich kann nicht glauben, dass es schon wieder passiert ist. Aber es ist nicht meine Schuld. Wieder dauert es sehr lange, herauszukommen.

3. Ich gehe dieselbe Straße entlang. Da ist ein tiefes Loch im Gehsteig. Ich sehe es. Ich falle wieder hinein – aus Gewohnheit. Meine Augen sind offen. Ich weiß, wo ich bin. Es ist meine eigene Schuld. Ich komme sofort heraus.

4. Ich gehe dieselbe Straße entlang. Da ist ein tiefes Loch im Gehsteig. Ich gehe drum herum.

5. Ich gehe eine andere Straße.

7. Die Blinden und der Elefant

Es waren einmal fünf weise Gelehrte. Sie alle waren blind. Diese Gelehrten wurden von ihrem König auf eine Reise geschickt und sollten herausfinden, was ein Elefant ist. Und so machten sich die Blinden auf die Reise nach Indien. Dort wurden sie von Helfern zu einem Elefanten geführt. Die fünf Gelehrten standen nun um das Tier herum und versuchten, sich durch Ertasten ein Bild von dem Elefanten zu machen. Als sie zurück zu ihrem König kamen, sollten sie ihm nun über den Elefanten berichten. Der erste Weise hatte am Kopf des Tieres gestanden und den Rüssel des Elefanten betastet. Er sprach: „Ein Elefant ist wie ein langer Arm." Der zweite Gelehrte hatte das Ohr des Elefanten ertastet und sprach: „Nein, ein Elefant ist vielmehr wie ein großer Fächer." Der dritte Gelehrte sprach: „Aber nein, ein Elefant ist wie eine dicke Säule." Er hatte ein Bein des Elefanten berührt. Der vierte Weise sagte: „Also ich finde, ein Elefant ist wie eine kleine Strippe mit ein paar Haaren am Ende", denn er hatte nur den Schwanz des Elefanten ertastet. Und der fünfte Weise berichtete seinem König: „Also ich sage, ein Elefant ist wie ein riesige Masse, mit Rundungen und ein paar Borsten darauf." Dieser Gelehrte hatte den Rumpf des Tieres berührt.

Daraufhin brach ein heftiger Streit unter ihnen aus, da jeder für sich den Anspruch erhob, dass sein Eindruck der richtige sei. Sie erkannten nicht, dass erst die Wahrnehmung und Erfahrung von einem jeden von ihnen das richtige Bild ergab.

8. Von der Sinnlosigkeit manchen Tuns

Ein Wanderer hielt Ausschau nach einem schattigen Plätzchen, um der Hitze der Mittagszeit zu entgehen und sich ein wenig auszuruhen. An einer Waldlichtung rastete er im Schatten der Bäume und sah nebenan, wie sich ein Mann in der prallen Sonne abmühte. Ohne Unterlass pumpte er von Hand Wasser aus dem Brunnen vor seinem Hause, während die Sonne gnadenlos auf den Vorhof und den Brunnen niederbrannte. Der Schweiß lief ihm aus allen Poren. Das so hart erkämpfte Brunnenwasser füllte er in eine Gießkanne, um damit sein riesiges Gemüsebeet zu wässern, das rund um das Haus verlief. Der Wanderer wunderte sich sehr, als er das sah – verließ aber trotz der Mittagsglut sein schattiges Plätzchen und sprach den Mann an. „Mein Herr, wieso mühen Sie sich denn in der heißesten Stunde des Tages so ab? Sehen Sie denn nicht, dass Ihre Kanne rinnt und das ganze Wasser verliert?" – „Was willst Du, Wanderer, von mir?", entgegnete der Mann barsch. „Siehst Du nicht, dass ich arbeite? Für so etwas habe ich jetzt wirklich keine Zeit. Lass mich in Ruhe mit Deinen Sprüchen." Und lief weiter mit der leckenden Kanne zwischen Brunnen und Beet hin und her.

9. Wenn ich mein Leben noch einmal leben könnte

„Wenn ich mein Leben noch einmal leben dürfte,
würde ich versuchen, mehr Fehler zu machen.
Ich würde nicht so perfekt sein wollen – ich würde mich
mehr entspannen.

Ich wäre ein bisschen verrückter, als ich es gewesen bin,
ich wüsste nur wenige Dinge, die ich wirklich sehr ernst nehmen würde.
Ich würde mehr riskieren, würde mehr reisen,
Ich würde mehr Berge besteigen und mehr Sonnenuntergänge betrachten.
Ich würde mehr Eis und weniger Salat essen.

Ich war einer dieser klugen Menschen,
die jede Minute ihres Lebens vorausschauend und vernünftig leben,
Stunde um Stunde, Tag für Tag.

Oh ja, es gab schöne und glückliche Momente, aber wenn ich noch einmal anfangen könnte,
würde ich versuchen, nur mehr gute Augenblicke zu haben.
Falls Du es noch nicht weißt,
aus diesen besteht nämlich das Leben;
nur aus Augenblicken, vergiss nicht den jetzigen!

Wenn ich noch einmal leben könnte,
würde ich von Frühlingsbeginn an bis in den Spätherbst hinein barfuß gehen.
Ich würde vieles einfach schwänzen,
ich würde öfter in der Sonne liegen.

Aber sehen Sie … ich bin 85 Jahre alt
und weiß, dass ich bald sterben werde."

– Jorge Luis Borges (1899-1986) –

10. Fünf Sprüche zum Nachdenken

- *„Wenn der Wind der Veränderung weht, bauen die einen Windmühlen und die anderen Mauern."* – Chinesisches Sprichwort –

- *„Gott gebe mir die Gelassenheit, Dinge hinzunehmen, die ich nicht ändern kann; den Mut, Dinge zu ändern, die ich ändern kann; und die Weisheit, das eine vom anderen zu unterscheiden."*
  – Unbekannt –

- *„Die reinste Form des Wahnsinns ist es, alles beim Alten zu lassen und gleichzeitig zu denken, dass sich etwas ändert."*
  – Albert Einstein –

- *„Wenn wir alles täten, wozu wir imstande sind, würden wir uns wahrlich in Erstauen versetzen."* – Thomas Edison –

- *„Vielleicht sollten wir manchmal einfach das tun, was uns glücklich macht, und nicht das, was am besten ist. Vielleicht sollten wir manchmal einfach das tun, wonach uns ist und nicht das, was andere von uns erwarten. Vielleicht sollten wir manchmal einfach das tun, was unser Gefühl uns sagt und nicht das, was für die Gefühle der anderen das Beste ist."* – Unbekannt –

Gedanken zum Nachgang

Die kleine Ameise

„Es war einmal eine kleine Ameise, die jeden Tag ihres Lebens fleißig und unermüdlich ihren Dienst verrichtete. Tagein, tagaus mühte sie sich wie all die anderen Ameisen ab und achtete darauf, die vielen Wege zum Ameisenhaufen nicht aus den Augen zu verlieren. Da alle Ameisen des Ameisenhaufens von früh bis spät hin- und herhetzten, war es für die kleine Ameise nicht möglich, einfach mal innezuhalten und den Blick schweifen zu lassen. Derweil hatte sie schon seit Langem einen großen Traum, nämlich einmal eine Anhöhe zu erklimmen und von dort den Sonnenaufgang zu bewundern.

Doch alles, was sie im rastlosen Hin- und Hergerenne ihrer Kollegen erblicken konnte, war das kleine Stückchen Boden vor ihr. Die meisten Ameisen arbeiteten stur vor sich hin und verstanden nicht, wieso die kleine Ameise nach Größerem strebte. Sie hielten sich brav an die vorgezeichneten Ameisenwege und vermieden es, den Blick nach oben zu richten, um in der Hektik des Alltags nicht aus dem Schritt zu kommen.

Und obwohl unsere kleine Ameise mindestens genau so fleißig wie ihre Ameisenkollegen war, hatte sie für sich den Entschluss gefasst, sich nicht einfach mit dem Vorhandenen abzufinden. Sie wollte etwas verändern. Und so fragte sie die Ameise vor ihr: ‚Du, sag mal, möchtest Du nicht auch mal den Sonnenaufgang sehen?' Doch die Ameise vor ihr lachte nur kurz auf: ‚Was träumst Du in der Welt herum? Das bringt doch nichts. Wir sind Ameisen, die kleinsten Bewohner des Waldes. Wie willst Du denn hier unten zwischen all den Bäumen jemals die Sonne aufgehen sehen? Das ist gar nicht unsere Aufgabe. Bleib Du mal schön am Boden!' Und schon hastete sie weiter, sodass sich die kleine Ameise sputen musste, damit ihr der Hintermann nicht auf die Füße trat.

Es vergingen einige Tage, da kam eine Rehmutter mit ihrem Jungen vorbei. Riesig erschien der kleinen Ameise das Rehkitz. Sie nahm ihren ganzen Mut zusammen und sprach das Rehkitz an: ‚Hallo, Du da oben.

Kannst Du die Bäume und die Sonne sehen?' Doch das Rehkitz hörte sie nicht. Da schrie die Ameise so laut sie konnte: ‚Hallo? Hallo? Ich bin hier unten.' Und da schaute das Rehkitz erstaunt auf den Waldboden: ‚Ups, wer bist Du denn, Kleines? Jetzt wäre ich fast auf Dich getreten. Was musst Du denn so einen Krach machen? Baut weiter an Eurem Ameisenhaufen und nerv mich nicht, Du Winzling.' Und schon war es mit seiner Mutter hinter den Bäumen verschwunden. Enttäuscht schaute die Ameise den beiden Rehen hinterher. ‚Ach, wie schön müsste es sein, so groß und frei durch den Wald laufen zu können', dachte sie sich.

Auf einmal wurde es dunkel über der Ameise und eine Eule flog ganz nah an ihr vorbei. ‚Hallo Eule, kannst Du mich sehen? Sag, hast Du vielleicht schon mal einen Sonnenaufgang gesehen?' – ‚Was für eine Frage', antwortete die Eule, ‚natürlich habe ich schon ganz viele Sonnenaufgänge gesehen. Aber warum willst Du das überhaupt wissen? Du bist ja viel zu klein, um den Waldboden zu verlassen. Bleib Du mal brav hier unten, der Himmel ist nur für uns Vögel.' Und mit diesen Worten erhob sich die Eule wieder in die Lüfte und flog majestätisch davon.

Die Worte der Eule machten die kleine Ameise traurig. Doch dann dachte sie an ihren Traum und fasste neuen Mut. Und so verließ sie ihren Ameisenhaufen und machte sich ganz alleine auf den Weg. Schritt für Schritt kämpfte sie sich mit ihren kleinen Ameisenfüßen voran. Ihr Ziel war eine Anhöhe, von der sie Wanderer hatte erzählen hören, dass von dort die allerschönsten Sonnenaufgänge zu bewundern wären. Langsam und beharrlich erstieg sie den Berg. Das Plateau war von ihrem Standort aus nur zu erahnen, so groß war die Entfernung. Doch die Ameise ließ sich davon nicht beirren und stieg Millimeter für Millimeter weiter, die ganze Nacht hindurch. Als sie gar nicht mehr konnte, legte sie sich hin und schlief vor Erschöpfung im Dunklen ein. Als es Morgen wurde, wurde sie von einem sanften Sonnenstrahl geweckt. Die kleine Ameise wusste erst gar nicht, wo sie war. Erst als es langsam heller wurde, erkannte sie, dass sie es tatsächlich geschafft hatte: Sie hatte die Anhöhe erklommen und vor ihr ging die Sonne auf – viel schöner, als sie sich das jemals erträumt hatte. Glücklich und stolz, dass sie sich ihren Traum erfüllt hatte, stemmte sie als Zeichen ihrer neu gewonnenen Stärke selbstbewusst einen Ast in die Höhe, der ein Mehrfaches ihres Körpergewichts betrug. ‚Es lohnt sich doch, das zu tun, was man für richtig hält', dachte sie bei sich und blinzelte übermütig in die Sonne."

... und falls Ihnen das Lesen des Buchs so viel Spaß gemacht, wie der kleinen Ameise ihr Ausflug und Sie einige neue Ideen für mehr Nachhaltigkeit in Beratung und Training mitnehmen konnten, würde mich das freuen! Setzen Sie in Zukunft ruhig häufiger die Brille der Nachhaltigkeit auf – und Sie werden sehen, dass Sie mit kleinen Dingen viel bewirken können!

Viel Spaß beim Ausprobieren
wünscht Ihnen

Evelyne Keller